KB061321

한국현대시인론

송기한 · 김윤정 지음

청운

▶ 머리말 ◀

한국 근대시가 형성된 지도 100년이 넘었다. 이 수치는 시간의 길이만을 의미하는 것은 아니고 시인의 수효 또한 말해준다. 어디 그뿐인가. 이 시간성은 초기의 어수룩한 근대시의 단계에서 세련된 현대시로의 진입을 가능케한 시간적 길이도 될 것이다.

근대시가 전개되는 동안 수많은 시인들이 명멸해갔다. 그 시인들을 모두 다 기억하는 것도 한계가 있거니와 이에 대한 계보학적 정리 또한 어느 정도 필요한 것이 사실이기도 하다. 그러나 그러한 작업이 어떤 특별한 기준에 의해 분류될 수도 있고, 시사적 흐름에 따라 각 시기를 대표하는 시인들의 그룹으로 분류해 볼 수도 있을 것이다. 이런 필요성이 제기되는 것은 강단에서 학생들에게 어떤 시인을 안내하고 또 어떤 방향으로 지도할 것인가 하는 문제와도 밀접한 관련이 있다고 하겠다.

많은 시인과 작품을 수용자에게 적절하게 소개하고 이를 교수하는 것도 문학자의 큰 임무일 것이다. 이 책은 그러한 의도에서 엮어졌다. 또한 시인의 선별의 기준도 이런 원칙에서 벗어나는 것이 아니다. 학생들로 하여금 교술적 효과를 주고 이를 효과적으로 전달할 수 있으면 더할 나위없는 그런 시인들로 엮어진 것이다. 따라서 이런 의도가 잘 전달되면 이책을 만든 목적은 충분히 달성하는 것이라 할 수 있는 것이다.

여기에 수록된 시인들은 근대시 이후 등장한 많은 시인들 가운데 그 시기를 특징하는 시인들로 구성되어 있다. 그러나 이는 어디까지나 편집자의 주관에 의한 것이지 객관적이고 보편적으로 통용되는 관점과 잣대에 의한 점을 밝히고 싶다. 그러니 특별한 오해나 편견이 없길 바랄 뿐이다.

이 책을 통해서 문학을 공부하는 학생들, 그리고 연구하는 독자들에게 일정 정도의 도움 역할을 주었으면 한다. 그러면 이 책이 만들어진 의도와 목적은 충분히 달성되었다고 할 수 있겠다.

2015년 5월 15일
저자 씀

차례

C·O·N·T·E·N·T·S

C·O·N·T·E·N·T·S

한국현대시인론

전통과 '영원성'의 감각

-김소월론

1. 서론

　김소월은 우리 시단에서 매우 독특한 인물에 속한다. 1920년대 낭만주의 계열의 시인들과 함께 등장하지만 김소월은 여느 낭만주의 시인들과 매우 다른 자리에 위치한다. 김소월은 당대의 낭만주의 시인들이 무절제한 감정의 유로에 탐닉해 들어갈 때 오히려 냉철하다고까지 할 수 있을 태도로써 그러한 세계를 훌쩍 넘어선다. 그는 낭만적 정조에 갇혀 있는 대신 매우 분명하고 확고한 태도로 자기의 세계를 확장시켜 나간다.

　김소월의 이러한 점은 김소월을 연구하는 이들에게 매우 유용한 연구틀을 제공하여 준 것이 사실이다. 김소월 시세계를 낭만주의와 고전주의의 결합으로 보는 관점[1]이라든가 민족 및 민중적 세계와의 관련성에서 언급하는 것도 이와 관련된다.[2] 특히 김소월이 보여준 전통적 세계[3]는 그를 시류와 구별되도록 하는 주요한 특질로 작용한다. 김소월

---

1) 김시태, 「소월의 낭만주의와 고전적 취향」, 『한국학논집』 27집, 한양대학교 한국학 연구소, 1995, pp.289-311.
2) 오세영편저, 「김소월 평전」, 『김소월』, 문학세계사, 1981, pp.317-320.
3) 김소월을 비롯한 당시 상징주의 시인들을 신비주의적 관점에서 고찰한 김옥성은 김소월이 전통적 요소를 도입함으로써 서구추수적 경향에서 국민시가로 옮겨오게 되었다고 한다. 김옥성, 『현대시의 신비주의와 종교적 미학』, 국학자료원, 2007, p.42.

에 대한 당대 평론가들의 집중적인 관심4)은 김소월이 단순히 낭만주의라는 사조적 관점에서 파악하기 힘든 복합적 세계의 인물임을 암시한다.

김소월의 복합성은 어디에 기인하는 것일까? 김소월이 특유의 단호함과 냉철함으로써 도달하고자 한 세계는 무엇일까? 여성적 어조로써 설움의 정서를 토해내곤 하였던 김소월에게 과연 강렬하게 지향하였던 세계는 존재하는가? 김소월에게서 어떠한 적극적이고 강인한 세계를 이끌어내는 일이 가능한 것일까? 이러한 질문들에는 김소월이 보여주었던 요소들이 일종의 패배주의적 속성을 지닌다는 회의감이 전제되어 있다. '한'과 설움의 정서, 이별과 사랑의 정한, 인고와 기다림의 시간 등 김소월 시 전편에 흐르는 이와 같은 여성적 특질들은 식민지라는 상황에 조응하는 성격들로서 김소월 특유의 체념적인 세계를 만들어내었다는 인식이 그것이다.5) 그러나 이러한 이해만으로는 김소월이 당대는 물론 오늘날에 이르기까지 그토록 많은 인구들에 회자되며 주목받는 까닭을 설명해주기에 부족하다.

본고는 김소월 시가 지속적 생명력을 지니는 이유를 보다 본질적인 데에서 찾고자 한다. 그것은 단순히 정서적인 차원의 것도 아니고 민요라든가 설화 등으로 대표되는 전통성보다도 더 심화된 차원의 것에 해당된다. 또한 그것은 식민지 지식인으로서의 존재론적 성찰보다도 더욱 깊이 있는 사유를 반영하며 김소월에게 매우 일관되고 뿌리 깊은 요인으로 작동한다. 그것은 김소월 시에 주로 나타나있는 한과 사랑의

---

4) 서정주, 「김소월과 그의 시」(『서정주 문학 전집』 2, 일지사, 1972,), 김동리, 「청산과의 거리-김소월론」,(『문학과 인간』, 백민사, 1948), 박두진, 「김소월의 시」,(『한국현대시론』, 일조각, 1971) 등.
5) 김소월에 관한 허무주의적 세계관의 관점에서의 고찰은 결국 이와 같은 맥락에 놓인 것이라 할 수 있다. 김우창, 「한국시와 형이상」,(『궁핍한 시대의 시인』, 민음사, 1977, pp.42-4), 김윤식, 「植民地의 虛無主義와 詩의 選擇」,(『文學思想』, 통권8호, 1973.5).

정서, 민요조의 리듬 감각, 영혼에의 관심 등 광범위한 부분에 대한 설명을 가능케 하는 것으로서, 김소월 시의 시적 원리가 된다. 그것은 곧 '영원성[6]'이다. 이 영원성에의 감각은 단 한 순간도 그에게서 떠나지 않는다. 영원성은 그의 존재, 생명, 한, 사랑, 나아가 죽음까지도 지배했던 감각이라 할 수 있다.

본고는 소월의 시의 전체적 면모가 어떻게 원리로서의 영원성과 맞물리는가를 고찰하는 것을 목표로 한다. 소월의 시는 형상화에 성공한 몇몇 일부의 시에 의해 대중성을 확보하는 것이 아니라, 혹은 민요조의 리듬에 의해 민중성을 획득한 것이 아니라 시 전체의 심층 의식에 의해 우리 민족의 고유성을 구해내고 있는 것이다. 이때 영원성에의 감각은 면면히 이어졌던 우리 민족의 전통적 사상과 관련된다. 소월의 이 점이 야말로 무엇보다 민중의 내면에 작용했던 요소로서, 소월시를 지금까지도 주목받게 하는 요인이 되고 있다. 이를 밝혀내기 위해 본고에서는 소월 시에 나타난 어떠한 특징들이 영원성의 지표로 기능하는가를 살펴보고, 나아가 그러한 특징들을 통해 구현된 영원성이 어떠한 시대적, 정신사적 함의를 지니는지를 구명할 것이다.

2. '사랑'에 의한 영원성에의 지향

소월의 시들 가운데 그 무엇보다도 절창에 속하는 것은 단연 '사랑시'

---

6) 김소월의 경우 '영원성'은 시간적 지속과 공간적 초월이라는 총체적 의미를 지닌다. 즉 시공이라는 양 국면의 초월을 뜻한다. 이것은 근대의 담론 속에서 논해졌던 시간의 지속성과 다른 차원의 영원성을 지칭한다. 가령 모더니즘에서 근대초극의 방법으로 제안하는 무시간성, 순환론적 시간 의식, 신화적 세계 지향 등이 근대의 발전적이고 일직선적 세계에 대한 안티테제로 기능한다면 김소월의 '영원성'은 시간과 공간을 포함한 차원에서의 초월이라 할 수 있다. (모더니즘의 시간의식과 관련해서는 『한국전후시와 시간의식』(송기한, 태학사,1996, pp.42-55)참조)

이다. 「진달래꽃」, 「초혼」, 「먼후일」, 「예전엔 미처 몰랐어요」를 비롯하여 수없이 등장하는 그의 사랑시의 특징은 오늘날 대중가요 못지않게 애절하다는 점이다. 그의 시에서 우리는 절실하면서도 안타까운 사랑의 정서들을 가감없이 체험할 수 있게 된다.

문제는 그토록 절절한 사랑의 정서를 김소월이 어떻게 내면화할 수 있었는가에 있다. 김소월에게 그러한 애끓는 정서를 체험하게 할 만한 주인공이 과연 존재하였던가? 재미있는 것은 김소월에겐 그와 같은 추정을 가능케 할 만한 주변 인물이 없었다는 사실이다. 그처럼 절절한 연애시를 썼지만 김소월은 어떠한 스캔들도 지니지 않았던 인물에 속한다. 부인과의 결혼은 유교적 관습대로 부모에 의한 것이었고 소월은 별로 마음에 내키지 않았으면서도 부인에게 충실했던 것으로 기록되어 있다.7) 「초혼」 역시 애인이 아니라 친구의 죽음을 애도하여 쓴 시였다는 사실8)은 소월의 그러한 전기적 사실을 충실히 뒷받침한다. 바로 이 점 때문에 소월의 '님'은 조국, 민족 등 다양한 역(域)으로 확대될 수 있었고, 소월은 개인 감정을 넘어서 민족 감정을 형상화한 시인으로서 높이 평가받을 수 있었다.

그러나 그러한 정황에도 불구하고 소월의 '연시'들이 이성을 연모하는 시라는 점은 부정하기 힘들다.9) 분명 '연시'이지만 대상이 불분명하다는 점, 그 의미역이 대상을 무한히 확장시키는 '님'이라는 점은 소월

---

7) 오세영 편저, 『김소월』, 문학세계사, 1981, pp.304-5.
8) 김학동, 「일상적 삶의 정서와 '窮乏'의 모티프」, 『현대시인연구1』, 새문사, 1995, p.452.
9) 유종호는 김소월의 '사랑'이 이성간의 사랑임을 의심하지 않으면서 이를 당시에 유행했던 '낭만적 사랑'과 관련시킨다. 서구문물의 유입과 더불어 횡행했던 자유연애 사상은 낭만적 사랑을 인생의 최고의 가치로 여기게 하였으며 소월은 이를 정서적으로 합법화시켰다는 관점이다. 낭만주의가 고전주의의 물질주의, 합리주의, 계몽주의를 비판하면서 환상과 상상력, 비합리성을 주창했던 것은 주지의 사실이거니와 이 점은 소월세계의 일단을 조명해준다고 할 수 있다. 유종호, 「임과 집과 길」, 『김소월』, 신동욱 편, 문학과 지성사, 1981, pp.103-134.

시를 문제적으로 볼 수 있게 하는 특질이 된다. '연시'와 '비연시' 사이의 모순 및 거리는 그 안에 해명해야 할 굴곡이 있음을 암시한다. '영원성'의 개념이 필요한 것도 이 때문이다.

소월의 경우 영원성이란 단지 시간을 초월하여 언제까지 지속되는 성질만을 의미하지 않는다. 그것은 시간과 공간을 모두 초월한 것으로서 '지금, 여기', 나아가 3차원적 현실 세계를 넘어서는 것과 관련된다. 소월에게는 역사시대 내에서의 초극보다 더욱 실존적 층위에서의 초월이 문제시 되었던바, 그는 현실이라는 상대적 세계 자체로부터의 탈피를 꿈구었던 것으로 보인다. 그의 시에 특정 이름으로 고정시킬 만한 신화적 세계가 없었다는 점은 그의 영원성의 특질이 시간이라는 단일한 축에만 놓여있지 않음을 말해준다.[10]

상대적인 세계 속에서 영원성은 성립될 수 없다. 인간이 현실을 살아가는 동안 영원성은 실재할 수 없다는 것이다. 이는 영원성이 부재 및 결핍과 동전의 양면이라는 점을 시사한다. 인간의 부재와 유한이라는 조건은 필연적으로 충만과 지속이라는 영원성을 지향하게 한다. 상대적 세계 안의 존재인 인간에겐 영원성이 불가능한 것이므로 인간은 끊임없이 영원을 추구하게 된다는 점이다. 다시 말해 인간은 결핍되어 있을수록 절대를 꿈꾸게 된다. 이러한 점들은 '영원성'이라는 것이 상대적 세계와 절대적 세계 사이의 함수 관계 속에서 도출되는 개념임을 시사한다. '영원성'은 인간이라는 조건 속에 필연적으로 겪게 되는 부재

---

10) 이 점에서 김소월은 근대초극을 논했던 동서양 무수한 모더니스트들과 다른 갈래를 보인다. 모더니즘이 근대라는 시간성을 넘어서기 위해 신화적 세계를 구축했던 것은 주지의 사실인 바, 우리의 모더니스트들이 유년세계(김기림)나 고향(김광균), 동양적 세계(정지용), 신라주의(서정주) 등 탈시간적이고 공간지향적인 세계를 구축하였다면 김소월은 특정 공간을 지향하지 않는다. 그의 의식은 공간마저도 이탈하고 있다. 그에게 항존했던 그리움은 정착할 공간을 찾지 못한 자의 불안을 표출시킨 것이라 할 수 있다. 형언할 수 없는 그의 이러한 정서를 우리는 지금까지 '한(恨)'이라 불러왔다. (모더니스트의 신화적 세계와 관련하여서는 『한국 모더니즘 문학의 지형도』(김윤정, 푸른사상, 2005)와 송기한의 앞의 책 참조)

의 정서와 완전성이라는 절대의 감정 사이에 놓여 있는 것이라는 점이다.11)

김소월의 경우 대상이 불분명한 연시들로부터 식민지 지식인의 민족적 감정을 유추하는 것은 물론 가능하다. 나라를 잃은 설움의 시인에게 조국의 독립과 해방은 곧 충만과 지속이요, 완전한 행복이기 때문이다. 그러나 소월의 시에서 대상을 규정하는 일은 오히려 그의 시가 지닌 의미의 진동을 외면할 수 있다. 뿐만 아니라 그의 시가 지닌 총체적 세계를 파악하는 데도 장애가 되며 소월의 시를 단선적이고 상투적인 것으로 제한하는 오류를 낳는다.

따라서 그의 '연시'들의 본질적 성격은 부재하는 상황, 결핍의 상황에 대한 강조이자 증명에 해당한다고 볼 수 있다. 그것들은 소월의 결핍감과 부재감이라는 상태의 표현일 뿐으로서, 김소월이 어느 정도로 영원성을 갈망하였는지를 말해주는 지표가 된다. 또한 영원성에의 갈망은 곧 절대에의 그리움인 까닭에 그의 영원성에의 추구가 선명하게 드러날수록 소월의 절대성 및 순수성이 증명이 된다. 이러한 관점에서 보면 그의 시를 소위 '연시'로 규정하는 것이 매우 성급하고 피상적이라는 사실이 드러난다. 그의 사랑시는 대상을 괄호친 상태에서 받아들여져야 하며 그러할 때 소월은 부재와의 투쟁을 통해 스스로를 절대의 지평 속으로 던지고자 하였던 치열한 영혼으로 이해될 수 있다. 그리고 그 점은 소월을 더욱 큰 울림을 지닌 자아로 매김하는 동시에 그의 시의

---

11) 상대적 세계와 절대적 세계의 함수틀 속에서 삶의 방식을 제시하는 세계는 단연 종교라 할 수 있다. 종교는 유한한 현세를 넘어서는 것을 목표로 하기 때문이다. 불교의 해탈이나 기독교의 영생 등 모든 고등종교에서 제시하는 관념은 죽음이라는 유한조건을 다루고 있는 것이다. 김소월은 종교인이 아니다. 그가 기독교의 영향권 안에 있었다는 점은 어느 정도 편린으로 드러나지만 정통적 의미에서의 기독교인이었다는 자료는 없다. 이는 김소월의 영원성이 종교의 영역 밖에서 초월을 문제삼고 있다는 점을 말해준다. 종교 외의 영역에서 고등 종교에 비견할 수 있는 절대, 즉 영원성을 꾀한다는 점은 주목을 요한다. 그 부분에서 구원의 원리가 발견될 수 있기 때문이다.

지속적 호소력을 설명해준다.

2.1. 죽음을 통한 영적 세계로의 진입

자아의 본질을 영혼으로 규정하는 일은 근대적 사유가 아니다. 근대에 진입하면서 인간은 과거의 영혼중심적 사유로부터 단절하고 의식을 이성과 오성, 감성으로 구분한다. 과거 전통적 세계에서 영혼에 의해 통합되어 있던 인간의 의식은 각 전문 영역에 따라 기능적으로 분화된다. 인간은 자신의 전공 영역에 의해 의식의 특성화와 성격화를 체화하게 된다. 이때 문학은 감성을 전문적으로 담당하는 영역으로 전문화된다. 김소월은 당대의 시류에 해당하는 낭만주의로부터 시적 출발을 이룬다. 이때 낭만주의는 감성을 담당해야 했던 근대시의 역할을 수용하면서 우리 시단에 등장하기 시작했다. 그러나 김소월은 곧 낭만주의자들과 구별되어 자신의 세계를 고양시키는데, 이때 김소월을 차별시킬 수 있던 것은 '영혼'에의 천착때문이다.[12] 영혼은 감성과 겹치면서도 그것과 성질을 달리한다. 감성이 단일하다면 영혼은 복합적이며 감성이 고정되고자 한다면 영혼은 운동하고자 한다. 감성이 수동적이라면 영혼은 능동적이다. 영혼은 감성을 포함하며 인간의 전체 의식을 통합하여 이를 고양시키려고 하는 살아있는 에너지다. 김소월이 그의 시론에서 밝히고자 하였던 '시혼'[13]도 이와 관련된다.[14] 김소월은 '영혼'에

---

12) 김억을 비롯한 당시의 다른 낭만주의자들도 '영혼'에 관해 언급한다. 그러나 그들은 영혼을 관념적으로 이해함으로써 감성에 국한되고 결국 감상성에서 벗어나지 못한다.

13) 평문 「시혼」에서 김소월은 영혼을 "우리의 몸보다도 맘보다도 더욱 우리에게 각자의 그림자같이 가깝고 각자에게 있는 그림자같이 반듯한"(앞의 책, p.247) 것이라고 말함으로써 영혼을 마음, 즉 정서와 구별되는 다른 차원의 것으로 규정한다.

14) 김소월을 다른 낭만주의자와 구별한 오장환의 글은 「朝鮮詩에 있어서의 象徵」, 『오장환전집2』, 창작과비평사, 1989, pp.68-79.

천착함으로써 영원성을 향한 그의 세계를 구축하기 시작한다. 이때 그의 시 「초혼」은 영원성의 세계에 놓이고자 하는 김소월의 열망을 반영하는 시로 해석되는 바,15) 김소월은 인간 유한성의 최대 조건인 죽음 앞에서 그의 영원성에 관한 사유의 일단을 보여준다.

> 나보기가 역겨워
> 가실때에는
> 말업시 고히 보내드리우리다
>
> 寧邊에藥山
> 진달래꽃
> 아름따다 가실길에 뿌리우리다
>
> 가시는거름거름
> 노힌그꽃츨
> 삽분히즈려밟고 가시옵소서
>
> 나보기가 역겨워
> 가실때에는
> 죽어도아니 눈물흘니우리다

「진달래꽃」 전문16)

김소월은 간혹 죽음에 관해 언급함으로써 허무주의자적인 모습을 비친다. 특히 「사노라면 사람은죽는것을」이라든가 「죽으면?」 등의 시에서 그러하다. 그는 "죽으면 도로흙되지"(「죽으면?」)라거나 "사노라면

15) 김윤정, 「문학과 종교의 유사성에 관한 언어적 고찰」, 『한국언어문학』 66집, 2008, pp.252-3.
16) 시는 오세영 편저의 『김소월』 전집(문학세계사, 1981)에서 인용함.

사람은 죽는것을"(「사노라면 사람은죽는것을」)이라고 말한다. 이처럼 그는 삶의 유한성에 대해 분명하고 직설적으로 언급한다. 그러나 이 점이 소월의 영원주의와 상반되는 것은 아니다. 소월의 사유에는 '영혼'이 가로놓여 있기 때문이다. 그에게 '영혼'은 죽음을 넘어 언제나 지속되어, 지금 여기와 차원을 달리 하는 곳에 그대로 있는 성질의 것이다. 사라지는 것, 일회적인 것은 '육'에 한정되는 것으로서, '육'과 분리된 '혼'은 다른 국면의 생으로 이어진다는 생각이다. 이러한 방식의 생각은 대단히 전통적인 것이지만 이를 직접적으로 언급하는 근대인은 없다. 때문에 「접동새」와 같이 환생 설화를 시로 직접 치환한 소월의 시창작 법은 소재적 특이성으로 한정지을 수 없는 문제적 성격을 안고 있다. 소월은 '육'의 일회성을 넘어서는 무한함의 감각을 지니고 있었으며 그의 생에 대한 인식은 바로 이 점에 기반하여 제시된다. "사랏대나 죽엇대나 갓튼말을 가지고"(「生 과 死」)와 같은 일견 허무주의적 진술도 그의 무한성의 감각에서 비롯된다.

이러한 관점에 서면 「진달래꽃」의 의미 구조가 「초혼」의 세계에 직접적으로 닿아있음이 드러난다. 주지하듯 「초혼」은 사랑하는 이의 죽음에 의한 형언할 수 없는 슬픔과 좌절을 그리고 있는 시이다. 시인은 「초혼」을 통해 죽은 이에게 조금이라도 가까이 가려는 처절한 몸짓을 보인다. 이때 죽은 이와 산 자를 함께 하도록 할 수 있는 유일한 통로는 '영혼'과의 만남이다. 소월이 「초혼」을 쓴 이유도 여기에 있다. 「진달래꽃」의 시적 자아는 어떠한가? 「진달래꽃」의 시적 자아는 님과의 이별이 기정사실이 된 상황 앞에 놓여 있다. 받아들이는 길 외에는 어떤 다른 방도가 없다. 자아의 사랑이 조금이라도 거짓이 있었다면 이러한 상황을 수습하는 일은 비교적 쉬울 것이나 절대적인 순수의 그것이었다면 놓여 있는 길은 극단적 단절뿐이다. '기(氣)가 막히는' 일이다. 이러한 상황 아래라면 그는 '혼'의 드라마를 펼쳐야 한다. 시적 자아는 님을 '죽이는 일'을 택한다. 물론 상징적 차원에서의 일이다. '영변의 약산 진달래꽃'은 죽음이 깃든 꽃이다. 영변의 藥山은 서관의 명승지로서 옛날 어떤 守領의 외딸이 떨어져 죽은 후 그의 넋이 진달래꽃이 되었다는 전설을 지닌 곳이기 때문이다.[17] 시적 화자는 그 꽃을 "아름따다 뿌리"겠으니 그 꽃을 "삽분히즈려밟고 가"라 한다. 여기에는 섬뜩한 만큼의 증오가 서려있다. 단순한 미움이나 원망 혹은 체념의 정도로 시적 자아의 절망감이 설명되지 않는다. 시적 자아는 진달래꽃을 한 아름 가지고 님을 휘감고자 한다. 이는 님을 자기 안에 가둘지언정 절대로 보낼 수 없다는 의지의 표현이다. 그리고 화자는 무서우리만한 이러한 행위를 '아니 눈물흘니우며' 해낸다.[18] 대단히 냉철하며 이지적인, 그리고 남성적인 태도이자 어조다. 역시 강조하지만 상상 속에서의 드라마이다. 그러나 이러한 상상을 통해 김소월은 단절의 극복을 꾀한다. 죽음을 포괄하고 있는 이 드라마는 영혼의 세계에서 그 만남을 계속해 갈 수가 있음을 암시하기 때문이다.

「진달래꽃」과 「초혼」에는 죽음을 넘어서는 치열한 사랑의 정서가 녹아 있다. 사랑의 절대성이 강할수록 그만큼 지속에의 열망은 사라지지 않는다. 소월은 이들 시를 통해 생의 유한성, 사랑의 일회성을 넘어서는 길을 보여준다. 그것은 곧 영혼에 의한 것, 영적 세계에의 지평을 엶으로써 가능한 것이다. 소월이 입버릇처럼 말한 "사랏대나 죽엇대나 갓튼말을 가지고"는 이미 영적 지평 속에 놓여있던 소월의 실존에 대한 언급일지 모른다. 그에게는 영원의 감각이 공기처럼 익숙했던 것이다.

---

17) 김학동, 앞의 책, p.447.
18) 이별하는 상황에서 '아니 눈물 흘리우리다'고 노래한 이 부분은 소월을 최대로 주목받게 한 요인이라 해도 과언이 아니다. 비논리적이고 부자연스러우며 작위적이기까지 한 이 부분에 대해서는 연구자의 다양한 관점이 가필되어야 한다. 적어도 지금까지 공식처럼 이루어졌던 여성 화자의 피학적 태도라는 관점은 지양되어야 할 것으로 판단된다.

2.2. '꿈'을 통한 영혼의 세계

　정신의 통합된 성질로서의 영혼은 언제 어떻게 자신을 드러내는가? 영원성의 감각 속에서라면 자아는 어떠한 일상을 보내게 될 것인가? 근대인들은 자신의 영혼을 어떠한 모습으로 지니고 있는가? 이에 대해 속시원한 답을 내려주는 이를 찾는 일은 쉬운 일이 아니다. 그것은 영혼에 관한 탐색이 근대의 시작과 함께 근절되었기 때문이다.19) 그러나 영혼에의 지평이 열려있던 김소월에게 이에 대한 탐구는 외면할 수 없는 문제가 된다. 그는 생활 속에서 자연스럽게 이에 대해 질문하고 답하며 느끼고 체험한다. 그는 자신의 내면 속에서 영혼이 어떻게 호흡하며 그 존재를 나타내는가를 좇는다. 김소월의 경우 영혼이 현상하는 한 국면은 '꿈'이다.

　　　　나히차라지면서 가지게되엿노라
　　　　숨어잇든한사람이, 언제나 나의,
　　　　다시깁픈 잠속의꿈으로 와라
　　　　붉으렷한 얼골에 가늣한손가락의,
　　　　모르는듯한擧動도 前날의모양대로
　　　　그는 야저시 나의팔우헤 누어라
　　　　그러나, 그래도 그러나!
　　　　말할 아무것이 다시업는가!
　　　　그냥 먹먹할뿐, 그대로
　　　　그는 니러라. 닭의 홰치는소래.
　　　　깨여서도 늘, 길거리엣사람을

---

19) 영혼에 관한 관심이 억제된 것은 개화기로부터 시작된 무속탄압과 관련될 것이다. 미신이라는 이유로 터부시되었던 무속신앙이 '영', '혼'을 다루었던 만큼 무속과 함께 이들 개념은 근대인의 기억 속으로 사라지게 된다. 김열규는 개화기 때의 무속금지를 마약단속법이 발동되는 것과 같은 느낌으로 묘사한다. 김열규, 「韓國 神話와 巫俗」, 『한국사상의 심층연구』, 우석, 1982, p.82.

밝은대낮에 빗보고는 하노라

「꿈으로오는한사람」 전문

　김소월의 '연시' 중에는 '꿈'을 제재로 하는 시가 상당수 있다. 인용시 외에도 대표적인 것으로 「꿈꾼그옛날」, 「눈오는 저녁」, 「님에게」 등이 있다. 흔히 사모하는 이를 꿈속에서조차(혹은 꿈속에서라도) 만나고자 하는 것이 인지상정이라 여길 수 있겠지만 김소월에게 꿈은 영혼이 통하는 장(場)으로 기능하는 특수한 영역이다. 특히 현실에서의 소통이 단절된 경우라면 영적 차원을 열어 소통을 꾀하는 일이 가능할 터인데, 이때 꿈은 현실의 장애가 작용하지 않는 자유로운 스크린이 된다. 꿈의 이러한 기능은 꿈을 억압된 욕망의 분출로 보는 프로이트의 관점과도 유사할 것이다. 그러나 소월의 영혼은 프로이트의 무의식과는 다르다. 무의식은 의식과 충돌하지만 영혼은 오히려 의식을 추동하고 의식을 깨어나게 한다. 영혼과 의식은 서로 대립적이지 않다. 소월은 꿈을 통해 만남을 적극적으로 소망하며 그 소망이 이루어질 때 님의 존재는 더욱 선명해진다. 인용시에서 시적 화자가 님을 향해 "깁픈 잠속의꿈으로 와라"라는 요구는 무의식이 아닌 영혼의 호출인 것이다. 시적 자아에게 '붉으럿한 얼골에 가늣한손가락', '擧動도 前날의모양대로', '야저시 나의팔우헤 눕는 그는 마치 살아있는 실체처럼 느껴진다. 시적 자아는 '님'의 영혼을 호출함으로써 그를 실재하는 이로서 대면한다.
　영혼의 통로가 되는 꿈의 기능은 비단 '님'의 호출에만 적용되는 것은 아니다. 「悅樂」은 김소월에게 있어서의 꿈과 영혼의 관계를 보다 잘 이해할 수 있게 해준다.

어둡게깁게 목메인하눌.
꿈의품속으로서 구러나오는
애달피장안오는 幽靈의눈결.

그림자검은 개버드나무에
쏘다쳐나리는 비의줄기는
흘늦겨빗기는 呪文의소리.

식컴은머리채 푸러헷치고
아우성하면서 가시는따님.
헐버슨버레들은 꿈트릴때
黑血의바다. 枯木洞窟.
啄木鳥의
쪼아리는소리, 쪼아리는소리.

「悅樂」 전문

　꿈은 자아의 의식 작용이 정지하였을 때 펼쳐진다. 꿈은 의식과 무관
하게 현란하고 다채로운 영상들을 그려나간다. 이러한 꿈을 작동시키
는 힘은 무엇일까? 「열락」은 꿈에서 본 장면들을 묘사하고 있는 시다.
장면들은 '유령'을 둘러싼 괴기스런 분위기들을 발산하고 있다. '幽靈의
눈결', '그림자검은 개버드나무', '흘늦겨빗기는', '식컴은머리채 푸러헤
치고' 등 공포영화에서나 볼 듯한 으스스한 장면들 일색이다. 꿈속 '유
령'을 만들어낸 것은 자아의 억압되어 있던 욕망인가? 즉, 공포의 기억
이 의식의 검열하에 무의식에 저장되어 있다가 꿈을 통해 분출된 것인
가? 꿈의 작용을 분명하게 진단할 수는 없을 것이다. 그렇지만 검열에
의해 무의식이 왜곡된다고 하는 프로이드식의 해석과 달리 위 시의 장
면들은 매우 논리적이다. '유령' 및 그를 둘러싼 배경은 한 편의 완성도
높은 형상화를 보인다. 뿐만 아니라 '유령'의 '애달피잠안오는' 듯한 '눈
결'이라든가 '아우성하면서 가시는따님'과 같은 개연성 있는 디테일은
「열락」에서의 '꿈'이 의식과 충돌하는 무의식의 작용이라고 하기에는
너무도 생생하고 자연스럽다. 소월의 꿈은 전혀 왜곡되거나 변형되거
나 하지 않은, 잘 짜여진 한 편의 영상인 것이다. 이러한 점들은 꿈이야

말로 영혼의 출몰 장소에 해당한다고 말해주는 듯하다. 마치 컴퓨터의 화면이 0과 1의 조합에 의한 디지털 기호에 의해 형성되듯이 영혼이 그에 해당되는 꿈의 영상을 만들어내는 것처럼 여겨진다. 그렇다면 실제로 꿈은 소월의 언급대로 "靈의 해적임"(「꿈」)이라 할 수 있다. 그리고 이처럼 영혼이 자유롭게 생기한다고 한다면 '꿈' 또한 영적 차원의 세계라 할 수 있다.

2.3. 영혼의 심급으로서의 '자연'

현실적 장애의 관계 아래 놓인 '님'을 영적 차원 및 꿈의 공간에서 호출한다고 하는 설정은 영혼이 대단히 자유로운 질료임을 암시하는 것이다. 그것이 질료가 아니라 인간의 의식에 불과하다 해도 문제될 것은 없다. 분명한 것은 그것이 상상력일 따름이라 할지라도 자아의 실재하는 의식은 현실을 충분히 구동시킬 수 있기 때문이다. 특히 김소월에게 영혼 차원에서의 의식은 그 무엇에 의해서도 침해받지 않을 만큼 강렬한 에너지로 이루어진다. 김소월의 시는 영적 차원의 세계에서 님을 호출하고 님을 만난다. 영원에의 강한 지향성을 지니는 소월은 영이 자유로울 수 있는 곳이라면 언제든 님을 불러낸다. 「초혼」에서와 같은 유사 제의적 순간이나 꿈 이외에도 님을 호출하여 영원을 체험하는 일은 소월에게 거의 일상화되어 있다.

소월의 표현대로 님은 "자나깨나 안즈나서나"(「자나깨나 안즈나서나」) 함께 하는 존재다. 실제로 같은 공간을 공유하지 않는다면 함께 할 수는 없는 일이나 소월은 님을 떠올릴 때마다 독특하고 고유한 정서를 발한다. 소월에게 일정하고 고유한 정서가 빚어질 때에는 '부재하지만 님과 함께 하는' 순간, 즉 님을 그리워하는 시간임을 알 수 있다. 소월의 경우처럼 부재하지만 존재감을 일으키는 일상적이고 고유한 정서는 무엇인가? 소월의 많은 시들은 이러한 사실을 추론케 하는 동질적 파장을 보여주고 있다.

> 우리집뒷산에는 풀이푸르고
> 숩사이의시냇물, 모래바닥은
> 파알한풀그림자, 떠서흘너요.
>
> 그립은우리님은 어듸게신고
> 날마다 뛰여나는 우리님생각.
> 날마다 뒷산에 홀로안자서
> 날마다 풀을따서 물에던져요.
>
> 흘러가는 시내의 물에흘너서
> 내여던진풀닙픈 엿게떠갈제
> 물쌀이 해적해적 품을헤쳐요.
>
> 그립은우리님은 어듸게신고.
> 가엽는이내속을 둘곳업섯서
> 날마다 풀을따서 물에떤지고
> 흘너가는님피나 맘해보아요.
>
> 　　　　　　　　　　「풀따기」 전문

　인용시 「풀따기」는 소월의 평균적인 시들을 대표한다. 평균적인 시들이라 했거니와 이는 절창은 아니라도 대체로 유사한 형상화 원리를 따른다는 점에서 그러하다. 님에 관한 사유, 배경으로 등장하는 자연, 정연한 민요조의 율격, 그리움의 정서 등이 그것이다. 이들 요소를 따르는 시는 셀 수 없이 많다. 「山우혜」, 「마른江두덕에서」, 「비단안개」, 「가을아츰에」, 「가을저녁에」 등이 그것이다. 위의 시 역시 '우리집뒷산에는 풀이푸르고', '그립은우리님은 어듸게신고'의 진술에서 그러한 요소들이 잘 드러난다. 특히 '날마다 튀여나는 우리님생각./ 날마다 뒷산에 홀로안자서'의 구절은 소월의 일상을 짐작케 하는 부분으로서 부재 가운데서의 '님'과의 공존이 어느 정도인가를 말해준다. 화자의 언급대로 소월은 '늘', 틈이 날 때마다 산천을 벗삼아 님과 교감한다. '님'은 산이나 바다, 강, 구름, 안개 등 소월이 쉽게 접할 수 있는 자연과 더불어 피어오르는 대상이다. 어쩌면 '님'과 '자연'은 서로가 서로를 연상시키는 서로에 대한 매개였다고도 판단된다. '자연' 속에 놓이면서 '님'이 떠오르는가 하면 '님'을 그리워하는 순간 자연의 이미지가 뒤따르는 셈이다. '자연'과 '님'은 동시적으로 존재한다. 이 점은 소월의 '하염없는' 그리움에 대한 일 설명을 가능케 한다. 즉, 소월에게 '님'은 '자연'과 등가라는 사실이다. 유구한 산천과 '님'은 닮아 있다. '님'은 '자연'의 연장이며 '님'은 자연이라는 심급과 일치한다.

'님'과 '자연'이 동일하다는 데엔 매우 큰 의미가 있다. 우선 '님'은 단순히 속된 사랑의 대상이 아니라는 점이 지적될 수 있을 것이다. 끝없는 그리움을 통해 소월은 '님'을 육(肉)과 속(俗)과 색(色)으로부터 탈각시켜 순수하고 절대적인 대상으로 전환시켜 나갔던 것이다. 이를 통해 '님'은 자연이라는 차원 높은 심급, 곧 영원성을 획득한다. '님'은 자아가 한가할 때 하릴없이 떠오르는 가벼운 대상이 아니라 영원성이라는 범주 안에서 함께 호흡하는 중심 인물이 된다.

한편 자연과 님이 공존하는 영원성의 영역 안에서는 동질적인 감각이 형성된다. 고유한 울림이라고도 할 수 있을 그러한 감각을 드러내는 대표적인 소재는 '물'이다.

> 그립은우리님의 맑은노래는
> 언제나 제가슴에 저저잇서요
>
> 긴날을 門박게서 섯서드러도

그립은우리님의 고흔노래는
해지고 져무도록 귀에들녀요
밤들고 잠드도록 귀에들녀요

고히도흔들니는 노래가락에
내잠은 그만이나 깁피드러요
孤寂한잠자리에 홀로누어도
내잠은 포스근히 깁피드러요

「님의 노래」 부분

인용시 「님의 노래」는 '님'이 어떻게 자아의 일부가 되어 내면으로
들어올 수 있었는가를 잘 보여준다. 그것은 '님'이 '맑은노래', '고흔노래'
이기 때문에 가능한 일이었다. '님'은 자아를 불안하게 하고 헤젓는 존
재가 아니라 편안하게 하고 휴식할 수 있게 하는 존재인 것이다. '맑고
고흔 노래'라면 '님'은 시적 자아에게 어떠한 저항없이 스며들 수 있다.
충돌없이 스며든 '님의 노래'는 자아를 언제까지고 지루하게 하지 않는
다. 님은 부재하지만 결여감이나 고독을 느끼게 하지 않는다. 오히려
충만과 포근함, 행복을 느끼게 하는 것이다. 다시 말해 님은 영원성의
감각에 응답하는 존재다. 이때 영원성의 감각은 '맑고 고흔 노래'라고
하는 파장으로 현상하는데 이는 사실 '물'의 속성을 암시하는 것이라
할 수 있다. '언제나 제가슴에 저저잇'을 수 있는 것, '해지고 져무도록'
'밤들고 잠드도록 귀에들릴' 수 있는 것이라 하였듯 '스며들고' '들리는'
것이라 할 때 이를 환기시키는 것은 '물'이기 때문이다. 위의 인용시가
'물'을 직접적인 소재로 사용하고 있지만 않지만 '물'과 밀접히 관련되
는 이유도 여기에 있다. '물'의 감각, '물'의 울림은 '님'과 일치하는 것으
로서 '님'이 항상 소월과 함께 하며 자연의 심급 속에 놓이도록 하는
근거가 된다. 요컨대 '물'의 속성은 '님'을 그리워할 때 소월에게 현상하
는 고유한 정서이자 영원성의 감각이 됨을 알 수 있다.

3. 음양의 결합을 통한 영원성

소월에게 '사랑'은 영원성의 감각을 증명하는 매개에 해당한다. '사랑'을 위해 소월은 적극적으로 영적 존재가 되며 '사랑'을 통해 자연이라는 최종 심급, 그 심원한 파장 속에 합류하게 된다. 소월에게 '사랑'은 흔히 근대인의 사랑이 그러하듯 퇴폐 속으로 몰아가는 대신 끊임없이 영혼을 맑고 순수하게 닦도록 하는 계기가 된다. 또한 '사랑'에 의해 소월은 인간의 유한성을 극복해간다. '죽음'을 가로질러가는 것도 '사랑' 때문이고 영적 세계에 진입함으로써 우주의 넓은 지평에 놓이게 되는 것도 '사랑' 때문이다. '사랑'에 의해 소월은 우주적 존재가 된다.

영원한 사랑을 통해 자연의 심급, 우주의 영역과 만났다고 한다면, 그렇다면 소월의 세계는 완성된 것이라 할 수 있는가? 소월은 그가 구축한 영원한 세계 안에서 구원을 얻었을까? 이에 대해 긍정의 답을 내릴 수 있으려면 소월에게서 얻게 되는 이미지가 안정과 평온의 그것이어야 할 것이다. 그러나 소월과 그러한 이미지는 잘 결합되지 않는다. 여전히 소월에게서 환기되는 이미지는 설움과 한숨, 그리움과 갈망으로 점철되어 있기 때문이다. 소월에게서는 간혹 자기 세계의 완성에 도달한 시인들에게서 볼 수 있는 평정과 안식이 없다. 그렇다면 소월이 도달한 세계는 거짓인가? 그의 도정은 그저 관념에 불과한 것이었나?

이에 대한 답은 소월의 세계 안에 이미 내재되어 있다. 그것은 소월의 영원성에의 희구가 결핍 및 부재와 동전의 양면 관계에 놓여 있다는 점과 관련된다. 소월의 영원주의는 부재와 결핍에 의해 발생하는 것이지 지금 이곳이 영원하기 때문에 발생하는 것이 아니다. 그런 점에서 소월의 영원주의는 초월적 상태로 고정되는 대신 감각의 형태로 계속하여 생기한다. 소월이 민중에게 더욱 친숙한 이유도 이 때문이다. 그는 쉽사리 초월하여 영원의 세계에 안주하지 않는다. 실제로 살아있는 인간에게 영원한 안식이란 가능하지 않다. 만일 그러하다면 그것이야말로 관념이나 거짓일 터이다. 소월은 인간의 현실적 조건에 맹목일 정도로 무지하지 않았으며, 쉽게 타협하지도 않는 냉철한 성격의 인물이었다.[20] 이 점에서 그의 설움과 한은 그가 감상적이어서 나타나는 것이 아니라 현실과 세계에 대한 대단히 깊이 있고 정확한 통찰에서 비롯된 것임을 알 수 있다.

> 것잡지못할만한 나의이설음,
> 저므는봄저녁에 져가는꼿닙,
> 저가는꼿닙들은 나붓기어라.
> 예로부터 닐너오며하는말에도
> 바다가變하야 뽕나무밧된다고.
> 그러하다, 아름답은靑春의때의
> 잇다든 온갓것은 눈에설고
> 다시금 낫모르게되나니,
> 보아라, 그대여, 서럽지안은가,
> 봄에도三月의 져가는날에
> 붉은피갓치도 쏘다저나리는
> 저긔저꼿닙들을, 저긔저꼿닙들을.
>
> 「바다가變하야 뽕나무밧된다고」 전문

소월이 영원성에의 감각을 지닌 것은 선험적인 조건이었을까? 이를 그의 천재성과 관련시킬 수 있는 문제일까? 분명한 것은 소월은 이지적인 면 못지않게 대단히 민감한 감수성을 지닌 이였다는 사실이다. 그의

---

20) 김소월의 냉철하고 이지적인 성격에 관해서는 안서가 증언하고 있다. 오세영은 김소월 평전에서 "안서는 소월이 그의 시에서 유추할 수 있는 것처럼 그렇게 감정적인 사람이 아니었다고 한다. 그와는 정반대로 그는 매우 냉철한 이성의 소유자로서 계산이 밝고 빈틈이 없었으며 이지적이었다. 이러한 주장은 소월이 고리대금업을 했다거나 상대를 지망했다거나 하는 전기적 사실에서도 증명되는 바이다."라고 말하고 있다. 앞의 책, p.306.

감수성은 일반인의 그것을 훨씬 웃돈다. 뿐만 아니라 평균적인 시인의 그것보다도 크게 상회한다. 예민함과 명민함 이 두 가지 속성은 살아있는 내내 그를 지치고 힘들게 하였을 터이다.

'저므는봄저녁에 져가는꼿닙'을 보며 느껴오는 '설옴'을 그리는 인용시는 소월의 예민한 감수성을 잘 보여주고 있다. '三月의 봄날'에 떨어지는 꽃잎은 소월에게 '붉은피갓치도 쏘다저나리는' 모습으로 각인된다. 해마다 어디서든 누구든 볼 수 있는 지극히 평범한 한 장면 아래 소월은 '것잡지못할만한' '설옴'을 호소한다.

소월이 안타까워하는 것은 사물의 일회성이다. 지금 여기에 존재하는 사물이 속절없이 사라진다는 것은 자신의 유한성 또한 명백함을 말해준다. 시간 내의 모든 사물이 생멸을 운명으로 하는 이상 소월도 예외가 아니다. 지금 여기의 사물이 아름다울수록 변화는 두렵고 안타깝다. 이 점에서 시간은 사물들의 가장 적대적 세력이다. 소월은 여기에서 곧 시간에 대해 대결의 포즈를 취한다. 그는 불현듯 오랜 동안 전해오는 한 이야기를 떠올리는 것이다. 그것은 '예로부터 닐너오며하는말'로서 '바다가變하야 뽕나무밧된다'는 경구이다. 변화를 말하는 언술이지만 역설적이게도 오래전부터 변함없이 진리였던 이 경구는 묘하게도 지금 소월이 겪고 있는 일회성을 제어해주는 변속기가 되어 준다. 소월은 바로 지금의 한 순간에 변화와 지속, 일회성과 영원성을 대비, 결합시키고 있는 것이다.

소월의 시 가운데에는 소재의 양가적 대립과 결합을 통해 다른 국면으로의 전환을 보이는 경우가 종종 눈에 뜨인다. 위의 인용시에서도 과거와 현재, 지속성과 일회성을 대비, 결합시켜 변화라는 시간성을 중화시키고 있음을 발견할 수 있지만 이 외에도 소월은 색채의 대비(「바다」, 「붉은 潮水」), 불과 물의 대비(「닭은 꼬꾸요」, 「안해몸」), 상승과 하강의 대비(「失題」, 「저녁때」, 「찬저녁」) 등 사물의 두 대립물을 결합시킴으로써 새로운 의미를 창출하고 있다.

서로 대립하는 성질의 상반되는 에너지를 끌어내는 작업은 소월의 경우 작위적으로 이루어지지 않는다. 소월은 그러한 일들을 의식적인 차원에서 하지 않는다. 때문에 대립물들에 의한 전회의 양상은 아주 미약하게 이루어진다. 혼의 울림에 의해 이루어진 시이므로 소월이 선명한 논리에 포착되는 구도들을 확보하지 못하였을 것이라는 점은 충분히 짐작이 가는 사실이다. 이러한 정황이라면 비논리적 부분이라든가 우연적 언술, 순간적 언급 등에 나타난 의미있는 표징들을 세심하게 살펴내는 일이 오히려 생산적인 일이 될 것이다. 실제로 소월의 시에는 미세한 표징들이 숨겨져 있듯 존재하는 바, 소월의 내면 깊은 소리에 해당하는 이러한 표징들은 소월을 존립케 하는 에너지의 형태로 그려진다.

나는 꿈꾸엇노라, 동무들과내가 가즈란히
벌까의하로일을 다맛추고
夕陽에 마을로 도라오는꿈을,
즐거히, 꿈가운데.

그러나 집일흔 내몸이어,
바라건대는 우리에게 우리의보섭대일땅이 잇섯드면!
이처럼 떠도르랴, 아츰에점을손에
새라새롭은歎息을 어드면서.

東이랴, 南北이랴,
내몸은 떠가나니, 볼지어다,
希望의반짝임은, 별빗치아득임은.
물결뿐 떠올나라, 가슴에 팔다리에.

그러나 엇지면 황송한이心情을! 날로 나날이 내압페는

자춋가느른길이 니어가라. 나는 나아가리라
한거름, 또한거름. 보이는山비탈엔
온새벽 동무들 저저혼자⋯⋯山耕을김매이는.
  「바라건대는 우리에게우리의 보섭대일땅이 잇섯더면」 전문

  인용된 시는 식민지 현실을 직접 다루었다 하여 흔히 민족주의적 관
점에서 해석되곤 한다. 소월의 시 가운데 이처럼 대사회적 의미가 분명
하게 드러나 있는 경우는 드물다. 그러한 만큼 소월은 이 시에서 다른
시들에 비해 선명하게 자신의 존재 양태를 드러내고 있다. 생활인으로
서의, 민족의 구성원으로서의 소월은 그 어느 때보다도 강렬하게 자아
를 드러낸다. 이 시에 대한 정밀한 분석이 필요한 이유가 여기에 있다.
  위의 시는 비교적 정황이 명확하므로 보통 이해하기 어렵지 않은 시
로 분류되었을 것이다. 그러나 이 시에는 앞서 언급했던 비논리적 부분
이라든가 우연적 언술, 순간적 언급 등이 숨겨져 있어서 이면의 다른
해석을 유도한다.
  위의 시는 흔히 이해되듯 나라잃은 자의 땅을 향한 염원이라는 내용
으로 단순화되지 않는다. 위의 시가 민족주의적 시라 해서 이것이 논리
나 의식의 차원에서 쓰여진 시임을 의미하는 것은 아니다. 이 시 역시
소월의 모든 시가 그러하듯 혼의 차원에서 쓰여진 것이다. 1연의 꿈,
2연의 탄식, 3연의 헤매임, 4연의 환영(幻影)은 모두 영혼의 소리이자
울림에 의한 현상들이다. 시의 전반에 희뿌연 영상의 그림자가 감도는
것도 이 때문이다. 소월은 한숨을 뱉어내듯 시를 그려나가고 있다. 영
혼의 흐름을 따라가며 소월은 행복과 상실, 충만과 결핍, 포근함과 쓸
쓸함, 절망과 희망의 궤적들을 종횡으로 그려나간다. 우리는 1연에서
소월이 형상화시켜내고 있는 한 목가적 장면에서 더없는 충일감을 맛
보게 된다. 이는 소월의 피부와도 같은 영원의 감각이다. 소월이 토해
내는 상실의 비애가 '걷잡을 수 없이' 큰 까닭도 바로 이 영원성의 감각

때문임은 앞서 논증한 대로이다. 어김없이 2연에서는 소월의 '탄식'이 이어진다. '집일흔 몸', '떠도는 몸'은 설움의 직접적인 이유이다. 2연의 설움과 탄식은 소월 시 전반을 가로지르는 탄식과 설움과 다를 바 없는 밀도와 강도를 지닌다. 님이 떠난 이의 탄식이나 땅을 잃은 이의 탄식은 함량상 동일한 것이다. 이는 '설움' 및 '한'이란 결국 깃들 곳을 잃어 떠도는 운명에 놓인 '넋'에 의한 것임을 방증한다. 안식하고자 하나 결여되어 있고, 정착하고자 하나 디딜 곳이 없는 이에게 영혼은 '뜰' 수밖에 없다. 이때 걷잡을 수 없는 헤매임이 시작된다. 소월의 시가 전부 '영'의 헤적임, '넋'의 한숨이 된 것은 이 때문이다. 3연에서 소월은 "내 몸은 떠가나니, 볼지어다"라고 말한다. 방향을 정할 수 없는 소월의 헤매임은 안타까움과 비애를 일으킨다. 시적 자아는 '동'이든 '남북'이든 갈래 없이 떠돈다. 그러나 소월의 영혼이 그려내는 궤적은 여기에서 끝나지 않는다. 방향을 찾지 못하는 중에 순간적으로 떠오르는 영상이 있기 때문이다. 영혼의 한 편린이 만들어내었을 그것은 '물결'이다. '희망'도 '별빗'도 아득한 가운데 아련하게 멀리 저편에서 '물결'이 '떠오르'는 것이다. '물결'은 모든 것이 폐허처럼 아득한 중에 한 줄기 빛으로서 다가온다. 시인은 "물결뿐 떠올나라"라고 말한다. 그리고 이 '물결'은 그의 '가슴과 팔다리에' 스며든다. 그리고 마치 죽어가는 이에게의 생명수처럼 '물결'은 떠도는 넋을 진정시킨다. 여기에서 소위 구원의 순간이 펼쳐지는 것이다. 4연의 어조가 지금까지의 어조와 반대되며 소월 시 전반을 채색하는 우울한 어조와도 사뭇 다른 것은 바로 이 구원의 '물결' 때문이다. 4연에서 시적 자아는 이 순간의 심정이 '황송'하다고까지 말하고 있다. 이어 시적 자아는 "날로 나날이 내압페는/ 자측가느른길이 니어가라. 나는 나아가리라/ 한거름, 또한거름"이라는 뜻밖의 진술로 시를 전개시켜 나가는데, 여기에는 소월에게서 쉽게 느낄 수 없는 차분하고 힘찬 에너지가 넘쳐난다. '물결'은 일순간에 국면을 전환시켜 처음의 어둡고 부정적 에너지로부터 밝고 긍정적 에너지로 시적 자아

를 거듭나게 하는 것이다.[21]

소월은 희미하게나마 긍정적인 자신의 에너지의 형태를 지니고 있었다. 소위 기(氣)에 다름 아닌 에너지의 형태는 소월의 경우 불과 물의 결합에 의한 구원에의 의지라고 말할 수 있다. 여기에서 '불'은 떠도는 넋에서 비롯된다. 애타는 심정, 걷잡을 수 없는 탄식, 해소되지 않는 '한'이 곧 '火'이다. 이 '불'은 마음을 태우고 영혼을 태우며 몸을 태운다. 모든 것을 다 없앨 때까지 타들어가야 하는 것이 '불'인 것이다. '불'이 가득하다면 그는 더 이상 삶을 영위해갈 수가 없다. 구원이 필요한 지점도 여기이다. 이때 구원의 힘을 지닌 것이 '물'임은 의심의 여지가 없다. '불'을 다스릴 수 있는 유일한 것이 '물'이기 때문이다. 따라서 소월이 무의식중에 '물결'을 떠올린 것은 지극히 당연했던 셈이다.

소월에게 항존했던 정서가 해소되지 않는 그리움과 형언할 수 없는 결여감이었으며 그것이 '불(火)'의 속성을 지니는 것이라면 소월시에 나타나는 소재로서의 '물'의 의미가 더욱 분명해진다. 소월시에서 '물'을 소재로 한 시는 「풀따기」, 「바다」, 「山 우에」, 「마른 江 두덕에서」, 「失題」, 「개여울」, 「가는길」 등 무수히 많다. 이미 앞의 절에서 「님의 노래」에 등장하는 '물'의 성격을 분석한 바 있거니와 이 시외에 '물'을 소재로 취한 시에서도 '물'은 애타는 마음을 다스려주는 기능을 함을 알 수 있다. 열거한 '물' 소재의 시들에서 '물'이 대부분 '님'을 연모하는 순간 등

---

21) 이 시에서 구원의 감각을 일으킨 '물결'은 마치 성서에서 그리스도가 말한 성령을 연상시킨다. 성서는 그리스도의 말을 전하면서 "나를 믿는 자는 성경에 이름과 같이 그 배에서 생수의 강이 흘러나리라 하시니 이는 그를 믿는 자의 받을 성령을 가리켜 말씀하신 것이라"고 말한다 (요한복음 7장 38-39절). 성령을 '물'이라고 말한 까닭은 단순한 비유일까? 그렇다기보다는 우주에 존재하는 기(氣)로서의 물(水)이라고 여겨진다. 기(氣)로서의 '물(水)'은 영혼에 작용하는 생명수이다. 부패하고 타락한 영혼, 분노와 증오, 한과 설움에 들려있는 영혼에 작용함으로써 그를 다스리고 진정시키며 맑게 씻어주는 역할을 하는 것이 곧 '물(水)'의 영(靈), 물의 기(氣)인 것이다. 구원의 성격을 지니는 이 점은 기독교에 국한된 성질의 것이 아니다. 이는 구원 일반, 통종교적 관점에서 이해될 것으로서, 구원에 대한 원리를 해석하는 하나의 관점을 제공한다.

장한다는 점에서 이를 확인할 수 있다. '물'은 연모의 정서로 들려있는 시적 자아의 상태에 반응함으로써 마음을 달래주고 진정시켜 준다. 다시말해 '물'은 위로 타오르려는 성질을 지닌 '불(火)'의 마음을 가라앉혀 항정심과 평상심을 유지하게 해주는 성질을 지닌다. 그러한 점에서 '물'은 마음의 고요를 찾는 길이자 구원에 이르는 길이라 일컬을 수 있는 것이다.

> 이 가람과 저 가람이 무도 쳐흘러
> 그 무엇을 뜻하는고?
>
> 미더움을 모르는 당신의 맘
>
> 죽은듯이 어두운 깊은 골의
> 꺼림칙한 괴로운 몹쓸 꿈의
> 퍼르죽죽한 불길은 흐르지만
> 더듬기에 지치운 두 손길은
> 불어가는 바람에 식히세요
>
> 밝고 호젓한 보름달이
> 새벽의 흔들리는 물노래로
> 수줍음에 추움에 숨을 듯이
> 떨고 있는 물밑은 여기외다.
>
> 미더움을 모르는 당신의 맘
>
> 저 山과 이 山이 마주 서서
> 그 무엇을 뜻하는고?
>
> 「失題」 전문

위의 시는 소월의 마음에서 일어나고 있는 '불'과 '물'의 상호성을 잘 보여주고 있다. 소월은 '님'에 대한 원망과 그리움의 정서를 '미더움을 모르는 당신의 맘'이라 직설적으로 제시하면서 이어 그것을 '불길'이라 명명하고 있다. 3연은 4연과 대비되면서 '님'을 향한 정서로 인해 겪는 시적 자아의 괴로움 심정을 묘사하고 있다. '죽은듯이 어두운 깊은 골', '괴로운 몹쓸 꿈', '더듬기에 지치운 손길' 등이 그것인데 이는 모두 '퍼 르죽죽한 불길'에 해당하는 것이다. 시적 자아는 이처럼 타는 심정을 '식히'고 싶어한다. 4연의 전개가 이루어지는 것도 이 지점에서이다. 이 때 시적 자아가 바라는 정서는 '밝고 호젓한' 것으로서 '새벽'처럼 맑고 신선한 공기이다. 이를 현상시키는 것은 곧 '물노래'가 된다. 요컨대 '물 노래'는 '불길'의 마음과 결합하여 자아에게 평정을 가져다 준다는 점을 알 수 있다.

「失題」는 '불'과 '물', '물'과 '불'을 상호관련시키면서 정교하게 대칭화 하고 있음을 알 수 있다. 1·2·3연과 4·5·6연은 정확히 나뉘어질 뿐 아니라 시행의 배치 면에서도 내용의 구성 면에서도 서로 대칭된다. 이때 1연의 '가람'과 6연의 '산'은 3연의 '불', 4연의 '물'과 엇갈린 채 대구 를 이룬다. 1연의 '가람'은 4연의 '물'과 동일한 성격이자 6연의 '산'은 3연의 '불'과 의미의 연속성을 이룬다. 단순하게 '불'과 '물'을 기준으로 배열한 것이 아니라 '물'과 '불', '불'과 '물'의 뒤틀린 대칭성을 이룬 이유 는 무엇일까? 1연과 6연에서 제기한 소월의 '?(질문)'은 이 안에 내재되 어 있는 심층적 의미 지대를 암시하고 있는 것으로 해석할 수 있다. 그것은 '물'과 '불'의 결합의 역동적 성격을 내포하는 것이 아닐까. 물이 불이 되고 불이 물이 되는 상대적 성격이 그것이다. 가령 '님'이 '불'이 되고 또한 '님'이 '물'이 되는 형국도 그와 관련된다. '님'을 향한 '사랑'이 불타는 속성을 지님은 물론인데 반면 '님'은 구원으로서 기능하면서 물 의 속성도 지닌다는 것을 고찰한 바 있다. '님'은 '불'인가 '물'인가? 마찬 가지로 '사랑'은 '불'인가 '물'인가? '님'은 괴로움인가 구원인가?[22] 이 가운데서 선택의 답을 정하는 일은 간단한 일이 아니다. 실제로 '님'은 어느 순간 '물'이 되지만 어느 순간 '불'이 된다는 것을 알 수 있기 때문이다. '님'은 어느 순간 안식이 되지만 어느 순간 고통이 된다. 이는 '님'이 고정된 실체가 아님을 말해준다. 나아가 속성으로서의 '물'과 '불'도 고정된 것이 아니다. 이들은 서로를 조건으로 하고 서로를 전제하는 관계틀 안에 존재하며 그 안의 관계에 의해 성질을 부여받는다. 이들은 때로는 하강의 기운으로 때로는 상승의 기운으로 작용하면서 서로를 추동하고 서로에게 생명을 부여받는다.

'물'과 '불'의 결합은 동양적 세계에서 음과 양의 관계를 상기시킨다. 이때 중요한 것은 음양의 결합은 고정 불변하는 것이 아니라 언제나 상대적 성질이라는 점이다. 어느 한 가지만으로는 어느 것도 이룰 수 없는 것이 음양의 관계이다. 서로는 서로를 필요로 하며 서로가 존재함으로써 전회가 가능해진다. 즉 서로를 받아들이고 조화를 이룰 때에만 결합과 전회(轉回)라고 하는 태극의 원리가 구현되는 것이다. '태극'은 생명력이 극치에 달한 상태로서 모든 조건과 상황으로부터의 초월과 전환을 이룩한다. '불'과 '물'이라는 음양의 결합이 태극이 되는 국면은 두 양가적 속성들이 역동적으로 반응하면서 오묘한 생명성을 창출하는 형국이라 할 수 있다. 서로를 추동하는 양가적 힘은 에너지를 고도로 상승시키며 그 에너지는 곧 초월의 힘으로 작용하는 것이다. 이러한 에너지가 작용할 때라면 활기(活氣)가 넘칠 것인데 이때의 활기는 '불'의 '타오름'을 지양한 냉철한 활력이 될 것이다. 소월의 시 가운데 「붉은 潮水」는 바로 이러한 활기의 이미지를 그려내고 있다.

  바람에 밀려드는 저 붉은 潮水

---

22) 이 양면성을 가장 극명하게 지니는 종교는 기독교이다. 기독교에서 권장하는 '사랑' 및 그리스도에 대한 '사랑'은 이 두가지 속성이 대단히 혼란스럽게 뒤섞여 있다.

저 붉은 潮水가 밀려들 때마다
나는 저 바람 위에 올라서서
푸릇한 구름의 옷을 입고
불같은 저 해를 품에 안고
저 붉은 潮水와 나는 함께
뛰놀고 싶구나, 저 붉은 조수와.

「붉은 潮水」 전문

　　소월 시의 어조 가운데 탄식과 시름으로 젖어 있지 않은 경우를 떠올리는 것은 쉬운 일이 아니다. 그러한 점에서 위의 시는 낯설게 느껴질 정도이다. 그러나 소월의 세계 안에는 구원을 향한 역동적 힘이 존재한다. 부재에 대한 인식의 '간단없음', '쉼없는' 그리움과 갈망은 양적 축적을 이루어 어느 찰라 대립물과 결합하는 토대가 되고 이 지점에서 질적 전환이 이루어진다는 점, 여기에서 어느 부분을 선택하기보다는 전체적인 역동의 원리 자체를 도출해야 한다는 점이 결론으로 남는다. 이 원리 자체가 중요할 까닭은 이 속에 구현된 전체성이 곧 생명이자 초월의 동력이 된다는 점에서 그러하다. 「붉은 조수」는 '불'과 '물'이 만나는 장면을 형상화하고 있는 것으로서 이때 자아에게 생기는 활력과 아름다움의 이미지를 잘 드러내고 있다. '붉은 조수'의 장면이 펼쳐지는 순간 '바람 위에 올라서서', '푸릇한 구름의 옷을 입고' '뛰놀고 싶다'는 등의 상승 이미지가 이어지는 것은 곧 음양의 역동성에 의한 활력에 기인한다. 그리고 그러한 활력의 정점에 '태양' 이미지가 놓이고 있다.
　　소월의 시세계에서 구현되고 있는 태극의 원리는 영원성의 감각에 대한 한 지표가 된다. 태극은 곧 상승과 초월의 원리이자 에너지이기 때문이다. 뿐만 아니라 이것은 모든 문화권에 존재하는 다양한 종교들에 공통되는 기본 메커니즘에 해당할 터이다. 이는 태극이 무조건적인 초월이 아니라 상대적 세계 안에서의 절대성 추구를 꾀한다는 점과 관

련된다. 고등 종교에서 '고행'과 '사랑', '선행'의 '실천'들을 강조하는 것
역시 초월이란 저절로 주어지는 것이 아니라 인간에게 주어진 조건을
외면하지 않을 때라야 가능함을 역설하는 것이라 할 수 있다. 고통에
찬 인간의 유한하고 상대적 세계를 조건으로 하여 절대성과 결합할 때
구원이 가능해지는 것이다.

쉽사리 초월하기를 거부하였던 소월에게 상대적인 세계와 절대적인
세계는 언제나 양면적으로 존재했다. 민족의 비극을 끝까지 응시하며
구원을 구하던 소월 시의 전개는 민족의 암담한 현실에 대해 무의식적
인 힘으로 작용하였을 것이다. 더욱이 그가 보여준 세계는 소월의 시가
우리 민족의 심층적 내면 차원에 놓여있었음을 암시한다. 소월이 우리
민족을 대표하는 시인일 수 있던 것은 그 무엇보다도 이 점에서 기인한
다고 할 것이다.

4. 결론

흔히 민요조의 리듬이나 전통적 정서의 구현이라는 측면에서 독특성
이 평가되곤 하던 소월의 시에는 보다 심층적 차원에서 구동되는 시적
원리가 놓여있다. 그것은 영원성이다. 영원성은 소월의 세계 전체를
일관되게 방향지우는 근본적인 요소이다.

본고는 소월의 시에서 영원성을 구현하는 계기가 되는 것으로 크게
'사랑'과 '태극'이 있음을 살펴보았다. 소월의 '사랑시'는 부재와 결핍을
전제로 하여 발생하는 것으로서 이의 극복을 향한 치열한 의지를 불러
일으키는 요소이다. 이러한 의지에 의해 소월은 영적 세계로의 지평을
열게 되는데, 소월 시에서 영적 세계를 암시하는 지표로는 '죽음'과 '꿈',
그리고 '자연'이 있다. 소월은 이들 요소들을 통해 '님'과의 만남이라는
영원성의 세계를 이끌어낸다.

그러나 부재와 결여에 의한 것인 까닭에 소월의 '님'을 향한 그리움은 헤매임과 애탐의 성격, 즉 불(火)의 속성을 지닌다. 소월의 시가 '걷잡을 수 없는 설움'으로 가득한 까닭도 이 때문이다. 부재에 대한 극복의 의지가 강할수록 소월은 '님'의 부재와 존재를 동시적으로 환기한다. '불(火)'의 마음을 지닌 소월에게 '물(水)'이 떠오르는 것도 이러한 맥락에서 이해될 수 있다. 순식간에 소월의 마음을 다스려 생기(生氣)를 부여하는 '물'은 구원의 힘을 지니는 것이라 할 수 있다. 이러한 불과 물의 결합은 소월에게 변화를 일으키는 원리가 된다. 그리고 이처럼 변화를 일으킬 수 있는 원리란 곧 소월 시에 나타난 영원성의 또다른 계기라 할 수 있다.

이때 '물'과 '불'은 단일하고 고정된 실체가 아니다. 이들은 역동적 원리 안에서의 일 조건들에 해당한다. 이 둘이 서로를 조건으로 하여 결합될 때라야 구원이 일회적이지 않고 하나의 원리가 되어 구동될 수 있다. '물'이 '불'이 되고 '불'이 '물'이 되는 형국은 서로에 의해 촉발되는 생명성을 내포한다. 또한 생명력을 생기시킬 수 있는 한에서 이들 조건들은 의미를 부여받을 수 있다. '사랑'이 구원이 되는 순간이라든가 '태극'이 구원이 되는 순간은 동일하게 대립물에 의한 전환의 국면을 지니고 있는 것이다. 그리고 이들은 공통적으로 상대성과 절대성이 결합될 때 가능하다.

인간에게 상대성과 절대성이 동시에 작용하는 장(場)은 영(靈)과 육(肉)이 결합된 세계 안에서이다. 인간은 몸과 마음, 물질과 비물질이 분리된 존재가 아니라 이것이 결합되어 있는 존재인바, 이 지점에서라야 초월과 구원이 가능해진다. 중요한 것은 영적인 세계가 인간이라는 유한의 존재와 무관하지 않다는 점이다. 그러한 점에서 소월의 세계는 근대적 세계관과 다른 차원에 놓인다. 소월이 영적 세계의 지평을 열어야 했던 것은 물질주의적 근대의 세계 안에서 구원이나 초월이 불가능했기 때문이다. 이것이 물질적이고 현실적 조건을 외면하는 것이 아님은 물론이다.

태극은 에너지의 한 형태이다. 역동적으로 순환하는 이미지로서 태극이 현상하는 까닭도 여기에 있다. 이처럼 역동적으로 순환하는 태극의 에너지는 현실의 조건들을 넘어서는 기능을 한다. 태극은 상대적 세계에서 작동한다. 뿐만 아니라 절대적 세계 안에서도 동시적으로 작동한다. 이는 인간이 우주적 존재임을 말해준다. 태극의 세계관은 근대적 사유 안에서 보아왔던 인간에 대한 이해를 초극시켜 우주적 지평을 열어놓는다. 인간은 더 이상 감성과 이성이 모순되고 몸과 정신이 이분법적으로 분리되는 존재가 아니라 영혼이라는 몸과 마음이 통합된 정체성을 획득한다. 이는 인간이 4차원성을 회복했음을 의미하는바, 영원성은 지금 여기로부터 저 멀리 있는 초월적 관념이 아니라 바로 지금 이곳에서 구동되는 실재이자 원리임을 말해준다. 소월이 우리에게 큰 존재로 다가오는 것은 그가 현실과 구원, 상대적이고도 절대적인 세계를 동시적으로 펼쳐놓은 데서 기인한다.

― 김소월론

근대시와 불교적 상상력

-한용운론

1. 서론

우리 시사에서 한용운은 여러 측면에서 특이한 위치를 차지하고 있다. 우선 승려라는 신분으로 시작 활동을 함으로써 우리에게 불교적 세계의 깊이있는 체험을 제공한다는 점에서 그러하고, 3.1운동의 핵심 인물로 참여하면서 「조선 독립의 서」를 작성하고 이후 광복을 맞이할 때까지 일제에 결연히 저항한 시인이었다는 점에서 그러하다. 또한 그가 주로 시를 썼던 1920년대 당시, 문단의 특정 그룹에 속하지 않았으면서도 시의 미학적 측면에서나 주제, 사상적 측면에서 뚜렷한 종적을 남겼다는 점은 문학사에서 차지하는 그의 문학적 위치를 확인케 하는 부분이다. 그는 불교시인이었을 뿐만 아니라 저항시인이었고 또한 문학적 측면에서도 결코 낮지 않은 수준을 보여준 시인이다.

이러한 그의 이력 때문에 지금까지 이루어져 온 한용운에 대한 연구는 시 작품 및 논설에 나타난 불교적 세계관을 조명하는 연구[1], 독립사

---

1) 인권환, 「만해의 불교적 이론과 그 공적-한용운 연구」, 『고대문화』 2집, 1960.8.
   김운학, 「한국현대시에 나타난 불교사상」, 『현대문학』 118호, 1964.10.
   송　혁, 「만해의 불교사상과 시세계」, 『현대문학』 268-9호, 1977.4-5.
   서경수, 「한용운과 불교사상」, 『한용운사상연구』 1집, 민족사, 1980.9.
   _____, 「만해의 불교유신론」, 『한용운사상연구』 2집, 민족사, 1981.9.
   김인환, 「한용운의 문학과 불교사상」, 『한용운 연구』, 김학동 편, 새문사, 1982.

상가로서의 면모를 고찰한 연구2), 주제적 측면에서 '님'의 의미를 해명하는 연구3), 형식미학적 측면에 대한 연구4) 등이 있다. 이들은 대부분 한용운의 전기적 사실을 바탕으로 해서 그의 정신적 면모를 탐색한 것으로, 한용운이 전생애를 통해 보여주었던 실천적 활동의 면면들을 반영하고 있다.

그러나 한용운에 대한 연구가 그의 생애 및 실천적 활동과 관련되어 이루어져 온 점은 실증적 차원에서 유의미한 성과를 나타내는 것이 사실이지만 해석학적 거리가 확보되지 않은 채 이루어짐으로써 몇 가지 문제점을 노정한다. 그것은 한용운 문학에 대한 연구 방법을 일정한 틀로 고정시키는 한계를 지닐 뿐 아니라 문학 작품이 작가 그 자체가 아니라는 매우 당연한 사실을 외면한 것에 해당한다. 지금까지 한용운에 대한 연구가 양적으로 비대했지만 질적 측면에서 큰 발전을 보이지 못한 것은 한용운 문학에 대한 연구가 지나치게 전기적 사실에 기대어 이루어진 나머지 연구자의 다양한 해석학적 방법이 적용될 여지가 없었기 때문이라 판단된다.

이에 대한 성찰을 토대로 한용운의 '님'에 접근하는 경로의 획일성을

　　　허우성, 「만해의 불교이해」, 『만해학보』 1호, 1992.6.
　　　전보삼, 「한용운 화엄사상의 일고찰」, 『만해학보』 1호, 1992.6.
2)　안병직, 「만해 한용운의 독립사상」, 『창작과 비평』 5권 4호, 1970.12.
　　　홍이섭, 「한용운의 민족정신」, 『한용운사상연구』 1집, 민족사, 1980.9.
　　　김상현, 「한용운의 독립사상」, 『한용운사상연구』 2집, 민족사, 1981.9.
　　　_____, 「3.1운동에서의 한용운의 역할」, 『한용운사상연구』 3집, 민족사, 1994.
　　　전보삼, 「한용운의 3.1독립정신에 관한 일고찰」, 『한용운사상연구』 3집, 1994.
3)　신용협, 「만해시에 나타난 '님'의 전통적 의미」, 『덕성여대논문집』 9집, 1980.12.
　　　김준오, 「총체화된 자아와 '나-님'의 세계」, 『한국문학논총』 6-7집, 1984.10.
　　　조동일, 「김소월, 이상화, 한용운의 님」, 『우리 문학과의 만남』, 기린원, 1986.
　　　조동민, 「만해시에 나타난 '님'의 상징」, 『학술원연구 학술지』 39집, 1987.5.
　　　이병석, 「만해시의 '님'에 대한 고찰」, 『동아어문논집』, 1993.
4)　김병택, 「한용운 시의 수사적 경향」, 『한국시가연구』, 태학사, 1983.
　　　윤재근, 「만해시의 운율적 시상」, 『현대문학』 343호, 1983.7.
　　　정효구, 「만해시의 구조고찰」, 『정신문화연구』 19집, 1984.1.

탈피하고 이에 대한 해석학적 접근을 시도하고자 한다. 가령 지금까지 연구되어 왔듯 한용운 문학세계에서 핵심에 놓여있는 '님'의 의미는 무엇일까를 논하며 그것이 내포하는 다양성을 고찰하는 접근은 과연 정당할까? 한용운이 『군말』에서 제시하고 있는 '기룬 것은 다 님이다'라는 언술과 그의 생애를 근거로 한 '님'의 다양성이란 어찌 보면 '님'에 대한 한용운의 '마음'의 분열성을 나타내는 것이 아닐까? 추구하는 '님'이 누구인가에 따라 그려지는 세계는 달라질 수밖에 없는데 이 미묘한 부분에 대한 탐구 없이 작가를 이해했다고 말할 수 있을까?

이러한 문제의식을 지닌다면 지금까지 '님'을 중심으로 한용운 이해를 위해 밟아갔던 경로가 처음부터 잘못된 것이었음을 알 수 있다. 사실상 한용운 문학에서 '님'의 다양성은, 그 의미가 조국이나 연인으로 이해될 경우, 한용운의 승려라는 정체성의 관점에서 볼 때 조화롭지 않다. 특히 한용운이 보여주듯 '님'에의 지향성이 강하여 거의 집착의 경향으로까지 나타난다면 이는 불교적 세계관과 모순되는 것이라고도 말할 수 있다. 불가에서 집착과 애탐(愛貪)은 마음수련의 과정에서 항상 배척하고 경계해야 할 태도이기 때문이다. 즉 한용운 문학에서 볼 수 있는 '님'에의 강한 지향은 그 대상이 누가 되었든 불가의 관점에서 보면 이치에 맞지 않는 행위라 볼 수 있다. 승려로서 불교적 세계에 깊이 뿌리내리고 있었던 한용운에게 시는 불교적 세계와 배리되는 형국을 보여주는 것이다. 그렇다면 한용운이 붓다를 지향하면서도 시작품에서 붓다의 가르침에 위배되는 행위의 면들을 드러내는 것은 무엇 때문일까? 이러한 모순된 행위에서 일정한 의미가 구해질 수 있을까? 구해질 수 있다면 그것은 무엇일까?

'님'에 대한 한용운의 태도는 그 열정과 강렬함에 있어서 문제적이다. 그러한 태도 자체가 한용운의 순수성을 말해주지만 다른 한편으로 승려로서의 그의 정체성을 모호하게 하는 것이다. 이러한 모순을 해명하기 위해 '마음'을 중심으로 한 해석의 틀을 마련해보고자 한다. '마음'은 불가에서 인간의 정신 영역 가운데 가장 중요하고 본질적인 것으로 여기는 것으로서 외적 세계에 나타나는 모든 사물과 현상들의 원인이자 본체에 해당한다. 불가에서 '마음'은 윤리체계의 핵심일 뿐만 아니라 불교적 진리와 가치의 핵심이다. 이러한 '마음'이 모든 개인에게 있으므로 불교에서는 개인을 만유의 본체를 지닌 존재로 인정하며, 따라서 깨달음을 위한 수행의 과정을 요구하게 된다.5) '마음'이 현상 세계 너머에서 현상 세계를 결정짓는 다양한 가능성들의 생기(生起)의 장이라는 점은 불가에서 '마음'의 수양과 연마를 강조하는 이유이다. '마음'의 이러한 성격에 주목하면 한용운에게 '마음'이란 가장 본질적인 영역이면서 그의 정체성을 형성하는 장(場)에 해당한다. 즉 한용운에게 '마음'은 자신의 세계를 만들어 갔던 터전이자 요인이다. 한용운은 '마음'을 통해 자신의 세계를 형성해갔고 이 결과에 따라 현상 세계를 구현한 셈이다.

이러한 관점에서 볼 때 '마음'을 중심으로 한용운 문학에 대한 이해는 그 자체로 주목을 요하는바, 이를 고찰함으로써 한용운의 내면에서 길

---

5) 서양에서 '마음'은 지(知), 정(情), 의(意)가 복합된 인간의 정신작용의 총체로 간주된다. 때문에 마음은 '정신'과 동의어로 사용되는 경우도 있지만 '정신'이 로고스(이성)을 체현하는 고차적인 심적능력으로 개인을 초월하는 의미를 가진다고 한다면 '마음'은 파토스(정념)를 체현하는 개인적·주관적인 의미를 지닌다. 서양에서는 로고스의 초월적인 성격을 강조하면서 '마음'을 신체나 물질과 대립시키고 결국 영육이원론의 종교적·철학적 전통을 형성하는데 이는 '마음'을 몸이나 물체와의 연속이나 친화의 관계로 보는 또 하나의 경향과 대립하는 것이다. 전자를 중심으로 플라톤과 아리스토텔레스, 유대교와 기독교, 데카르트와 칸트 등 서양철학을 대표하는 계보가 형성된다면 후자에는 심리현상을 유물론적으로 설명하는 실증주의나 과학주의가 속하며 대표적 인물로서 의식의 현상들을 신체라는 존재 세계에 대한 관련으로 해석한 메를로 퐁티, '언어게임'을 통해 현실세계의 경험으로 되돌아가서 개념들을 다시 파악하고자 했던 비트겐슈타인 등이 있다.(『세계철학대사전』, 고려출판사, 1996, pp.336-7참조.) 이러한 서양 철학의 갈래에서 보면 불교의 '마음'은 이성의 초월성을 강조하며 영육이원론을 주장한 계보에 가까울 것이나 그렇다고 '마음'이 서양의 '정신'이나 '영혼'과 같은 것은 아니다. 순수한 고양과 초월을 추구한다는 점에서 '마음'은 이들과 유사하지만 불교 및 동양에서 '마음'은 무형의 것이라기보다 유무형을 넘어선 것이며 물리적인 것이며 실제적인 것이다.

항했던 갈등과 분열의 양상 및 그의 사회 참여가 지니는 함의가 보다
분명하게 드러날 것이라 판단된다.

2. 불교적 세계관에서의 '해탈'의 원리

불교에서는 자아를 자기동일적 실체로 보지 않는다. 불교는 인간을
'그것이 나다'라고 할 만한 고정불변의 존재로 보지 않는다는 것이다.
대신 자아는 인연과 업력(業力)에 따라 화합 형성되었다가 흩어지고 멸
하는 화합물에 불과하다. 인간은 단일한 존재인 순수한 개체로 있는
것이 아니라 다양한 타자들의 연기(緣起)적 집적물일 따름이다. 불교는
이를 가리켜 '오온화합물'이라 일컫는다. 오온(五蘊)이란 색(色), 수(受),
상(想), 행(行), 식(識)의 다섯 가지 무더기로서, 색은 물질적인 것을, 그
외의 것들은 그와 관련되되 비가시적이고 심리적인 마음 작용을 가리
킨다. 가령 수(受)는 물질적 대상에 의해 촉발되는 '느낌'을, 상(想)은
그에 따라 떠올리는 '표상'을, 행(行)은 생각, 망상 등의 의지의 작동을,
식(識)은 인식작용을 의미한다.6) 이들의 다기한 이합집산에 따른 일시
적 형성물로 본다는 점에서 불교의 자아관은 '무아론(無我論)'이 된다.
'무아'란 더 이상 분할되거나 환원될 수 있는 자아란 없다는 의미로서
'무상(無常)', '공(空)'이라 일컬어지기도 한다.

자아를 동일적 실체가 아닌 오온화합물이라 규정함으로써 불교는 해
탈의 가능성을 열어놓게 된다. 나의 몸(색), 나의 느낌(수), 나의 상상
(상), 나의 생각(행), 나의 인식(식) 등 어떤 것도 고정불변의 것이 아니
라면 이들에 대한 주장이나 집착은 의미가 없다. 이들은 모두 일순간
있다가 사라지는 가(假)의 흔적들이므로 이들의 무상성을 깨닫고 이들

---

6) 불교에서의 자아관에 관해서는 『불교의 무아론』(한자경, 이화여대출판부, 2006,
    pp.17-20) 참조.

에 머물기를 부정한다면 자아는 자유를 얻을 수 있을 것이라는 관점이다. 이러한 버림과 자유의 길에 번뇌나 집착이 끼어들 여지가 없다는 것이 불교에서의 주장이다.

그러나 무명(無明)에 휩싸인 인간은 대상의 세계, 즉 색의 세계에 끊임없이 집착하면서 생각과 망상, 거짓 인식에 사로잡혀 근심하고 괴로워한다. 이와 관련하여 『잡아함경』은 "만일 집착된 것을 따라 맛들여 집착하며 돌아보고 생각하여 마음을 묶으면 그 마음(식)이 휘몰아 달리면서 명색을 좇아 다닌다"[7], "만약 사량하거나 망상하면 그것이 반연케 하여 식을 머물게 하며, 반연하여 식이 머무르기 때문에 명색에 들어가고, 명색에 들어가기 때문에 미래세의 생로병사와 근심, 슬픔, 번민, 괴로움이 있다"[8]고 말한다.

인용된 『잡아함경』의 구절에 따르면 생각과 망상, 즉 행(行)이 식(識)을 이끌어내는데 이때의 식(識)이란 '마음'을 의미하는 것으로서, 이 '마음'에 의해 일체의 현상들이 만들어진다는 것이다. 즉 '공(空)'에 불과한 '마음'은 거짓에 불과한, 즉 가(假)한 현상들을 이끌어내는 원인에 해당된다. 더욱이 불교적 세계관은 '식(識, 마음)'이 현생과 미래생의 경계에 처한 채 현생의 업(業)과 보(報)를 결정화시켜 이를 내생으로까지 이어지게 하는 요인이라 한다.[9] 그런 점에서 '식'은 미래세를 현상시키는 힘을 지닌 업력덩어리[10]라 할 수 있다. 『잡아함경』의 인용글에서 말하고 있는 '생로병사와 근심, 슬픔, 번민, 괴로움'이 발생하는 것도 '공'을

---

7) 『雜阿含經』, 권12, 284, 한자경의 위의 책 p.90에서 재인용.
8) 『잡아함경』, 권14, 360, 한자경의 위의 책 p.91에서 재인용.
9) 한자경은 이러한 관점을 바탕으로 12연기의 과정을 상세히 제시하고 있다. 전생의 오온이 지닌 무명에 의해 '행'(사량, 망상, 집착)이 생겨나고 이것이 '식'(마음)을 형성하여 후생으로까지 이어지는 업력이 된다는 것이다. 이로부터 전생의 업이 이어지는 새로운 생이 생겨나고 이것은 또다시 후생의 색수상행식이라는 오온을 형성하는데 이러한 방식의 과정이 곧 윤회의 수레바퀴에 해당한다고 본다. 한자경, 위의 책, pp.99-102.
10) 위의 책, p.98.

받아들이지 못한 '식'의 집착에 따른 결과인 셈이다. 이러한 과정, 생각과 망상, 집착이 '마음'의 체(體)가 되어 생을 계속해서 이어지게 하는 과정이 곧 윤회를 의미하는 것이며 이것이 해탈을 방해하는 것에 해당한다.

불교의 핵심 사상인 무아론, 심체론, 12연기(緣起)설, 윤회와 해탈론은 일련의 완결된 전제와 추론을 따르는 것이다. 자아가 곧 무아인 까닭에 이것의 수용과 실천은 해탈로 귀결된다. 이 가운데 식(識), 즉 마음은 생(生)들의 경계에 있으면서 인간으로 하여금 윤회의 굴레에 묶어두는 작용을 하는 존재이자 힘이 된다는 것을 알 수 있다. 불교에서 '마음'을 가장 중요한 논제로 다루는 까닭도 여기에 있다. 미래생의 성질을 결정짓는 '마음'에 의해 인간은 해탈에 이를 수도 영겁의 세월을 두고 육도(六道-천상, 인간, 아수라, 축생, 아귀, 지옥계)를 윤회할 수도 있기 때문이다. 불교에서는 또 다른 전락의 윤회도 가능하기 때문에 천상계조차 부정한다. 이에 비해 해탈은 어떠한 전락이나 허상도 허용하지 않는다는 점에서 궁극의 세계이고 일체의 마음, 번뇌와 슬픔, 괴로움은 물론 즐거움과 기쁨 등의 모든 현상적인 것들이 소멸된다는 점에서 완전한 자유에 해당한다.

3. 한용운의 세계에서 '마음'의 의미

한용운은 시집 『님의 침묵』 외에도 300여 편에 달하는 시조 및 한시를 지었고 1905년 백담사에서 전영제에 의해 계(戒)를 받아 승려가 된 이후 1944년 66세로 입적하기까지 불가에서 생을 보내게 된다. 그의 『조선불교유신론』, 『불교대전』, 『유마힐소설경강의』, 『십현담주해』 등 불교에 관한 저술들은 그가 불교적 세계에 얼마나 깊이 밀착되어 있었는지 짐작하게 해준다. 이중 『조선불교유신론』은 주체 소멸과 현실 문제의 초월적 해결이라는 종래 불교가 견지해 온 소극적 태도를 비판하고 불교의 대중화, 현실화를 통해 사회실천을 강조하는 이른바 불교개혁론을 그 내용으로 하고 있는데, 이것이 불교의 초월 및 해탈의 이념과 일정정도 거리를 보이는 것이 사실이라해도 대장경에 대한 해석서라 할 수 있는『불교대전』과 선사상에 입각하여 쓰여진『십현담주해』은 불교 본래의 정신을 그대로 담아내고 있다고 할 수 있다.

『불교대전』에 수록되어 있는 열반과 해탈에 관한 입론이나『십현담주해』에 나타난 깨달음의 의미에 대한 논설은 한용운의 불교사상이 피상적이거나 편의적인 것이 아니라 정통적이고 본질적인 것이었음을 의미한다. 사회참여적이고 대중화된 불교를 주창했지만 한용운은 불교의 궁극적 지향과 핵심 원리에 대해 결코 무관심하지 않았던 것이다. 다시 말해 한용운은 무아론이라고 하는 불교적 자아의 존재론에 입각하여 열반에 이르는 것을 이념으로 하는 불교의 정통적 세계관의 큰 틀에서 자신의 사상을 구축하고 있다고 해도 틀리지 않을 것이다. 특히 한용운이 잡지『惟心』을 창간하면서 '마음'의 중요성을 강조한 것[11]은 객관대상보다 주관적 마음을 우선으로 여기는 불교적 인식론, 즉 유식(唯識) 철학을 전제로 하고 있는 것이라는 점에서 한용운 사상에서 불교적 세계관이 얼마나 깊이 있게 뿌리내리고 있는지를 확인케 해준다. 유식철학에서도 제시하듯 한용운 역시 공이자 무명인 '마음'을 잘 다스리고 관리해야 한다는 사실에 인식을 같이 하였던 것이다.

한용운의 불자로서의 정체성과 사상이 이러하다면 이러한 성격은 시에 어떻게 반영이 되어 있는가? 흔히 선시의 경지에 이르고 있다고 평가되는 한용운의 시들은 실제로 '마음' 다스리기와 깨달음의 측면에서 볼 때 어느 정도의 성과와 의미를 보여주고 있는가?

---

11)『惟心』창간호에 실린 표제시 격인 시「心」를 통해 나타남.

3.1. '마음'의 초점화로서의 '님'

한용운은 『惟心』 창간호에서 '마음'의 중요성을 설파하는 자유시 「心」을 수록한다. 이 시를 통해 한용운 사상에서 '마음'이 차지하는 비중을 짐작할 수 있다.

> 心은 心이니라.
>
> 心만 心이 아니라 非心도 心이니 心外에는 何物도 無하니라.
>
> 生도 心이오 死도 心이니라.
>
> 無窮花도 心이고 薔薇花도 心이니라.
>
> 好漢도 심이오 賤丈夫도 心이니라.
>
> (중략)
>
> 心이 生하면 萬有가 起하고 心이 息하면 一空도 無하니라.
>
> 心은 無의 實在오, 有의 眞空이니라.
>
> (중략)
>
> 心의 墟에는 天堂의 棟樑도 有하고 地獄의 基礎도 有하니라.
>
> 心의 野에는 成功의 頌德碑도 立하고 退敗의 紀念品도 陳列하나니라.
>
> 心은 自然戰爭의 總司令官이며 講和使니라.
>
> (중략)
>
> 心은 何時라도 何事何物에라도 心 자체뿐이니라.
>
> 心은 絕對며 自由며 萬能이니라.
>
> 「心」12) 부분

어떠한 미학적 장치도 없이 직설적 자유시의 형식으로 기술되어 있는 위의 시에서 한용운 사상의 핵심이자 원리를 발견할 수 있다. 한용운은 위의 시를 통해 그의 세계가 '마음'에 기반하여 이루어지고 있음을

---

12) 『님의 침묵』, 한계전 편저, 서울대출판부, 1996, p.221. 이후 시는 현대어로 번역한 이 책에서 인용할 것임.

명백히 한다. 잡지 창간호의 표제시로 실린 「心」의 '마음'론은 세계를 향한 한용운 자신의 결연한 선언이라 할 만하다. 그것은 '마음'을 매개로 세계를 인식하고 세계와 대결하겠다는 의지의 표명이라 할 수 있다.

'마음'이 세계와 대면하는 매개가 될 수 있는 까닭은 시에서 언급했듯 '마음'이 모든 현상들의 원인이 된다는 관점 때문이다. '마음'은 모든 물질의 근원으로 물질에 형태와 기능을 부여하는 실체가 된다. 또한 그것은 현상하는 모든 것들, 사태의 전개, 성공과 실패, 생과 사의 구분, 천국과 지옥의 결정에도 그 힘이 미친다. 이런 점에서 '마음'은 '만유'의 본질이자 '자연전쟁의 총사령관'이며 나아가 '절대'와 '만능'의 경지에 놓이게 된다.

'마음'의 이와 같은 성격은 그것이 세계의 핵이 된다는 점에서 세계와의 대결이 이루어지는 지점이라 할 수 있다. '마음'은 세계 내 본질의 차원에 해당됨으로써 세계를 형성하고 구성하는 에너지로 기능한다. 한용운은 불교적 세계에 힘입어 '마음'의 본질적 성격을 지정하고 '마음'을 통해 세계에 대한 투쟁과 실천을 행할 것임을 널리 알린다.

'마음'에 관한 한용운의 이와 같은 인식은 이후 그가 그의 세계를 형성하는 데 있어 가장 중점적으로 탐구하고 다루어나갈 주제가 곧 '마음'임을 알게 해준다. '마음'이 세계의 핵이자 에너지라면 그것이 어떤 에너지가 되도록 하는가가 세계를 창출하는 관건이 되기 때문이다. 실제로 이 점은 한용운의 시에서 선명하게 드러난다. 한용운은 『님의 침묵』 전편에서 '마음'을 주제로 삼은 시편들을 쓰게 된다. 그의 시편들은 대상에 대한 감각이나 인식, 혹은 이념이나 사유를 중심으로 이루어지지 않는다. 한용운은 이들 각각의 차원을 넘어서는 곳에서 이들을 종합하고 총괄하는 응집체를 제시한다. 그것이 '마음'이고 의식 전체의 근본적 상(像)이라 할 수 있다.

한용운이 '마음'을 그가 다루어나가는 중심 주제로 삼고 있다는 점은 한용운 문학을 이해하는 데 있어 핵심적 요소라 할 만하다. 문학사적으로 볼 때 이는 매우 특수한 영역이기 때문이다. 이것은 1930년대 주지주의 및 이념 중심의 프로문학과 구별됨은 물론이고 동시대인 1920년대 여타 낭만주의자들의 퇴폐적이고 감상적인 '마음'과도 질적으로 차별된다. 30년대 모더니스트들이 감각과 인식을 중심으로 작품을 써나갔고 프로문학자들이 이념과 사유를 제시하였다면, 또한 20년대 퇴폐주의자들이 즉자적 마음을 토로하는 것으로 시를 썼다면 한용운은 '마음'을 대자화시켜 그것이 건전한 에너지로 기능할 수 있도록 다스려나갔다. 이 점은 한용운을 문학사적으로나 문단의 측면에서 볼 때 매우 독자적이고 의미있는 인물로 자리매김하는 요인이 된다.

그렇다면 한용운이 시에서 제시하고 있는 '마음'은 무엇인가? 이때 한용운은 그의 특유의 대자화된 '마음'을 '님'에 대한 지향성으로 초점화하여 제시하고 있는바, 여기에서 확인해야 할 점은 한용운에게 '님'이란 특정 대상이기 이전에 그가 다스리고 가꾸어나가야 하는 '마음'에 형태를 부여해주는 통로이자 계기였다는 사실이다. 즉 한용운은 '님'에의 초점화를 통해 '마음'을 응집시키고 이것이 긍정적인 에너지로 기능할 수 있도록 가꾸어나갔음을 알 수 있다. 그가『님의침묵』의 시론격에 해당되는「군말」에서 "기룬 것은 다 님이다"며 그 대상의 폭을 다양하게 칭한 것도 이에서 비롯된다. 그에게 중요했던 것은 '님'이 무엇이냐가 아니라 '님'을 '어떻게 기르느냐' 하는 점이다. '님'에 대한 접근의 '방법'이야말로 '마음'의 형태이자 에너지의 기능태이기 때문이다. 이런 관점은 시「군말」에 그대로 나타나 있다.

'님'만 님이 아니라 기룬 것은 다 님이다. 중생이 석가의 님이라면 철학은 칸트의 님이다. 장미화의 님이 봄비라면 마치니의 님은 이탈리아이다. 님은 내가 사랑할 뿐 아니라 나를 사랑하느니라.

연애가 자유라면 님도 자유일 것이다. 그러나 너희는 이름 좋은 자유에 알뜰한 구속을 받지 않느냐. 너에게도 님이 있느냐. 있다면 님이 아니라 너의 그림자니라.

　나는 해 저문 벌판에서 돌아가는 길을 잃고 헤매는 어린 양이 기루어서
이 시를 쓴다.

「군말」 전문

　'님'이 무엇인가 하는 객관적 대상이 아니라 '님'을 어떻게 '기루는가'
하는 주관적 마음이 더욱 문제가 된다는 한용운의 관점은 둘째 문단에
직접적으로 드러나 있다. 둘째 문단의 "연애가 자유라면 님도 자유일
것이다"는 진술은 진정 중요한 것이 대상과 만나는 방법의 양상에 있음
을 말하는 것에 다름 아니다. 만남의 방식을 '자유'로 설정할 경우 대상
도 '자유'가 된다는 것은 '마음'이 대상을 만드는 근본 원인이자 '마음'이
야말로 세계를 빚어내는 에너지에 해당됨을 적시하는 것이다.

　'마음'에 대한 논설은 여기에서 그치지 않는다. 곧이어 한용운은 "그
러나 너희는 이름 좋은 자유에 알뜰한 구속을 받지 않느냐" 하는데 이
것은 에너지의 형태로서의 '마음'에 대한 규정을 넘어서 있는 발언으로
서 곧 '마음'의 무상함에 대해 설파하는 부분이다. 설령 마음 자체가
'자유'일지라도 그것이 '이름(名)'으로 고정된다면 '구속'이 된다는 것이
다. "너에게도 님이 있다면 님이 아니라 너의 그림자니라" 하는 구절
역시 대상이란 '나'의 마음이 일으킨 현상이자 결과임을 강조하는 동시
에 그러한 현상 자체가 '그림자'에 불과하다는 것을 말하는 것이다. 즉
이 부분에서 한용운은 '마음'의 에너지원으로서의 중요성을 강조하는
데서 그치지 않고 그것의 무상성, 공(空)에 대해 서술하고 있다. 여기에
는 '마음'은 모든 물질과 현상의 원인이되 그 '마음'조차가 고정불변하
는 실체가 아니라는 불교적 세계관이 가로놓여 있음이 확인된다.

　한편 마지막 문단에서 한용운은 그의 시 창작의 동기에 대해 적고
있다. "해 저문 벌판에서 돌아가는 길을 잃고 헤매는 어린 양이 기루어
서" 시를 쓴다는 것이다. 이 부분은 한용운이 대상으로 하는 '님'이 무엇

인지를 밝히는 대목인데, 이로써 한용운은 그가 어떤 마음으로 이 대상에게 다가갈 것인가 하는 마음의 형태까지도 암시하고 있다. 즉 '길을 잃고 헤매는 어린 양'이란 사회적 약자이자 소외된 인물임은 물론이므로 이에 대한 '마음'이란 짐작컨대 이처럼 약한 존재에게 힘을 주고 길을 제시해주며 보듬어주는 형태의 것이 될 터이다. 또한 여기에서 고백하였듯 한용운의 '님'이 이러한 존재임이 확실하다면 『님의 침묵』에서의 '님'은 적어도 '붓다'는 아닐 것임을 추측할 수 있다. 붓다는 결코 '길을 잃고 헤매는 어린 양'이 될 수는 없을 것이기 때문이다.

지금까지의 고찰은 「군말」이 간략하면서도 많은 내용을 압축적으로 담고 있는 시임을 말해준다. 「군말」은 한용운의 시창작의 동기 및 '님'의 대상에 대해 말해주고 있는 동시에 '님'을 '기루는' '마음'의 방법적 중요성에 대해 언급하고 있다. 뿐만 아니라 그러한 마음의 허상성에 대해서도 지적한다. 그런데 여기에서 간과해선 안 될 점은 이들 내용들이 일관된 것이라기보다는 모순되고 충돌한다는 것이다. 시의 각 구절들은 한용운의 일정한 관점에 따라 논리적이고 체계적으로 제시되어 있다기보다 비논리적으로 병치되어 있는 형국을 띤다. 가령 '마음'의 근원성을 인식하여 이것의 기능태를 의식한다는 점, 이에 따라 '님'을 대상으로 하여 인연을 맺어나가겠다는 다짐은 다른 한편으로 제시되어 있는 불교적 세계관인 '무상성', '공(空)' 사상과 충돌한다. 한용운은 서로 모순되는 이 두 가지 관점을 시에서 질서없이 동시적으로 제시하고 있다. 다시 말하면 이는 '님'을 향해 마음을 고정시키겠다는 의지를 표명함과 동시에 그것이 '그림자'이자 허상이므로 이에 구속되지 말고 자유롭고자 한다는 양가성을 나타내는 것이다. 한 편에는 집착이 있고 다른 한 편에는 해탈이 있는 이 양가성은 한용운이 지니고 있는 분열적 면모가 아닐 수 없다. 한용운은 불가에 귀의한 승려로서의 정체성을 보여주고 있는 것인가? 혹은 '님'에 대한 고정된 지향성을 견지하며 해탈에 역행하는 태도를 보여주고 있는 것인가? '마음'의 무상성에 따라 그는 완전한 자유를 추구하는가 아니면 오히려 반대로 '마음'을 응집시켜 이로부터 허상에 불과한 무엇을 창조하고자 하는가?

이 분열된 관점과 모순의 논리를 해명하는 것은 한용운의 세계를 이해하는 데 필수적인 일에 해당한다. 그것은 그가 정립하고자 했던 종교적 입장의 측면에서도 그러하고 그가 문학을 통해 실현하고자 했던 바가 무엇이었는가를 파악하는 측면에서도 그러하다. 반면 이를 명확히 하지 않을 경우 한용운이 '마음'에 대해 정확히 어떤 입장을 지니고 있었는지에 대한 파악이 불가능해진다. 결국 그는 유식철학의 가르침에 충실히 따른 불자였는가, 아니면 '마음'의 원리를 이성적 지략으로써 이용한 반불자였는가 하는, 정체성에 대해서도 모호해질 수밖에 없다.

3.2. 애탐(愛貪)과 집착의 '마음'

'마음'의 근원성을 이해하되 이것의 무상성에 입각한 버림과 비움의 세계를 향해나갔는가 혹은 '마음'의 근원성을 이용하여 대상을 고정시키고 현상을 창출하는 세계를 향해나갔는가 하는 한용운의 입장을 구명하기 위해서는 그가 '마음'을 어떻게 다스리고 가꾸어나갔는지를 확인해보아야 할 것이다. 구체적 시편들을 통해 그가 다룬 '마음'들이 어떤 성질을 지니는지를 확인할 때 그의 세계관과 입지가 명확해질 것이다. 또한 이러한 절차를 충실히 따를 경우 그가 추구했던 '님'이 무엇인지가 심증적으로써가 아니라 논리적으로 밝혀질 것이다.

'마음'의 근원성에 대한 인식을 출발로 해서 한용운이 가장 먼저 보여준 것은 '님'에 대한 초점화이다. 앞서 「心」에서 살펴보았듯이 한용운은 '마음'이 '자연전쟁의 총사령관'이라는 인식 아래 '마음'을 집중시키고 그것의 현상창조의 힘을 끌어내고자 한다. '마음'을 대자적 차원으로 상승시키는 이러한 행위를 위해 한용운에게 지향의 초점으로서의 '님'이 필요했음은 쉽게 짐작할 수 있다. '님'이 애초에 존재했던 것이 아니라 '마음'의 필요성에 의해 호출된 것인 만큼 '님'은 '마음'의 결과이자 마음과의 동일자이다. 한용운의 시에서 '마음'의 이러한 방향성이 잘 드러나 있는 것으로 「꿈이라면」을 들 수 있다.

> 사랑의 속박이 꿈이라면
> 출세의 해탈도 꿈입니다.
> 웃음과 눈물이 꿈이라면
> 무심의 광명도 꿈입니다.
> 일체만법(一切萬法)이 꿈이라면
> 사랑의 꿈에서 불멸을 얻겠습니다.
>
> 「꿈이라면」 전문

위의 시에서 한용운은 무명(無明)과 진리를 대비시키며 반불교적 세계와 불교적 세계, 색의 세계와 공의 세계를 충돌시키고 있다. '사랑', '웃음과 눈물'이 무명에 의해 비롯된 일시적이고 무상한 것이라면 '해탈', '무심의 광명'은 불가에서 지향하는 궁극의 상태를 가리킨다. 불가에서 전자를 고(苦)의 원인이자 허상이라 하여 배척하는 것은 물론이다. 그러나 한용운은 이와 같은 상식을 뒤집는다. 그는 '해탈'과 '무심의 광명'조차도 일 현상이라 보면서 이를 세속의 무명 상태의 그것과 등가의 것으로 취급하는 역설적 태도를 보이는 것이다. 한용운은 이것 역시 허상에 속하는 '일체만법' 중 하나라고 말한다. 이에 따라 해탈은 궁극의 목적이 아니라 하나의 상대적인 대상이 되는바, 이 중 한용운이 선택하는 것은 세속의 '사랑'이다.

'사랑'을 선택한다는 것은 마음의 자유가 아니라 구속과 집착을 옹호하겠다는 뜻을 내포한다. 그것은 마음을 비우고 소멸시키는 대신 응집시키고 고정시키겠다는 것으로서 기꺼이 무명의 상태를 수용하고자 하는 의지를 표하는 것이다. 한용운은 오히려 이를 견고하게 밀고나감으로써 '불멸'을 구하고자 한다. 이는 명백한 반불교적 세계이자 해탈을 부정하는 주장에 해당한다. 응집된 마음을 통한 불멸이란 현세에 영구히 존재하겠다고 하는 영겁회귀의 관점과 다르지 않기 때문이다. 결국 시에서 드러난 한용운의 '마음'은 현상을 일으킬 뿐만 아니라 이렇게 탄생한 현상을 지속적으로 이끌어가는 힘의 실체가 될 것을 요구받는다. 이후 한용운은 고정되지 않고 무쌍한 변화선상에 있는 '마음'이 지속적인 힘을 발휘하는 실체가 되게 하기 위해 '마음'을 절대 긍정하는 태도를 견지해 나간다. 그것이 곧 '님'에 대한 지극한 정성과 사랑으로 표출된다.

> 남들은 자유를 사랑한다지마는, 나는 복종을 좋아해요.
> 자유를 모르는 것은 아니지만, 당신에게는 복종만 하고 싶어요.
> 복종하고 싶은데 복종하는 것은 아름다운 자유보다도 달콤합니다. 그것이 나의 행복입니다.
>
> 「복종」 부분

> 님이여, 나의 마음을 가져가려거든 마음을 가진 나한지 가져가셔요. 그리하여 나로 하여금 님에게서 하나가 되게 하셔요.
> 그렇지 아니하거든 나에게 고통만을 주지 마시고, 님의 마음을 다 주셔요. 그리고 마음을 가진 님한지 나에게 주셔요. 그래서 님으로 하여금 나에게서 하나가 되게 하셔요.
>
> 「하나가 되어 주셔요」 부분

인용시들은 '님'과의 일치를 통해 고정되고 불변하는 마음을 만들기 위한 화자의 간곡한 마음을 그리고 있다. 쉽게 흩어져 소멸되어 버리고 마는 변덕스런 마음이 세계를 창출할 수 있는 에너지원이 되도록 하기 위해서는 '마음'을 붙잡아 두는 일이 필요한데 이를 위해서 가장 먼저 꾀할 수 있는 일은 '나'와 '마음'을 일치시키는 일이다. '님'에 대한 절대적 복종은 이러한 관점에서의 일치를 도모하기 위한 행위라고 할 수 있다. '복종'이 흩어짐, 소멸을 의미하는 '자유'와 대립어로 등장한 것도 이 때문이다. 한용운에게 '복종'은 '마음'의 응집화를 위한 일 방편에 속한다. 「하나가 되어 주셔요」 역시 '님의 마음'과 '나의 마음'을 하나로 결합시키고자 하는 의지를 표명함으로써 '마음'이 더욱 굳건히 응결되기를 바라는 한용운의 관점을 잘 나타내고 있다.

님과의 일치를 꾀하는 마음은 한용운의 『님의 침묵』 전체 시편을 구성하고 있다고 해도 과언이 아니다. 『님의 침묵』에 수록된 90여편의 시들은 불교적, 민족적, 여성주의적 사상[13]이라는 다양한 관점에서 해석되곤 했지만 엄밀히 말해 대부분 연애시 이상이 아닌 것들이다. 시적 소재는 천편일률적으로 '님'에 한정되어 있고 주제 역시 남녀간의 어지러운 애정이야기 일색이다. 시들에 나타나 있는 내용전개를 보면 '님'이 연인으로서의 님이 아니라고 자신있게 말할 수 있는 사람들은 별로 많지 않을 것이다.

> 당신이 아니더면 포시럽고 매끄럽던 얼굴이 왜 주름살이 잡혀요.
> 당신이 기룹지만 않다면 언제까지라도 나는 늙지 아니할 터여요.
> 맨 첨에 당신에게 안기던 그때대로 있을 터여요
>
> 　　　　　　　　　「당신이 아니더면」 부분

> "그러면 어찌하여야 이별한 님을 만나보겠습니까."
> "네게 너를 가져다가 너의 가려는 길에 주어라. 그리하여 쉬지 말고 가거라."
> "그리할 마음은 있지마는 그 길에는 고개도 많고 물도 많습니다. 갈 수가 없습니다."
> 검은 『그러면 너의 님을 너의 가슴에 안겨주마』 하고 나의 님을 나에게

---

13) 이혜원, 「한용운 시에 나타나는 자연과 여성의 재해석-에코페미니즘적 관점을 중심으로」(『한국문학이론과 비평』 31집, 2006.6, pp.13-32), 이민호, 「만해 한용운시의 탈식민주의 여성성 연구」(『한국문학이론과 비평』 31집,pp.57-79) 등

안겨 주었습니다.

「잠 없는 꿈」 부분

가을 바람과 아침볕에 마치맞게 익은 향기로운 포도를 따서 술을 빚었
습니다. 그 술고이는 향기는 가을 하늘을 물들입니다.
님이여, 그 술을 연잎 잔에 가득히 부어서 님에게 드리겠습니다.
님이여, 떨리는 손을 거쳐서 타오르는 입술을 축이셔요.

「포도주」 부분

위 시들은 한용운 시편들에서 '님'이 연인으로서의 님임을 극명하게
보여주는 것들이다. 여성화자 설정이라는 시적 장치는 시에 제시되어
있는 '마음'들이 애인을 향한 사랑 그것임을 강조한다. 더욱이 시들에
그려진 사랑의 마음들은 매우 구체적이고 현실감있게 다가온다. 애태
우는 마음으로 늘어나는 주름살 걱정을 하는 여성 화자(「당신이 아니
더면」)의 모습이라든가 좋은 술을 빚어 님에게 주고 싶어 하는 여성
화자(「포도주」)의 모습은 연인을 그리는 여인의 마음을 디테일하게 묘
사하고 있는 부분들이다. 또한 위 시편들에 나타난 사랑의 마음들은
육체적 관능성을 동반하기까지 하고 있다.

한용운의 시들에서 이 같은 육체적이고 관능적인 묘사가 이루어지는
시편들은 적지 않은데 이는 대단히 당혹스러운 대목이 아닐 수 없다.
그것은 한용운이 승려이기 때문이다. 일반적으로 불가에서 애욕을 가
장 멀리해야 하는 감정 중의 하나로 여긴다는 점을 고려하면 한용운
시에 등장하는 님에 대한 애정의 표현은 지나치게 느껴지는 것이 사실
이다. 애욕을 당당히 표현하는 한용운은 파계승이라 할 만한 것이 아닌
가? 이는 한용운의 정체성이 더욱 모호해지는 부분이 아닐 수 없다.
한용운은 마음의 허상성을 긍정하는 데서 더 나아가 욕계에 깊이 발을
들여놓고 있기 때문이다. 애인으로서의 '님'은 한용운의 세계를 더욱

분열적으로 만들고 있을 뿐이다.

그러나 육체성을 동반한 님에 대한 애정의 표현이 세속의 현상세계에 자신을 묶어두기 위한 방법적 행위에 해당된다면 이야기는 달라진다. 무명에 의해 비롯된 공허한 세계임을 아는 까닭에 자유와 초월의 삶에 익숙해있던 자아의 경우 세속은 쉽게 인연을 맺기가 힘든 세계가 될 것인데 이때 사랑하는 대상과의 일치는 초월적 자아를 현실에 정위시키는 기제로 작용할 수 있기 때문이다. 특히 육체성은 물질세계의 중심에 해당되므로 육체성을 통한 애정은 자아를 현상세계에 더욱 견고하게 뿌리내리게 하는 방편이 된다. 실제로 위 시편들에서 표현되고 있는 육체적 관능성은 '님'과의 합일을 추구하는 한용운의 의도를 일관성 있게 드러내고 있는 것이라 할 수 있다. 이는 한용운이 굳이 여성화자를 설정한 이유와도 관련시킬 수 있다. 즉 여성화자란 사랑을 담론화하기 위한 하나의 기제로 파악되는 것이다.

이러한 관점에서 보면 한용운의 연애시가 단순히 자신의 즉자적 감정을 토로하기 위한 시가 아니라 한용운의 세계 속에서 일정한 전략을 위해 마련된 실천적 담론임을 알 수 있다. 그것은 현실세계로부터의 초월에 역행하여 현실세계에의 정주를 위해 제시된 것이다. 한용운은 '님'을 통해 마음을 고정시키고 또한 자신의 세계를 현실세계내로 위치시킨다. 이를 행하는 한용운의 태도는 거의 편집증적인 집착에 가깝다 할 것인데, 이렇게 하지 않는다면 마음의 에너지화와 이에 따른 세계내적 창조가 이루어지는 것은 불가능하기 때문이다. 요컨대 한용운 시에 나타나 있는 반불교적 애탐과 집착의 양상은 그 자체로 보기보다는 맥락화시켜 이해할 필요가 있다. 그것은 단순히 님의 다양성을 예증하는 논거로서 기능하는 것이 아니라 불자로서의 한용운이 취한 현실과의 관계성 속에서 의미를 획득한다. 다시 말해 이들 시의 양상들은 자체로서 의미를 지닌다기보다 한용운의 불교적 세계와 현실주의적 세계와의 대립과 긴장 속에서 산출되는 것이다.

4. 통합적 성격으로서의 '마음'

불자로서의 정체성과 반불교적 현실주의자 사이의 대립과 긴장 속에서 한용운의 세계를 이해할 경우 그의 대표작 「님의침묵」은 그 의미가 더욱 잘 드러난다.

님은 갔습니다. 아아 사랑하는 나의 님은 갔습니다.

푸른 산빛을 깨치고 단풍나무숲을 향하여 난, 작은 길을 걸어서 차마 떨치고 갔습니다.

황금의 꽃같이 굳고 빛나던 옛 맹서는 차디찬 띠끌이 되어서, 한숨의 미풍에 날아갔습니다.

날카로운 첫'키스'의 추억은 나의 운명의 지침을 돌려놓고, 뒷걸음쳐서 사라졌습니다.

나는 향기로운 님의 말소리에 귀먹고, 꽃다운 님의 얼굴에 눈멀었습니다.

사랑도 사람의 일이라, 만날 때에 미리 떠날 것을 염려하고 경계하지 아니한 것은 아니지만, 이별은 뜻밖의 일이 되고 놀란 가슴은 새로운 슬픔에 터집니다.

그러나 이별을 쓸데없는 눈물의 원천을 만들고 마는 것은 스스로 사랑을 깨뜨리는 것인 줄 아는 까닭에, 걷잡을 수 없는 슬픔의 힘을 옮겨서 새 희망의 정수박이에 들이부었습니다.

우리는 만날 때에 떠날 것을 염려하는 것과 같이, 떠날 때에 다시 만날 것을 믿습니다.

아아 님은 갔지마는 나는 님을 보내지 아니하였습니다.

제 곡조를 못 이기는 사랑의 노래는 님의 침묵을 휩싸고 돕니다.

「님의 침묵」 전문

한용운 시에서 '이별'의 상황이 묘사되어 있는 시들은 「님의 침묵」 외에도 「이별은 미의 창조」, 「가지 마셔요」, 「이별」, 「참아주셔요」,

「그는 간다」, 「거짓 이별」 등 다수가 있다. 비단 이별하는 상황의 설정이 아니라 하더라도 한용운 시에서 님과의 분리가 전제되어 있지 않은 시는 거의 없다는 것을 알 수 있다. 대부분 시적 화자는 부재하거나 분리되어 있는 대상을 향해 합일을 호소하고 있는 것이다. 즉 화자는 부재와 분리 속에서의 존재함과 일치를 갈망한다.

화자가 님과의 일치를 호소하는 것의 의미에 대해 이미 고찰하였듯이 「님의 침묵」 또한 현실 세계내에 정주하려는 시적 자아의 실천적 태도를 함축하고 있다. 시에서 시적 화자는 결코 자신의 자리를 버리지 않은 굳건한 자세를 바탕으로 '님'과의 결합을 추구한다. 변화무쌍하고 고정되어 있지 않은 만유의 한 개체에 불과한 '님'은 시에서와 같은 이별의 상황에서 더욱 절박하게 부재감을 드러낸다. 무량광대한 우주에서 소멸해가는 '님'을 잡는 일이란 아련하고 절망적일 수밖에 없다.

첫행의 '님은 갔습니다'라는 탄식은 이후 제시되는 색(色)의 세계를 배경으로 할 때 더욱 안타깝게 들린다. 색(色), 즉 물질의 세계가 엄연히 존재함에도 불구하고 '님'이 부재하다는 사실은 사태를 더욱 비관적으로 만든다. 한용운은 둘째 문장부터 색의 세계를 구성하는 지수화풍(地水火風)의 요소들[14]을 하나하나씩 섬세하게 그려내면서 공(空)으로 화한 님과 대비시킨다. 즉 '단풍나무숲을 향하여 난 작은 길'(地), '한숨의 미풍'(風), '날카로운 첫키스'(火), '눈물'(水) 등으로 이루어진 색(色)의 세계는 소멸한 '님'(空)을 존재를 부각시키는 배경이 되는데, 그 두 세계의 간격이란 하늘과 땅 사이의 거리만큼이나 아득하다. 이러한 아득한 공허 앞에서 시적 자아가 할 수 있는 일이란 '마음'의 힘을 통해 대상을 만드는 것이다. '님'은 시적 자아의 마음에 의해 색(色)의 세계내에서 창조된다. 시적 자아는 색의 세계에 굳건히 발디딘 채 공(空)적 존재를

---

14) 불교에서는 물질(色)은 사대, 즉 땅, 물, 불, 바람이라는 요소들로 구성된다고 말한다.(김종욱 편, 『몸, 마음공부의 기반인가 장애인가』, 밝은사람들, 2009, p.43.

색의 세계로 편입시킨다. 그리고 이처럼 창조된 '님'을 중심으로 심적 에너지를 집중시킬 수 있게 된다. "아아 님은 갔지마는 나는 님을 보내지 아니하였습니다"의 구절이 강한 울림으로 다가오는 것은 이와 같은 과정에서 드러나는 한용운의 세계의 역동성과 진정성에 기인한다.

흔히 색즉시공 공즉시색이라는 상투어로 규정되곤 하는 부분이지만 이 시는 한용운의 세계를 구성하는 불가적 세계관과 현실주의적 세계관 사이의 모순이 첨예하게 부딪히며 빚어진 결과라 할 수 있다. 상반되는 두 세계는 이 시에 이르러 역동적인 전회와 통합을 이루어낸다. 즉 「님의 침묵」은 불자이자 현실주의자였던 한용운의 내면을 있는 그대로 반영하고 있다. 해탈과 자유를 지향하는 불교적 세계와 세간(世間)에의 정주를 추구하는 현실주의적 세계와의 대립과 갈등은 「님의 침묵」에서 비로소 통합됨으로써 현실내에서 새로운 의미를 산출하는 창조력으로 작용한다.

한용운은 여느 불자가 그러하듯 왜 해탈의 길을 단선적으로 좇아가지 않았을까? 수행자라면 누구든지 받아들이는 선험적 명제인 해탈을 통한 완전한 자유의 길에 대해 그가 질문을 던진 까닭은 무엇일까? 그것은 「군말」에서 이미 고백한 바 있듯 "해 저문 벌판에서 돌아가는 길을 잃고 헤매는 어린 양" 때문이었을 것이다. 자신의 해탈이 '소외되고 약한 어린 양'을 구원하는 데 아무런 역할을 하지 못한다는 인식이 한용운으로 하여금 소승적 해탈이 아니라 대승적 참여에로 기울어지게 한 것이다. 불가적 세계와 현실주의적 세계 사이의 갈등, 그리고 '님'을 통한 '마음'의 집중, 공(空)과 색(色)의 통합을 통한 새로운 가치의 창조는 모두 중생을 '기루어' 한 한용운의 대자대비(大慈大悲)한 마음에서 비롯된 것이다.

불가적 세계와 현실세계간의 모순을 겪으면서 한용운은 그의 논술에서 이들의 통합이야말로 진정한 중생구제의 길임을 주장한 바 있다.

불교가 출세간의 도가 아닌 것은 아니나. 세간을 버리고 세간에 나는 것이 아니라 세간에 들어서 세간에 나는 것이니, 비유컨대 연(蓮)이 비습오니(卑濕汚泥)에 나되 비습오니에 물들지 아니하는 것과 같은 것이다. 그러므로 불교는 염세적으로 고립독행(孤立獨行)하는 것이 아니요, 구세적(救世的)으로 입니입수(入泥入水)하는 것이다. (중략) '산간에서 가두로' '승려로서 대중에'가 현금 조선 불교의 슬로건이 되지 않으면 안 될 것이다. 대심보살(大心菩薩)은 일체 중생을 제도하기 위하여 먼저 성불하지 않는다는 것이 그들의 서원이다.[15]

『조선불교유신론』을 통해 불교의 대중화 및 현실주의화를 주창했던 한용운은 중생구제 문제에 대해서도 대중 중심적인 시각을 보여주고 있다. 위의 글에서 알 수 있듯 한용운은 불교가 '出世間의 道'임을 인정하면서도 출세간에 국한된 수도(修道)에 대해 경계하고 있다. 그것은 평등주의와 구세주의를 본질로 하는 불교의 정신[16]에도 위배되는 것이다. 승려만이 아니라 중생 모두에게 불성이 있다고 주장하며 이들 중생을 널리 구제하는 것을 목표로 삼는 불교적 정신에 비추어 볼 때 불자의 수행은 중생들의 한가운데에서 이루어져야 한다. 이를 한용운은 '세간(世間)에 들어서 세간(世間)에 나는 것'이라 말한다. 이에 따라 수행자는 "지옥 중생을 제도하기 위하여 지옥에 들어가며 아귀를 제도하기 위하여 아귀도에 들어가며 일체중생을 제도하기 위하여 고해화택(告解火宅)에"[17] 들어가야 한다는 것이다. 또한 중생이 구제되지 않았다면 자신의 성불 또한 진정한 성불이 아니라는 입장이다. 이는 모두 대중과 유리된 불교의 무의미성을 역설하는 것으로 불교와 현실주의간의 통합의 필연성을 보여준다.

실제로 출세간과 세간, 색과 공, 불교와 현실주의의 통합은 한용운의

---

15) 한용운, 「조선불교 개혁안」,『만해 한용운 논설집』, 도서출판 장승, 2000, p.156.
16) 한용운, 「조선불교유신론」, 위의 책, p.28.
17) 한용운, 앞의 글, p.156.

세계의 틀 속에서 가능한 최선의 방향이 될 것이다. 대중이 거하는 색의 세계에 발딛고 공의 세계를 지향하는 일은 한용운의 말대로 '거룩한' 일이 될 것이다. 그리고 한용운은 그의 문학작품을 통해 이러한 지향에 대한 훌륭한 성취를 보여주고 있다.

그러나 이들간의 통합이란 현실적 차원에서는 쉽게 납득되나 논리적으로는 여전히 모순으로 남아있는 것이 사실이다. 그것은 앞서 전개하였던 추론 과정에서도 나타나는 문제로서 여전히 미해결된 채로 남아있다. 가령 '마음'은 버려야 하는가 응집시켜야 하는가? 마음은 무상성이 본위인가 현실화된 힘이 본질인가? 중생들에게 '마음'은 비우라고 해야 하나 채우라고 해야 하나? '마음'을 중심 주제로 삼았던 한용운도 이러한 모순을 의식해서 다음과 같이 말한 바 있다.

> 마음은 본래 형체가 없는 것이라 모양도 여의고 자취도 끊어졌다. 마음
> 이라는 것부터가 거짓 이름인데 다시 인(印)이라는 말을 덧붙여 쓸 수 있
> 으리오. 그러나 만법은 이것으로 기준을 삼고 모든 부처는 이것으로 증명
> 을 하였다. 그러므로 이것을 心印이라 한다.[18]

인용글은 마음의 거짓됨, 즉 무상성과 인(印)으로 표현되는 실체성 사이의 모순에 대해 언급하고 있다. 즉 '마음이라는 것부터가 거짓'인데 '심인(心印)'이라고 하는 에너지화가 과연 가당한 것인가 하고 질문하는 것이다. 이는 지금까지 자신이 걸어왔던 '마음'에 대한 사유가 진정한 것인가를 묻는 것이기도 하다.[19] 이에 한용운은 '모든 부처는 이것으로

---

18) 한용운, 「십현담주해」, 『한용운전집1』, 신구문화사, 1973.
19) 본래 유심철학에서의 유심(唯心)이 한용운이 창간한 잡지 이름으로 그대로 사용되지 않는다는 점에 주목해 보자. 한용운은 그의 잡지명을 유심(唯心) 유심(惟心)으로 변형하였던바 이는 한용운이 불교에서 말하는 '마음의 무상성'을 대자적으로 인식하였음을 암시해준다. 한용운은 '마음'의 성질을 즉자적으로 수용하는 대신 마음'에 대해 사유함으로써 '마음'의 자유자재한 경지를 열어두게 된다.

증명을 하였다'고 대답함으로써 이것의 정당성을 주장하지만, 곧이어 "마음을 둔 자는 마음을 두려고 하는 데에 걸리고 마음을 없이한 자는 마음을 없게 하려고 하는 데에 막힘이 있으니 있고 없는 것을 둘 다 잊어버려야만 도에 가까워진다"[20]고 덧붙인다. 한용운은 마음이 없음과 있음, 무상성(無常性)과 유성(有性)이 모두 통일되어 있으면서 또한 모두 초월되어 있는 역설적 관계에 놓이는 것이라 여긴다.

그러나 실은 마음의 무상성과 실체성 사이의 모순을 논하는 일은 오류이다. 이들은 서로 다른 범주에서 성립하는 개념들이기 때문이다. 이들은 같은 범주에서 만나는 것이 아니라 서로 다른 범주에서 교차되며 있을 뿐이다. 가령 '무상성'이 마음의 존재론에 해당되는 것이라면 '실체성'은 마음에 대한 인식론과 관련되고 또 '실체성'이 마음을 존재시키는 것이라면 무상성은 또다시 그에 대한 인식을 유발하는 식이다. 마음의 이 두가지 성질은 서로 차원을 달리하면서 교차되며 성립가능한 것이고 또한 그러할 때 삶에서의 지혜로운 생활과 현실에서의 의미있는 창조가 가능해진다. 한용운이 "그러나 만법은 이것으로 기준을 삼고 모든 부처는 이것으로 증명을 하였다"고 말한 것도 이 때문일 것이다. '마음'을 주제로 삼고 마음에 대해 사유한(惟心) 한용운은 마음의 두 가지 성질의 역설적이고도 교차적인 활용을 통해 시대를 구원하는 실천을 해내었다. 마음의 비움과 채움, 무와 유 사이의 역설적이고 지혜로운 전개는 한용운으로 하여금 "마음을 깨달아 투철하고 막힘이 없어서 모르는 것이 없 없는 일체종지(一切種智)"[21]의 경지에까지 오르게 한 것으로 보인다. 마음을 알고 마음을 행함으로써 뜻에 막힘이 없고 모든 일에 자유자재, 사사무애(事事無碍)한 경지에 오르는 일, 그것이야말로 무명을 넘어선 진여(眞如)의 세계라 할 수 있을 것인바, 한용운의 종교와 문학을 중심으로 한 시대적 실천은 곧 그러한 차원에서

---

20) 한용운, 앞의 글.
21) 한용운, 「조선 불교 유신론」, 앞의 책, p.20.

이루어진 것이라 할 수 있을 터이다.

　시와 논설을 바탕으로 한 이러한 고찰은 한용운의 세계에서 가장 중심에 놓인 것이 다름 아닌 '마음'임을 확인하게 해준다. '마음'은 현상 세계를 넘어 존재하는 상위 영역에서의 힘이자 에너지로서 물리적이고 실제적인 성격을 지니며 이 점 때문에 한용운에 의해 집중적으로 추구된 것이다. 한용운은 일관되게 '마음'의 중요성을 강조하였고 그가 다루어나가야 할 유일한 대상임을 인식했다. 특히 단순히 불자로서가 아니라 시대를 대면하고 이끌어가야 했던 그에게 '마음'은 존재론적 차원에서의 '해탈'을 단선적으로 추구하는 계제에 놓여 있는 것이 아니었다. 그는 '마음'을 시대적 특수성에 맞게 형성하고 빚어나가야 했던 것이다. 결국 그의 시는 시대에 합당한 '마음'을 빚기 위한 방법적 도구에 해당되었던 셈이다.

　'마음'을 둘러싼 이러한 그의 입장은 매우 윤리적이고 합당하다. 그러나 불교적 세계관과 모순된다는 것은 쉽게 알 수 있는데 이러한 모순을 한용운은 결코 가볍게 보지 않았다. 그의 논술들은 한용운이 오히려 이에 대해 대단히 자각적이고 민감했음을 보여준다. 그는 '마음'의 무상성과 실체성 사이의 논리적 해결을 위해 끊임없이 고찰하고 논증했음을 알 수 있다. 그는 불자로서의 정체성과 조국에 대한 신념이라는 두 차원의 세계가 결코 단순하게 화합할 수 있는 것이 아니라는 것을 인식하고 있었다. 그리고 이들 양 차원을 통합하는 그의 탐구가 결국 조선불교유신론(佛敎維新論)이라는 독특한 불교 사상을 창출하기에 이르는 것이다. 일제강점기라는 민족적 위기 속에서 시대적 요청에 응하는 불교의 쇄신론인 조선불교유신론은 한용운의 '마음'을 중심으로 한 집요한 고찰에 의해 탄생한 새로운 논리이다.

　이때 한용운은 '마음'이 모든 현상의 근원이자 본질로 인식하는 데서 그치지 않고 이에 대해 대자적 태도를 취함으로써 '마음'이 현상적 세계 구현의 근원적 힘이 될 수 있도록 길을 열어놓는다. 이로써 '마음'은 초월성과 현실성이라는 대립적인 어느 한 지점에 경직되게 방향지워지는 것이 아니라 이 두 차원을 가로지르는 역동적 힘의 실체가 된다. '마음'은 실체가 되는 동시에 초월을 향한 운동성 또한 지니는 것이다. 때문에 이러한 '마음'에 의해 실체는 초월적 방향에 의해 고양되고 초월의 정신은 실체를 다스리고 포용하는 통합의 관계를 형성한다. 한용운의 '마음'이 서양의 영혼이나 정신과 달리 유무형을 넘어서서 사회적이고 윤리적인 실제성을 지닐 수 있는 것도 이 때문이다. 한용운의 '마음'은 서양 정신사에서 나타나는 영육이원론의 단선적이고 경직된 성질과 달리 보다 총체적이고 역동적임을 알 수 있다. 현실의 실재성과 초월성의 양 축을 아우른다는 점에서 그것은 보다 생생하게 살아있는 것이다. 다시말해 그것은 '살아있는 정신'이 된다. 그리고 이러한 '살아있는 정신'으로서의 '마음'이야말로 불교에서 말하는 모든 것을 통찰하고(一切鍾智) 막힘없이 행할 수 있는(事事無碍) 진여(眞如)의 상태라 할 것이다.

5. 결론

한용운의 문학적 세계에 다다르기 위한 바른 경로는 무엇일까? 지금까지 이루어진 대부분의 연구는 한용운이 승려이자 독립운동가라는 전기적 사실을 작품에 직접적으로 대응시킴으로써 한용운의 문학세계를 이해하려 하였고 이로써 그의 시에 나타난 '님'의 의미가 무엇인지를 따지는 방식으로 이루어졌으나 이러한 연구는 한용운의 전체적 정신세계를 파악하는 데 기여하는 바가 적을 뿐 아니라 사실상 한용운의 문학적 세계가 놓인 지점과 의미에 대해 해명하는 데도 무력하다. 이에 비해 '마음'을 중심으로 한 해석학적 고찰의 시도는 불자이자 독립운동가이며 시인이었던 한용운의 다양한 면모들을 총체적으로 살필 수 있는 유리한 입지점을 제공함으로써 한용운이 일구었던 정신적 세계 및 형성해갔던 정체성의 실체를 파악하는 데 도움을 준다.

특히 '마음'은 불교적 세계관의 핵심적 요소라 할 수 있으므로 실제로 승려였던 한용운이 중점적으로 성찰하고 다스리고자 했던 부분임을 알 수 있다. 그러나 한용운은 불교적 세계에서 추구하는 초월과 해탈에의 지향성 대신 현실에의 정착과 사회에의 참여를 추구하는데 여기에서 나타나는 갈등과 모순을 통해 결국 자신의 세계를 형성해간다는 것을 알 수 있다. 한용운은 불자로서의 정체성과 조국에의 신념 어느 한 편도 중요하지 않다고 여기지 않았는데 이때 '마음'은 이 두 세계간의 긴장과 통합을 이루어내는 장(場)에 해당되었다. 한용운은 '마음'의 무상성과 실체성 간의 모순을 논리적으로 해명하려고 노력하는 한편 이를 실천을 통해 통합하고자 함으로써 실제로 유의미한 창조적 성과를 발휘한다. '조선불교유신론'이 논리적 차원의 해명이라 한다면 시 「님의 침묵」은 현실에서 일구어낸 새로운 창조에 해당한다. '조선불교유신론'의 획기적 성격과 「님의 침묵」의 강한 감동은 우연이나 관념에 의한 것이 아니라 '마음'을 통해 자신의 정체성을 구축해 가려했던 한용운의 치열한 삶에 의해 빚어진 결과였음을 알 수 있다.

이러한 관점에서 볼 때 그의 시에 나타난 '님'은 단순한 대상에서 그치는 것이 아니라 '마음'을 다루기 위한 방법적 역할을 하는 것임을 확인할 수 있다. 한용운의 시에서 열렬한 사랑의 대상으로 나타나는 '님'은 한용운이 단지 맹목적으로 추구한 자였음을 의미하는 것이 아니라 유의미한 '마음'을 도출하기 위한 전략적 담론의 계기에 해당했다는 것이다. 한용운은 '님'을 통해 '마음'을 초점화하고 '님'에 의해 '마음'을 형성해나갔다. 이로써 '마음'은 초월이 아닌 '세계 내'의 것이 될 수 있었고 나아가 일제 식민지라는 조건에 대응해 나갈 수 있게 된 것이다. 즉 한용운의 시는 불자로서의 정체성과 독립운동가로서의 정체성이 상호 긴장하고 교차하는 지점에서 탄생한 것이며 '마음'의 불교적 무상성과 현실적 실체성이 결합된 성질의 것임을 의미한다.

ㅡ한용운론

단편서사시의 대화적 담론 구조

−임화론

1. 프로시와 단편서사시

　주지하다시피 우리의 프로시는 카프의 결성과 더불어 시작되어 조직의 성쇠에 따라 창작의 정도와 방법을 달리하여 왔다. 조직의 틀이 갖춰지면서 작품의 창작에는 일정한 방향성이 형성되었고 노동자 계급 의식을 기층 민중들에게 계몽하는 것이 창작의 원리로 정착되었다. 선전, 선동은 그러한 목적을 달성하기 위한 가장 원칙적인 방법으로 요구된 것이자 프로시의 기본 기조였다.

　그런데 프로시의 문제점들은 대중의 교화를 이루어내기 위해 창작된 시들 가운데 가장 힘이 실려야 할 아지 프로시가 그 효과를 상실하고 대중으로부터 이반됨으로써 더 이상 창작의 활로를 열 수 없게 된 지점에서 발생한다. 대중을 선전, 선동하는 것에 존재 근거를 두고 있는 프로시가 엄연히 대중을 매우 긴요한 타자로 인유하고 있음에도 불구하고 대중은 프로시의 향유 주체가 되지 못하고 주변인으로 대상화된 것이다. 즉 민중은 점차 프로시로부터 소외되어 가는 바, 그러한 과정에 대해 이렇다할 반작용을 가하지 못했던 것이 문예 운동 조직으로서의 카프의 한계였고 프로시의 한계였던 것이다.

　이렇듯 카프가 문예 운동을 조직화하는 것이 임무였지만, 시나 소설과 같은 문예 장르를 매개로 조직을 이끌어나가는 데는 미흡했다. 문예 장르의 성격을 고려하지 못한 채 조직의 주체들은 작품보다는 이념의 제시에만 급급해하는 결과를 빚어내었던 것이다.[1]

이러한 사실은 내용·형식 논쟁이나 대중화론, 나아가 소설에 있어서의 창작방법론을 둘러싼 논쟁에서도 그 일단을 확인할 수 있다. 내용·형식논쟁과 대중화논쟁에서 작품의 창작 방법론을 중심으로 행해졌던 팔봉의 문제제기가 생산적인 발전 과정이 없이 일방적으로 매도되었던 것이나 그 후 서둘러 리얼리즘 창작 방법들을 도입하여 그 실험과 폐기를 반복하였던 정황 등은 카프의 이러한 혼란을 보여주는 것들이다.

본고는 카프가 무산계급의 의식의 각성을 원칙으로 하되 문예장르가 그 이념의 전달 매개라는 점도 원칙에 속한다는 점을 전제로 한다. '단편서사시 논쟁'이 주목되는 이유도 바로 여기에 있는데, '단편서사시'는 아지 프로시라는 가장 '교조적'인 양식을 유연화하고 다른 한편으로 시의 형상화 문제를 촉발시킴으로써 프로시에 있어서 창작 방법이 논의의 주요한 지점에 해당된다는 인식을 가져다 주었다. 이것은 임화에 의해 우연적으로 창작된 만큼 자생적 성격을 갖는 것으로서 프로시의 다양화의 가능성을 제시해 준 것이며, 또한 프로시의 내부에 긴밀하게

---

1) 장르의 매체적 속성에 주목해야 한다는 논지는 이념을 전달해야 한다는 입장과 대립하지 않는다. 흔히 예술 작품의 형식미와 이념적 내용으로 구분된 채 쟁론화 되어 각기 완결된 형식미나 내용의 엄격성을 주장하는 상반된 귀결을 보이지만 중요한 것은 '어떠한 의도가 효과적으로 성취되었는가'하는 문제일 것이다. 그런데 이러한 의도를 효과적으로 이루기 위해서는 어느 정도 사회적으로 공인되어 있는 기제가 필요할 것이고 문예 장르에서 존재하는 이러한 기제가 시나 소설과 같은 담론일 것이다. 즉 작품은 사회 내에서 일정정도 안정된 양식으로 존재하며 의사 소통의 기능을 수행하는 존재이다. 이 점을 고려하면 형식과 내용은 유연하게 담론에 적용될 수 있는 바 상황에 따른 각각의 중요성의 비중에 따라 형식과 내용은 다양한 구성의 층을 양산할 수 있다. 사회주의 운동이 대중과의 소통에 의해 이루어지는 것이며 담론이 소통의 매개라면 장르의 매체적 성격에 주목하지 않을 수 없다. 이러한 관점에 대해서는 졸고, 「1920~30년대 민중시의 전개 양상」(『대전대 인문과학논집』, 2001)에서 개진된 바 있다.

작용하고 있는 타자성의 계기를 명시적으로 보여준 경우에 속한다.

2. '단편서사시' 논쟁에서 드러나는 창작방법과 대중성의 문제

2.1 '단편서사시' 명칭과 시사적 의미

'단편서사시'라는 명칭은 임화의 「우리오빠와 화로」를 읽고 난 팔봉의 '신선한 충격'에서 비롯된 명칭이다[2]. 팔봉은 1928년부터 지속적으로 「통속소설소고」, 「대중소설론」, 「프로시가의 대중화」 등 일련의 논문을 발표함으로써 프로 문예 장르의 대중화 방법에 관한 의견을 개진해왔다. 그런데 공교롭게도 임화의 「우리오빠와 화로」 및 「네거리의순이」, 「젊은 순라의 편지」, 「우산 받은 요코하마의 부두」 등 1928~29년에 걸쳐『조선지광』에 발표된 일련의 시들은 팔봉 자신의 대중화론의 관점과 맞아떨어지는 것이어서 팔봉은 이들 시를 극찬하기에 이른다. 「단편서사시의 길로」(조선문예, 1929.5)에서 그는 이들 시야말로 프로시가의 참된 모습이자 프로시가가 나아가야 할 대중화의 길이라고 하고 있다.

이들 시에서 팔봉이 발견한 것은 바로 '사건'이다. 그는 '사건'이야말로 독자로 하여금 통속적인 재미를 줄 여지가 있는 것으로 판단하고 있는데, 임화의 「우리 오빠와 화로」는 "그 골격으로서 있는 사건이 現實的이고, 現在的이요 오빠를 부르는 누이동생의 감정이 조금도 空想的, 誇張的이 아니며, 전체로 현실, 분위기, 감정의 파악이 객관적, 구체적으로 되었고 그리고 그것은 한 개의 통일된 정서를 전파하는 동시에 감격으로 가득 찬 한 개의 생생한 소설적 사건을 眼前에 전개하고 있는

---

2) 「단편서사시의 길로」, 조선문예, 1929.5.

것"3)으로 인식한다.

팔봉의 이러한 파악은 그가 '재미없는 정세' 운운하며 '연장을 수그리는' 문학을 고려4)한 것에 비하면 대단히 프로 문예 창작의 원칙론에 가깝다. 곧 '사건이 현실적, 현재적이요 현실 및 감정의 파악이 객관적, 구체적'이라는 지적은 소설에 있어서의 리얼리즘 규정과 같은 것으로서 그가 고려한 통속성이란 현실에 실재하는 기층 민중들의 생활과 정서에 부합하는 것을 뜻하고 있음을 알 수 있다. 물론 팔봉의 임화 시의 내용에 대한 이와 같은 평가는 카프 내 소장파 비평가들에게 심한 비판을 받는다. 특히 임화에 의해 '사태에 대한 과도한 반응'으로 '소시민적 흥분'이 표출된 것이므로 '센티멘탈리즘'에 다름 아니었다는 자기비판문5)이 나옴으로써 팔봉의 주장은 힘을 얻지 못하고 만다. 그러나 일반 민중의 생활과 감정을 가감없이 그려낼 때 흥미가 있고 올바른 형상화가 이루어진다는 주장은 이 즈음 팔봉이 소설의 창작방법을 두고 고민하는 내용 바로 그것이었으며, 이것은 곧 리얼리즘의 기법과 크게 다르지 않은 것이었다.

팔봉의 이러한 논의는 계획된 것이라기보다 우연적인 것이었다. 즉 임화의 시들에 의해 촉발된, 즉흥적 성격을 띠었다는 것은 '단편서사시'라는 명칭이 별다른 장르적 고찰 없이 명명되었다는 점과 소설에서의 대중화 방안을 모색한 연장에서 그것을 시에 별다른 굴절없이 도입되었다는 사실에서 알 수 있다. 이 평문에서 시의 장르적 성격을 언급한 부분이 없는 것은 아니나6) 임화의 시편들과 어울리기에는 적절치 못한 요소들이 많이 발견된다. 오히려 이런 언급들은 단편서사시를 소설과 변별시키기 위한 첨언 정도에 속한다고 볼 수 있다.

---

3) 김기진, 「단편서사시의 길로」, 『조선문예』, 1929.5, p.48.
4) 김기진, 「변증적 사실주의」, 『동아일보』, 1929.2.25.
5) 임화, 「시인이여! 일보 전진하자!」, 조선지광, 1930. 6.
6) "소재에서 시적으로 필요한 부분만 추려 압축"해야 한다거나 "리듬은 낭독에
   알맞게끔 창조되어야 한다"는 부분. 김기진, 앞의 글, 『조선문예』, 1929.5.

본래 서사시란 영웅의 일대기를 시간의 흐름에 따라 기술한 것이라는 점에 기대어 볼 때 임화의 시편들은 '서사시'의 범주에 놓인다기보다는 장편 서정시적 경향을 보인다. 그럼에도 팔봉이 '서사시'라 한 것은 임화의 시에 '소설적 사건'이 있다고 보았기 때문이다. 여기에서 팔봉은 '사건'을 '서사성', 즉 '이야기성'과 같은 것으로 인식함으로써 임화의 시를 곧 '서사시'로 명명했던 것이다. '단편'이라는 명칭도 '소설'을 기준으로 한 것으로서 시가 소설과의 단순 비교에서 단지 분량 정도의 개념으로 사용한 것이라고 볼 수 있다. 즉 '단편서사시'라는 명칭은 소위 리얼리즘 소설과의 유사성과 차이점에 의해 만들어진 편의적인 것이지 장르 자체의 성격에 대한 면밀한 고찰에서 도출된 것은 아니다.[7] 「단편서사시의 길로」의 말미에 "시도 소설과 한가지로 새로운 사실주의의 태도에서 어떻게 제작되어야 하는가"를 논하였다고 하면서 이 글을 "동아일보에 발표했던 「변증법적 사실주의」와 함께 읽어달라"고 주문했던 점은 당시 팔봉이 처한 입지를 확인해 주는 것이라 할 수 있다.[8]
　여기서 확인하고 넘어갈 것은 임화의 시들은 리얼리즘 소설에 관심을 갖고 있었던 팔봉에게 시에서도 리얼리즘화를 이룰 가능성으로 보

---

7) '단편서사시'라는 명칭과 관련해서 장르 귀속 문제가 여러 논자들에 의해 행해진 바 있다. 정재찬은 '단편 서사시'는 서정적, 서사적, 극적 성격이 혼재되어 있으며 서사지향성을 지닌 미정형 상태로 규정하고 있으며(「1920~30년대 한국 경향시의 서사지향성 연구」, 서울대 석사, 1987), 남기혁은 '단편서사시'의 서사시란 잘못된 개념임을 밝히고 서정시의 하위 장르라고 규정하고 있다(「임화시의 담론구조와 장르적 성격 연구」, 서울대 석사, 1992). 한편 장부일은 서사시의 개념을 유연하게 사용할 때 임화의 시편들은 이에 귀속시킬 수 있다고 하고 있어(『한국 근대 장시 연구』, 서울대 박사, 1992) 각각의 연구자들 사이엔 입론의 편차가 존재하고 있음을 알 수 있다.
8) 이러한 사정을 감안하여 최두석은 '단편서사시'란 통시성을 갖는 일반 장르론적 명칭이라기보다 1930년을 전후로 하여 나타났던 역사적 양식이라 하면서 논의의 관례상 단편서사시는 서사지향성과 배역시로서의 속성을 지닌 임화, 박세영, 김창술, 김해강 등의 시로 제한되며 이는 이야기 줄거리가 드러난 짧은 시 일반인 이야기 시와 구별된다고 하였다(최두석, 「단편서사시 논쟁」, 『한국 현대 시론사』, 모음사, 1992, p.167).

였다는 점과 실제로 프로시인들이 리얼리즘시를 창작한 계기가 되었다는 점이다.9)

2.2 '단편서사시'론과 타자지향적 창작방법

프로 비평가들 가운데 팔봉은 지속적으로 대중에 관한 관심을 가지고 있던 비평가에 속한다. 회월과 벌였던 '내용, 형식 논쟁'이나 「대중소설론」, 「프로시가의 대중화」 등의 평문들은 표면적으로는 작품의 형식, 창작 방법에 대해 논하고 있으나 사실상 그 이면에는 대중에게 '재미있게 읽히기' 위한, 나아가 '다수에게 읽히기' 위한 목적이 놓여 있는 것이다. 팔봉은 지속적으로 형식에 대해 집착하는데 이러한 그의 관심이 결국엔 '대중화론'에 귀결된 점은 이러한 사실을 뒷받침해준다. 물론 여기에서 그의 대중에 대한 像이 어떠한 것이었고 다른 여타의 비평가들과는 어떠한 차이를 지니고 있는지에 대해서, 그리고 그의 형식론의 방향이 과연 진정으로 노동자 계급의 의식의 각성과 부합되는 것인지에 대해서는 지문을 달리한 보다 면밀한 검토가 요구될 것이다. 그러나 팔봉의 형식에 대한 집요한 탐구로 말미암아 프로 문예 작가들은 창작 방법의 문제를 보다 적극적으로 모색하게 된다.

그런데 프로 문예의 창작방법은 부르주아 예술론에서 말하는 완결된 형식미의 관점에서가 아니라 대중과의 의사소통의 관점에서 고려되어야 할 것이다. 대중의 의식의 각성, 즉 프로적 계몽이 프로 문예 운동의 목적이므로 이를 효과적으로 이루는 것만이 긍적적인 평가를 받기 때문이다. 이를 위해서는 작품 창작의 구체적인 양식화의 길이 모색되어야 하는데 당시의 프로 문예인들은 선전 선동이라는 원칙만을 경직되게 주장한 오류에서 벗어나지 못하였던 것이다. 그들은 원칙에만 충실

---

9) 최두석은 위의 논문에서 '미흡하나마 시와 리얼리즘을 결부시켜 논한 선구적인 비평가'라 하여 팔봉을 평가하고 있다. 최두석, 앞의 논문, p.171.

했지 원칙의 현실화 방법에는 무지했다고 할 수 있다. 이러한 그들의 편협성과 조급성으로 인해 아지프로시는 생경한 이념적 구호남발로부터 벗어나지 못하였고 프로 작가들의 새로운 시적 창작 방법들도 생산적으로 수용되지 못하였다. 결국 창작의 고갈과 문예 대중의 이반이라는 결과를 가져왔던 것이다.

1920년대 후반의 정황에서 시적 양식의 새로운 모색이 왜 요구되었는가 하는 질문도 이와 관련된 문제일 것이다. 임화가 여러 비평가들의 입론을 받아들여 결국 스스로 자기비판하게 되지만 자생적으로 '단편서사시'를 창작하게 되었던 시인으로서의 감각은 어떠한 것이었을까?

바흐찐은 예술의 미학적 본질은 밝힐 수 없는 것으로 그것은 사회환경과 상호 작용하는 한 변형태로 본다. 예술은 외적인 사회환경의 작용을 받아들여 그로부터 즉자적으로 내적인 반향을 보이는 것이다. 즉 문학 작품이라는 담론은 사회 생활의 흐름에 통합된 채 여러 종류의 의사소통 형식들과 힘의 상호작용 및 교환의 관계에 놓임으로써 스스로 창조적 수용과 쇄신을 반복한다고 한다. 이러한 점에서 문예학적 담론은 의사소통의 구조이며 그 자체 특수한 형식을 지닌다는 점에서 미학적 의사소통 체계로 인식된다.[10]

시적 담론이 바흐찐이 말한 미학적 의사소통 구조라고 한다면 임화의 시인으로서의 감각과 대중화를 고민한 팔봉이 만난 지점에서 우리는 외적인 사회 환경과의 대화 관계 속에 놓여 있던 우리의 프로시, 즉 대중들과의 의사 소통을 이루고자 했던 프로시의 몸짓을 만날 수 있다. 조직의 결성 이후 왕성하게 창작되었던 프로시들이 점차 생경한 관념의 구호화[11]라는 비판을 받기 시작한 것도 1920년대 말인 이즈음

---

10) M. 바흐찐, 「생활 속의 담론과 시속의 담론: 사회학적 시학을 위한 기여」, 『문학사회학과 대화이론』, 까치글방, 1987, pp.161~162.

11) 임화의 단편서사시에 대해 윤곤강은 "기왕(旣往)한 권환 등의 '빽다귀의 포엠'을 소탕시키는 데 있어서는 둘도 없는 참피온의 임무와 역할을 한 것"(윤곤강, 「임화론」, 『풍림』, 1937.5,p.22)이라 말한 바 있는데 이때의 '빽다귀시'란

이거니와 새로운 시 양식은 이 시점에서 시도된 것이다. 요컨대 임화로부터 비롯된 이러한 시 양식은 기존의 시 양식을 극복하고자 했던 시도인 셈이다.12) 이는 대중이라는 타자와의 의사소통 관계라는 측면에서 볼 때 그러하다.

대중을 선동하여 투쟁의 전선에 집결시키는 것을 원칙으로 하고 있는 프로시가 아지프로시를 담론의 기본 양식으로 설정할 수 있음은 물론이다. 문제는 기존의 아지프로시들이 더 이상 창작되기 힘들었다는 점에 있는데 그 원인은 다음 몇 가지로 생각해 볼 수 있다. 먼저 팔봉의 표현대로 직접적인 선전선동을 하기에는 투쟁 역량의 기반이 빈곤한 '극도로 재미 없는 정세' 탓일 수도 있을 것이고, 혹은 기존의 아지프로시 자체가 당시 정세에 부합되는 효과적인 슬로건을 만들어내지 못하

두말할 것 없이 기존의 대부분의 프로시를 지칭하는 것이다. 이념을 생경하게 전달하는 구호적 차원의 시들에 대해 정재찬(정재찬, 앞의 논문,p.20)은 '개념적 서술시'라는 명칭을 사용하였으며 최두석은 '교술적 구호시'라는 명칭을 부여하고 있다(최두석, 앞의 글,p.171). 필자는 본고에서 그들의 어조가 현장에서의 선전 선동을 일으키는 의도를 담고 있는 것으로 보이므로 일반적으로 통칭되는 '아지프로시'라 부르기로 한다. 그러나 '잘된 아지프로시'라는 평가 개념은 유보하고 있음을 밝혀두어야 하겠다.

12) 이때의 '단편서사시' 양식에 대해서는 기존의 연구가 내부적 분석을 시도한 바 있다. 남기혁은 단편서사시에 시인과 구별되는 화자가 도입되고 화자와 대화하는 청자가 등장함으로써 대화화가 이루어지고 있다고 보고 있다. 특히 그는 화자가 '타자(the other)'라는 인식을 보여줌으로써 단편서사시 담론 내부에는 시인의 의도와 화자의 의도가 교향하는 이중음성이 발생한다는 대화론적 분석을 시도하고 있어 담론의 내부 구조에 대해 한층 정치한 분석을 하고 있다(남기혁,앞의 논문, p.20). 정재찬 역시 화자의 등장이 인물의 개성을 담아내는 장치라 보고 이를 통해 사실주의적 형상화와 독자와의 정서적 공감을 이루고 있다는 평가를 내리고 있다(정재찬,앞의 논문, p.87).이 두 글은 모두 화자를 중심 범주로 삼아 분석한 것으로 단편서사시의 본질적 특징이 배역시임을 전제하고 있는 것이다. 성격화된 인물이 자신의 이야기와 사건을 청자에게 전달하는 방식을 취하는 배역시(Rollengedichte)의 관점에서 단편서사시를 설명한 연구로 김윤식의 『임화연구』(문학사상사, 1989)를 참고할 수 있다. 최두석은 단편서사시의 양식적 속성을 서사지향성과 배역시 두 가지로 규정하고 있으므로(최두석, 앞의 논문, p.167) 기존의 연구들은 모두 시인과 구별되는 화자가 등장하여 가상적 청자에게 이야기를 전달하는 배역시로서의 측면에 주목하여 논의를 출발시키고 있음을 확인할 수 있다.

고 이념적 내용만을 관념화함으로써 창작 기술상의 한계를 노정한 점에서 비롯되었을 수도 있다. 혹은 이 두 가지 요인이 복합적으로 작용한 것일 수도 있는데 이러한 경우라면 프로시가 대중화되기에는 더욱 어려울 것이다. 사실상 프로시의 대중과의 의사소통 관계, 즉 대화적 관계 자체가 불가능해질 것이기 때문이다.

임화의 '단편서사시' 「우리오빠와 화로」에서 가장 먼저 접하게 되는 것은 '오빠'를 '부르는' 화자이다. 이것이 노동자 화자와 청자가 등장하는 서간체의 형식으로 이루어져 있음은 주지의 사실인데, 이 시에서 긴장을 이완시키지 않는 요소를 찾는다면 바로 이 화자의 '목소리'에 있다. 이 '목소리'는 '간절함'으로 특징지어지는데[13] 이는 곧 임화 자신의 타자와의 의사소통의 욕구, 대화적 관계 성립에의 욕구의 반영이라 볼 수 있다. 화자가 청자에게 말하는 행위는 자신의 내면을 일방적으로 보이는 것과 다르다.

이러한 구조는 임화가 무의식적으로 당시의 사회적 상황과 시적 담론에 대한 예민한 감각을 지니고 있었음을 보여준다고 할 수 있다. 즉 노동자 대중이라는 타자와의 소통을 희구하고 있었던 임화의 열망이 타자에게 '말을 거는' 대화체의 형태로 표출되었던 것이다. 대중화의 활로를 모색하고 있던 팔봉에게 임화의 시가 '눈물을 흘릴'[14] 정도의 감동으로 다가왔던 이유도 임화 시에 나타난 타자, 보다 구체적으로는 대중과의 관련성에서 찾을 수 있다. 팔봉이 문예작품의 대중화를 위한 이론을 정립해가고 있는 과정에 있었다면 그가 지녔던 대중화 이론에

---

13) 바흐찐에게 어조는 담론을 이해하는 매우 중요한 요소로 파악된다. 어조는 발화자를 둘러싸는 사회적인 기류의 변동들에 특히 민감한 요소이다. 따라서 독자가 어조를 이해하기 위해서는 먼저 사회적 가치평가 체계들을 파악하고 있어야 한다. 발화자는 어조를 통해 청취자와 접촉하고 담론을 사회적 삶의 영역 속에 위치시킨다. M. 바흐찐, 「생활 속의 담론과 시속의 담론」, 토도로프, 앞의 책, p. 170.
14) 김기진, 앞의 글, 『조선문예』, 1929.5.

의 열정이 임화의 음성으로 인해 몸을 얻은 경우에 해당되기 때문이
다.15)

3. 대중의 타자성과 시적 계기성

단편서사시의 범주에 넣을 수 있는 시들은 임화의 것들을 비롯해서
여러 시인들의 작품들이 있다. 우선, 임화의 작품으로는 「네거리의 순
이」(조선지광,1929. 1), 「우리 오빠와 화로」(同誌, 1929. 2), 「젊은 순라
의 편지」(同誌, 1928. 4), 「어머니」(同誌, 1929. 4), 「우산받은 요꼬하마
의 부두」(同誌, 1929. 9), 「다없어졌는가」(同誌, 1929. 8), 「양말 속의 편
지」(同誌, 1930. 3), 「다시 네거리에서」(조선중앙일보, 1935. 7), 「병감
에서 죽은 녀석」(무산자, 1929. 7), 「오늘밤 아버지는 퍼렁 이불을 덮고」
(第一線, 1933. 3) 등이 있고 그외 김해강의 「어머님」(동아일보, 1929.
3. 19), 김창술의 「오월의 훈기」(조선지광, 1929. 9), 「가신 뒤」(조선강
단, 1929, 12), 김대준의 「누나의 임종」(대중공론, 1930. 7), 이정구의
「아버지시여」(조선일보, 1930. 7. 19), 「어머니시어!」(同紙, 1930.7.22),
「흙점」(同紙, 1930. 7. 23) 등이 있다.

이들 시들은 대체로 서간체의 형식을 취하고 있는데, 화자의 경우
화자가 시인 자신이 되거나 분리가 되어 있는 유형으로 나뉘어지지만
일정한 청자를 향해 발화가 이루어지고 있는 점에서는 공통적이다. 서
간체의 형식은 단편서사시의 장르적 성격을 구현하는 유효한 시적 장

---

15) 그렇다면 팔봉은 임화 시를 면밀히 분석하여 그것을 프로시의 모델로 제시했
던 추이도 어렵지 않게 상상해 볼 수 있다. 그러나 만일 '단편서사시'가 배역
시의 형태를 통해 서사성을 제시할 수 있는 형태로 모델화된다면 이 장르는
지속성을 갖기 힘들 것이다. 원리에 대한 고찰 없이 표면적인 형태에만 착목
한 경우에 해당될 것이기 때문이다. 실제로 이후 '단편서사시'가 임화 시의
구조와 유사한 아류에서 그치다가 결국 소멸한 사실이 이를 방증한다.

치 역할을 한다. 먼저 전형화된 청자를 설정함으로써 대중이라는 타자와의 경험의 공동 지역을 구획할 수 있다는 점을 들 수 있다. 화자는 청자와의 사이에 전제되어 있는 과거의 시공성을 바탕으로 과거의 혹은 현재의 사건을 진술한다. 이때 독자는 현실감을 갖게 되는데 이는 전형화된 인물들의 배역에서 비롯되는 것이다. 다른 한편 화자의 청자 불러내기는 독자의 주의를 환기시키는 효과를 가져옴으로써 텍스트 외부에 놓인 타자를 텍스트 내부로 끌어들이는 기능을 한다. 즉 화자는 청자를 반복하여 '불러냄'으로써 독자를 담론 내에 구현된 시공 안으로 몰입시키는 것이다. 시적 담론 속으로 끌어들여진 타자는 화자의 경험의 사건화에 동참하게 되어 이야기를 진술하는 화자는 보다 전형적이고 극적인 구성을 취하게 된다.

이러한 담론 구조는 초기 카프시에서는 찾아보기 힘든 양식이다. 과거의 프로시를 크게 민중적 서정시와 선전선동시 계열로 구분해 본다면 이들 시에서 타자를 끌어들이는 담화 장치는 보이지 않는 것이 특징이다. 과거의 이들 시는 주로 시인 자신의 개인적 경험을 바탕으로 자신의 내면을 서술하거나 인식을 기술하는데 그친다. 또한 청자에게 말하는 발화구조를 취하더라도 불특정 다수를 칭하게 되거나 사건화되지 않은 막연한 화자의 경험을 진술하고 있다. 경험과 인식의 공유 자체가 불확실한 상황에서 이러한 담론 구조에 독자가 적극적으로 개입해 들어가기는 힘들다.

초기 카프시에 비한다면 특정 화자와 특정 청자를 설정하는 장치는 대중이라는 타자와의 의사소통 관계를 전제하고 있는 프로시에 있어서 매우 중요한 시적 기제이다. 본래 모든 담론은 타자를 지향하고 있다[16]. 가장 내밀한 서정시 역시 이러한 원칙에서 벗어나는 것은 아니다. 따라서 담론은 독자를 전제하고 그와 대화의 관계 속에서 성립되는

---

16) M. 바흐찐, 송기한 역, 『마르크스주의와 언어철학』, 한겨레, p. 12.

것이라 볼 수 있다.[17] 그러나 서간체와 같이 표면화된 대화체의 형식이 담론의 구조를 결정하고 있다면 타자와의 상호 교류는 더욱 강화되어 나타날 수 있다.[18]

임화의 「우리오빠와 화로」의 경우 이 시에서 표면에 드러나 있는 사건은 '화로의 깨어짐'이다. 그러나 사실상 이 시의 담론을 이끌어가는 것은 사건의 전개라기보다는 각 인물들의 '발화들'이다. 이 시에서 표면적인 진술은 화자에 의해 이루어지지만 화자의 어조는 청자에 의해 조율되면서 청자의 발화 역시 간접인용의 화법[19]으로 삽입되고 있다. 그런데 화자의 어조가 청자에 의해 취해진다고 했지만 이때의 청자는 텍스트 밖의 타자를 향해 있기도 하는데 이럴 경우 화자의 시어 선택에 변용이 발생한다. 한편 청자의 어조를 화자가 그대로 재현하는 경우도 있다.

> 1연) 사랑하는 우리옵바 어적게 그만그럿케 위하시든옵바의거북紋이
>
> 질火爐가 깨여젓서요
>
> 언제나 옵바가 우리들의 피오닐 족으만旗手라부르는 永男이가 地

---

17) 최현무 역, 츠베탕 토도로프, 앞의 책, p. 97. 바흐찐은 그러나 서정시와 같은 독백적인 담론이 대화성을 활용하면 할수록 운문 소설이 되는 등 산문으로 기울어진다고 하고 있다. 결국 타자와의 상호텍스트성이 가장 강력하게 구현되어 있는 것이 장편소설인데 이러한 형식은 원심적 경향이 지배하는 자본주의체제, 즉 경제적 하부구조의 반영 형태로 파악한다.

18) 이러한 장치가 팔봉에게 주목의 대상이 된 배경에 대해서는 전장에서 다루어 보았거니와 이것이 이후 프로 작가들에게 전범이 되어 하나의 유형을 형성하였고 나아가 화자와 청자가 숨어버리는 소설적 사건의 형상화, 즉 리얼리즘화로 기울어지는 단초가 되는 과정도 우리는 쉽게 유추해볼 수 있다. 그러나 화자와 청자가 숨어버림으로써 단선적인 리얼리즘이 구현된 경우 이를 타자와의 관련에서 긍정적으로 평가할 수만은 없을 것이다. 어떻게 보면 이는 서간체와 사건화의 결합으로 이루어진 단편서사시가 갖는 대화구조에서 후퇴하는 것일 수도 있기 때문이다.

19) M. 바흐찐, 「소설 속의 담론」, 『장편소설과 민중언어』(전승희외 역), 창작과 비평사, p. 127. 간접화법은 내적 화자의 어조를 변형시켜 시인 자신의 이데올로기를 구현한다.

球에해가비친 하로의 모-든時間을 담배의 毒氣속에다

어린몸을잠그고 사온 그거북紋이 火爐가 깨어젓서요

2연) 그리하야 지금은 火적가락만이 불상한永男이하구 저하구처럼

똑 우리사랑하는 옵바를 일흔 男妹와갓치 외롭게壁에가 나란히걸

녓서요

옵바……………

저는요 저는요 잘알엇서요

웨--그날 옵바가 우리두동생을떠나 그리로 드러가실그날밤에

연겁허 말는 券煙을 세개식이나 피우시고게섯는지

저는요 잘아럿세요 옵바

3연) 언제나 철업는제가 옵바가 工場에서도라와서 고단한저녁을잡수

실 때 옵바몸에서 新聞紙냄새가난다고하면

옵바는 파란얼골에 피곤한우슴을 우스시며

………네몸에선 누에똥내가 나지안니--하시든世上에偉大하고勇

敢한우리옵바가 웨그날만

말한마듸업시 담배煙氣로 房속을 메워버리시는 우리 우리 勇敢한

옵바의 마음을 저는 잘알엇세요

天井을向하야 긔여올나가든 외줄기담배연긔속에서-옵바의鋼鐵가

슴속에 백힌 偉大한 決定과聖스러운覺悟를 저는 分明히보앗세요

그리하야 제가永男이에 버선한아도 채못기엇슬동안에

門지방을때리는쇠ㅅ소리 마루로밟는거치른구두소리와함께-가버

리지안으섯서요

4연) 그러면서도 사랑하는우리偉大한옵바는 불상한저의男妹의근심을

담배煙氣에 싸두고 가지안으섯서요

옵바---그래서 저도 永男이도

옵바와또가장偉大한 勇敢한옵바친고들의 이야기가 세상을 뒤줍

을 때

저는 製絲機를 떠나서 百장의一錢짜리 封筒에 손톱을 뚜러트리고

永男이도 담배냄새구렁을내쫏겨 封筒꽁문이를 뭄니다

지금--萬國地圖갓흔 누덕이밋헤서 코를고을고 잇습니다
5연) 옵바---그러나 염려는마세요
저는 勇敢한이나라靑年인 우리옵바와 핏줄을갓치한 계집애이고
永男이도 옵바도 늘 칭찬하든 쇠갓흔 거북紋이火爐를사온 옵바의
동생이아니에요
그러고 참 악가 그젊은남어지옵바의친구들이왓다갓습니다
눈물나는 우리옵바동모의消息을 傳해주고갓세요
사랑스런勇敢한靑年 들이엇습니다
世上에 가장偉大한靑年들이엇습니다
火爐는 깨어저도 火적갈은 旗ㅅ대처럼남지안엇세요
우리옵바는 가섯서도 貴여운 피오닐 永男이가잇고
그러고 모-든 어린 피오닐의 따듯한누이품 제가슴이 아즉도 더웁
습니다
6연) 그리고 옵바
저뿐이 사랑하는옵바를일코 永男이뿐이, 굿세인兄님을 보낸것이
겟습니가
슬지도안코 외롭지도 안습니다
世上에 고마운靑年 옵바의無數한偉大한친구가잇고 옵바와兄님을
일흔 數업는계집아희와동생 저의들의 貴한동모가 잇습니다
7연) 그리하여 이다음 일은 ㅁ수섭섭한 慎한事件을안꼬잇는 우리동무
손에서 싸워질것입니다
8연) 옵바 오날밤을새어 二萬장을 붓치면 사흘뒤엔새솜옷이 옵바의떨
니는몸에 입혀질것입니다
9연) 이럿케 世上의누이동생과아오는 健康히 오늘날마다를 싸홈에서
보냅니다
10연) 永男이는 엿해잠니다 밤이느것세요
--누이동생--

(임화, 「우리오빠와 화로」)

이 시에 등장하는 인물들은 누이동생과 오빠, 남동생, 오빠의 친구들이다. 물론 이들 가운데 발화의 중심주체가 되는 것은 누이동생이다. 그럼에도 각각의 인물이 담론 속에서 생동한다는 느낌을 받는 것은 화자의 발화 속에 타자의 흔적이 성격화되어 배어 있기 때문이다. 화자는 청자를 '향한' 자신의 어조를 가지고 있지만 '영남이'나 '오빠의 친구들'을 언급할 때, 혹은 '오빠'를 묘사할 때 선진 노동자 계급 이념을 담지하고 있는 청자의 영역과 적극적으로 상호 교응한다. 이때 화자의 어조는 청자를 부르는 여성적이고 정서적인 어조가 아닌 남성적이고 결연한 어투로 변모한다. 곧 청자의 능동적인 역할이 이루어지는 것인데 특히 이 시에서 청자의 역할은 발화 주체인 화자 못지않은 비중을 지닌다. 청자는 직접 발화하기도 하지만(3연:"네 몸에선 누에똥내가 나지안니", 5연:"쇠갓흔 거북문이화로를 사온") 화자에게 자신의 목소리를 중첩시키기도 한다. 바로 '세상에위대하고용감한우리오빠'(3연)라든가 '용감한이나라청년인 우리옵바'(5연), 그리고 "사랑스런용감한청년들이엇슴니다/세상에 가장위대한청년들이엇습니다"(5연)부분이 여기에 속한다. 이들 부분, 등장인물들을 묘사하는 부분에서 화자는 청자의 목소리를 상기시키는 목소리를 발성한다. 이를 통해 '영남이'나 '오빠의 동무들', '오빠'는 강건한 노동자 계급의 성격화를 이루는 데 성공한다.

그런데 청자의 이러한 음성의 개입은 시인의 이데올로기적 가치평가[20)가 개입될 수 있는 장치이기도 하다. 시인은 누이를 화자로 설정함으로써 텍스트 이면으로 사라지지만 심정적으로 선진 노동자인 '오빠'에 동조하고 있음을 어렵지 않게 상상해볼 수 있는데 실제로 화자에 겹치는 청자의 발성을 적극적으로 유도해내는 모습 속에서 우리는 작가 자신의 이데올로기적 평가와 만나는 것이다. 그렇다면 이 시의 발화주체는 단순히 '누이'만 되는 것이 아니고 청자 혹은 시인이 되기도 한

---

20) 기호의 이데올로기적인 가치평가에 대해서는 M.바흐찐(송기한역), 『마르크스주의와 언어철학』, 한계레, 1988 참조.

다. 이들간의 다중적 발화구조는 곧 타자와의 대화의 길을 터놓는 기제로 작용한다. 가령 작중 화자와 청자간의, 청자 발화자(오빠) 즉 작가와 독자 간의 대화가 이 시에서는 이루어지고 있다.

여기에서 작가와 독자간의 대화라 한 이유는 청자 발화자의 청자는 사실상 작중 인물들이 아니라 텍스트 밖을 향하고 있기 때문이다. 시인의 적극적인 이데올로기적 가치평가가 텍스트 내에 머무는 것이 시인의 의도가 될 리는 없을 터인데 실제로 '세상에서위대하고용감한우리오빠' 등의 표현들이 독자를 향한 것이 아니라고는 생각하기 힘들다. '우리'라는 수식어는 제3자에게 대상을 지칭할 때 사용할 수 있는 것이기 때문이다. 이뿐 아니라 5연의 "사랑스런용감한청년들이엇습니다/세상에 가장위대한청년들이엇습니다" 역시 시인의 적극적인 가치평가가 개입된 부분으로서 독자를 향한 이데올로기 전달의 의도를 드러내고 있는 것이다. 6연에 이르면 이미 대화의 양상이 작중 화자와 작중 청자 간에 이루어지는 것이 아니라 작중 화자와 독자 간에 이루어지는 것으로 안착이 되고 있다. 화자는 '오빠'를 부르고 있지만그의 말을 받는 사람은 작중 청자라기보다 '오빠를 잃은 같은 처지의 민중들'이다. 이는 곧텍스트 밖의 타자가 보다 표나게 텍스트 내부로 진입해 오고 있음을 의미하는 것이다.

임화의 이 시는 일차적으로 기존 프로시의 일방적인 담론 구조를 극복하고 있다는 점에서 의의를 찾아야 할 것이다. 그것은 시에 서간체라는 장치를 도입하여 새로운 창작방법을 도모한 결과 얻어진 성과이다. 새로운 담론 구조 속에서 타자는 더 이상 시인과 텍스트의 외부에 소외되어 있는 존재가 아니다. 독자는 시 속의 돈호법에 의해 계속해서 텍스트 안으로 불려가며 자신의 내적 경험과 내면을 환기당한다. 그리고 그는 시인이 구현한 담론의 장치에 의해 자신의 음성을 만들어 가기도 한다. 이러한 과정이 효과적으로 이루어졌을 때 시인의 이데올로기적 의도가 비로소 달성되었다고 할 수 있다. 다음 임화의 시도 마찬가지의 경우이다.

눈보라는하로終日 北쪽철창을따리고갓다
우리들이그날--會社뒤ㅅ門에서 '피케'를모든 그밤갓치……
멧번, 멧번, 그것은왓다 팔 다리 코구녕 손꾸락에--
그러나 나는그것이아푸고 쓰린것보다도 그위의일이알고십허 증말견딜
수가업섯다

(중략)
올해갓치몹시 오는눈도업섯고 올해갓치 치운겨울도업섯다
그래도 우리들은--계집에 어린애까지가
다--긔계틀을내던지고 이러나지안엇니

東海바다를것처오늘모지른바람 회사의뽐푸, 징박은구두발 휘모라치는
눈보라--
그속에서도 우리는二十日이나 꿋꿋히뻣대오지를안엇니

해고가다무에내 끌녀가는게다무애냐 그냥 그대로 황소갓치뻣대이고
나가자
보아라! 이치운날 이바람부는날--비누궤짝집신짝을실코
우리들의 이것을 익이기爲하야
구루마를끌고 나아가는 저-어린行商隊의少年을……
그러고 寄宿舍란門잠근房에서 밥도안먹고 이불도못덥고
이것을 이것을 익이려고 울고부르짓는 저-귀여운 너의들의계집애들
를……

감방은차다 바람과함께눈이드리친다
그러나 감방이찬 것이 지금새상스럽게시작된것이아니다
그래도 우리들의선수들은 멧번ㅅ제나 멧번ㅅ재나 이치운 이어두운속

에서

다-그들의쇠의뜻을 달구엇다

참짜! 눈보라야마음대로밋처라 나는나대로뻣대리라

김부다 ××도 ×××군도 아직다무사하다고?

그럿타 깁히깁히 다-땅속에드러들백혀라

으-ㅇ 아모런때 아모런놈의것이와도 뻣대자-

나도 이냥 이대로 돌멩이붓처갓치 뻣대리라

　　　　(임화, 「洋襪속의片紙--一九三〇, 一, 一五, 南쪽港口의일-」, 朝鮮之光 1930년 3월호)

　　인용된 위의 시에는 「우리 오빠와 화로」와 같은 특정의 복합적 발화
구조는 나타나 있지 않다. 텍스트 안의 특정 작중 청자가 없기 때문이
다. 이 시의 청자는 텍스트 밖을 향하고 있다. 화자 역시 작가와 구별되
지 않는다. 그럼에도 이 시가 독자를 강하게 텍스트 내부로 끌어들이는
요소는 무엇일까? 그것은 곧 타자들과의 경험의 공유 지점이다. 작가는
"우리들이그날--會社뒤ㅅ門에서 '피케'를모든 그밤갓치"와 같이 경험의
지점을 지정한다. 이것은 경험이 공유된 특정 타자들을 끌어들이는 기
능을 가질 뿐만 아니라 일반 독자들의 주의 역시 환기시키는 효과를
가져온다. 작가는 여기에서 멈추지 않고 가족 등 일상사적인 부분들을
끌어들임으로써 심정적 동조를 더욱 확고히 하기까지 한다. 나아가 작
가는 이러한 과정을 통해 형성된 경험의 공동영역을 바탕으로 독자들
을 선동의 상태로 몰입시키도록 만들기도 한다.
　　프로시인에게 대중은 영속적인 타자이다. 프로시인은 '언제나' 타자
에게 말을 걸어야 한다. 그리고 거기에서 멈추지 말고 타자의 음성을
자신의 이데올로기적 발성에 맞추도록 해야 한다. 이 두가지가 동시에
이루어지지 않는다면 프로시는 그 목적을 다하지 못한다. 프로 문예
작품에서 리얼리즘적 형상화를 강조하는 이유도 이와 관련된다. 대중

과의 공감대가 형성되지 않은 상황에서 작가의 이데올로기에 동의하는 비약은 이루어지기 힘들기 때문이다. 즉 민중의 생활 체험에 근거한 전형의 형상화는 곧 '타자에게의 말걸기'에 해당한다[21].

같은 서간체로 쓰여진 김해강의 「어머니」와 임화의 「어머니」를 비교해 볼 때 타자에 대한 효과적인 말걸기, 타자와의 효과적인 대화란 어떠한 것인가를 가늠해 볼 수 있을 듯하다.

> 1연) 어머님!
>
> 　　이몸을나하주시고 길러내신 어머님!
>
> 　　어머님물읍에올라 뛰놀며발버둥치든 어리고 철업슨 몸이 이만큼
>
> 　　자라는동안, 오오어머님은만히도늙으섯사외다 늙으섯사외다 //
>
> 4연) 어머님!
>
> 　　하온데 용서하소서 어머님은용서하소서
>
> 　　몸이달토록 어머님을 밧들어모시고십사오나
>
> 　　뜻대로 못하옴을 용서하소서 깁히용서하소서
>
> 　　그리하야 이몸의나아가는새길을위하야 압날을 빌어주소서//
>
> 　　---九二九,---
>
> 　　　　　　　　　　　　　　(김해강, 「어머니」, 동아일보. 3. 19)

> 2연) 지금 어머니가살엇슬때 그럿케귀여워하는이아들은어머니의 구든
>
> 　　몸이누어가든
>
> 　　이 파란 이슬길을 거러오고잇수
>
> 　　그런데 어머니!
>
> 　　웨 나는 이길을 언제나관뒤에만따라갓다와야게되엇는지모르겟
>
> 　　서//

---

21) 그러나 형상화문제와 타자를 선동의 단계로까지 이끌어내는 것은 별개의 문제이다. 우리는 리얼리즘 창작방법을 둘러싼 미묘한 방식들의 차이를 목도하는데 이는 형상화의 단계에서 프로 작가들의 이념적 의도가 달성되기는 힘들다는 데서 비롯되는 것이다.

5연) 그런데 참 어머니!

　오늘이 또 바다***의 우리들의 용감한 쇠갓혼산아희녀석도

　세상에 ********* 낫서른땅에를도라다니다 그만 목숨을던진날이

　야

　우리사랑하는 큰 '그녀석'도 사랑하는늙은어머니의 스름과원한속

　에서 죽어갓다우//

6연) 늙고외롭고가난한 '그녀석'의 어머니 엇더케 슬어워하엿슬것이

　　며 분하엿슬것이겟수

　（중략）

　이것은 사랑하는우리어머니도 잘아는것이아니우

　그럿치! 어머니!//

8연) 그러나 어머니!

　우리들의사랑하는 세상의어머니!

　그럿케 자식을염려하고 조심하는그속에서//

9연) 그러치만 어머니! 나는 그대신 （중략）

　이원통하고 분한사실을 내코에서김이날때까지잇지를안켓서//

10연) 어머니! 걱정말우 나는 안이저버릴테야!

　그러구 어머니!

　내일부터는 불상한옥순이하고 내가

　혼자남은 순봉의어머니의 아들과딸이되어 이목숨을 ********리

　리다//

　　　　　　　　　　　　（임화, 「어머니」, 조선지광, 1929. 4）

　　김해강의 시편과 임화의 시편이 우리에게 각인되는 정도는 매우 다
르다. 김해강은 임화의 단편서사시를 모델로 시를 쓰고자 시도한 시인
에 속한다. 위의 시에서의 편지글의 원용과 어머니와의 과거의 경험을
이야기하는 부분은 이러한 사실을 뒷받침한다. 또한 4연의 '새길을위하
야압날을빌어주소서'라는 구절은 시인의 이념적 의도를 반영하고 있다.

사실상 '어머니'의 영역은 거의 모든 이가 공동으로 점유하고 있는 경험 지대이다. 어머니를 둘러싸고 조직된 담론이 독자에게 쉽게 감흥을 일으킬 수 있는 이유도 어머니가 모든 사람이 지니고 있는 선험적 공간이기 때문이다. 김해강의 이 시에서는 이러한 사실이 충분히 활용되고 있다. 그러나 이 시는 성격화 되지 못한 불특정 대다수의 독자들, 즉 노동자 계급 의식으로의 각성의 소인을 구체적으로 담지 못하고 있는 독자를 향하고 있음으로써 추상성을 넘어서지 못하고 있다.

반면에 임화의 시에서 '어머니'는 가족을 부당하게 잃은 특정화된 청자이다. '죽음'이라는 경험소는 이 시에 통일성을 부여해주며 주의를 집중시키는데 이때 한 청년의 죽음이 중심 사건으로 처리되고 있다. 이 시의 담론은 화자가 어머니에게 편지를 쓰는 형식을 취하고 있는데 이때 청자의 영역이 곧 타자의 영역으로 확대된다는 점에 이 시의 특징이 있다. 어머니는 나의 어머니이면서 '죽은 사내'의 어머니이자 '세상의 모든 어머니'(8연)로 확장된다. 이러한 현상은 '사랑하는 우리 어머니'(6연)와 같이 '우리'라는 수식어가 붙는 데서 나타나는데, 가령 '우리'라는 수식어는 제3자에게 대상에 대해 말할 때 쓰이는 것이므로 이 때의 발화는 단순히 내적 청자에게 향하는 것이 아닌 텍스트 외부의 청자 즉 독자를 향하는 것임을 알 수 있다. 또한 '우리'는 화자와 독자를 묶어주는 역할도 하므로 이때의 발화는 화자의 것이면서 독자의 것이기도 하다. 이러한 장치를 통해 독자는 담론 속에 능동적으로 끼어들어 가며 담론의 이야기는 화자와 독자 사이에 공유되게 된다. 8연의 '그러나 어머니,우리들의사랑하는세상의어머니'의 화자 발화는 청자의 영역이 외부 청자에게 확대된다는 사실을 더욱 확고히 하고 있다.

여기서 알수 있는 것처럼, 화자와 독자 사이의 경험의 공유를 유도하는 것은 다분히 시인의 이데올로기적 의도 때문이라고 판단된다. 시인은 화자와 대중간에 유대감을 형성하고자 한다. 화자의 순수한 청자를 향한 발화라고 생각하기에는 어색한 부분들, 5연의 '우리들의용감한쇠

갓흔산아희녀석', '사랑하는늙은어머니', 6연의 '우리들의사랑하는세상의어머니' 등은 작가의 이데올로기적 가치가 개입된 곳들이다. 시인의 이데올로기적 의도는 10연의 화자 진술로 더욱 구체화된다는 것을 알 수 있다. '내일부터는불상한옥순이하고내가 혼자남은 순봉이어머니의 아들과딸이 되'겠다는 발언은 나의 어머니가 곧 '죽은 자'의 어머니이자 '우리'의 어머니라고 하는 인식을 통해 화자와 타자와의 연대의식 유도를 의도한다 할 수 있다.

그런데 이 시는 이와 같이 화자와 타자 간의 '억울한' 경험과 정서를 공유하는 데서 그치지 않는데 더 큰 미덕이 있다. 화자는 이렇게 형성된 공감대를 바탕으로 해서 독자의 목소리를 자신의 이념 지향적 목소리로 끌어올리려는 시도를 보이는데 그것이 바로 9연의 진술로 나타난다. "그러치만어머니! 나는 그대신, 이원통하고 분한사실을 내코에서김이날때까지잇지를안켓어"라는 결연한 목소리는 화자의 것이지만 이미 담론이 타자와의 목소리를 조율하면서 진행되어 왔기 때문에 이때의 결연한 의지는 화자만의 독자적인 영역으로 제한되지 않는다.

현실 체험의 리얼리즘적 형상화를 통한 타자와의 공감대 형성은 프로 문예의 전략 가운데 가장 핵심적인 부분에 속한다. 이것이 전제되지 않고 대중을 선전선동하는 일은 불가능하기 때문이다. 임화의 「어머니」 같은 경우는 화자와 청자 및 텍스트 외부 청자간의 대화적 관계를 통해 프로 문예의 중요한 두 가지 전략을 동시에 수행한다. 첫 번째의 것이 민중의 생활 체험의 구체적인 형상화를 이루는 것이고 두 번째는 민중을 선동하는 일, 즉 타자의 음성을 시인의 음성에 맞추는 일이다. 이 두 가지가 동시에 일어날 수 있었던 것은 담론이 지속적으로 타자에게 말을 걸고 타자를 말하게 하여 타자가 담론 내부에 적극적으로 개입해 들어오도록 유도하였기 때문이다.

4. 결론

  '단편서사시'는 팔봉에 의해 개념이 규정된 바 있지만 이것이 엄밀한 장르적 고찰에 의해 시도된 것이 아니기 때문에 많은 논자들에 의해 장르 귀속을 둘러싼 입론의 차이를 유발시켰다. 그러나 그것이 시인으로서의 임화에 의해 특징적인 방식으로 구현되었다는 원론적인 지점으로 거슬러올라가 보면 임화의 새로운 시형식은 프로시로부터 소외되어 있던 타자를 향한 말걸기의 시도라는 것을 알 수 있다. 독자들에게 일방적인 진술의 프로시들은 영원히 낯선 타자에 불과하다. 이 둘 사이의 간극을 좁힐 수 없었다는 데에 프로 문예 운동의, 그리고 팔봉의 고민이 놓여 있었던 것이다. 그러나 팔봉을 제외하고는 어떤 프로 문예 주체들도 이 간격을 좁히려 노력하지 않았고 그들만의 원칙을 더욱 강화함으로써 이러한 모순은 더욱 심화되었다.

  이러한 상황에서 자생적으로 발생한 임화의 '단편서사시'들은 시인의 감각으로 타자와의 간격 좁히기를 시도한 것이라는 점에서 의의가 있다. 원론적인 차원에서 모든 담론은 타자를 지향하지만 실제로 프로시가 타자와의 교응을 이룰 수 없었던 데에 임화의 갑갑증이 놓인다. 임화의 이러한 갑갑함은 '우리오빠와화로'에서의 여성 화자의 어조인 '간절함'으로 나타난다.

  임화는 담론 내에서 표면화된 대화체를 구사하지만 그 대화 중엔 텍스트 외부의 타자가 곧 화자가 되기도 하고 청자가 되기도 하는 발언의 굴절들을 보여준다. 이 굴절들은 주로 간접화법으로 나타나지만 경계가 명확한 것은 아니다. 이러한 굴절들의 흔적을 따라가면 시인의 이데올로기적 가치 평가의 음성과 또한 만난다. 화자와 청자, 화자와 타자, 타자와 청자, 타자와 작가간의 이러한 대화적 담론 구조를 통해 이들 사이에는 경험과 정서, 나아가 이념의 공감대가 형성되게 된다.

-임화론

근대성과 공간 이미지의 관계

-정지용론

1. 서론

정지용에 대한 연구는 대부분 통사적 관점에서 그의 시를 시기 구분하는 것을 전제하고 이루어진다. 정지용은 1926년 6월 경도 유학생들의 학회지인 『學潮』 창간호에 「카페 프란스」를 비롯한 모더니즘 경향의 시 및 동요적 경향의 시 다수를 발표하면서 등단하는데, 많은 연구자들은 이를 기점으로 하여 종교시가 발표되기 시작한 대략 1933년을 정지용 시의 초기로 본다.[1] 한편 정지용의 시적 출발이 데뷔 당시의 이미지즘적 경향보다는 1922년 경, 고교 재학 때의 습작 시기로 거슬러 올라간다는 견해를 제시하며 이 시기를 독립된 기간으로 구분하는 경우도 있다.[2] 오세영은 이러한 시적 구분들이 정지용 시의 중요한 부분 중 하나인 민요적 경향을 외면하고 있으며 후기의 자연시와 구분되는 카톨릭 신앙시의 창작이 1933-35년까지의 짧은 기간에 해당된다고 지적하면서 정지용의 시기 구분을 습작에서부터 1925년까지의 민요풍시,

---

[1] 이의 대표적 논자인 김용직은 1933년까지를 제 1기로, 1933년에서 1939년까지를 제2기로, 1939년 이후를 제 3기로 나눈다. 김용직, 『한국현대시사 1』, 한국문연, 1996, pp.224-32.
[2] 이숭원은 정지용 시의 시기 구분을 1922년 휘문고 재학시절부터 일본 유학 때까지, 1929년부터 『정지용 시집』이 발간된 1935년까지, 그 이후로 함으로써 제3시기로 나눈다. 이숭원, 『정지용 시의 심층적 탐구』, 태학사, 1999, p.63.

1926년에서 1932년까지의 모더니즘 계열 시, 1933년에서 1935년까지의 카톨릭 신앙시, 1936년에서 1945년까지의 자연시, 1945년 이후부터 1950년까지의 혼란기 등 다섯 시기로 하고 있다.[3]

이러한 논의들을 보면 정지용의 시적 출발이 꽤 이른 시기부터 이루어졌다는 사실과 정지용이 한 가지 경향 속에 안주하지 않고 끊임없는 시적 모색의 길을 걸어왔다는 것을 알 수 있다. 정지용을 모더니스트였던 김기림의 저널리즘적 시각[4]에 기대어 바라볼 경우 그의 시적 본령은 이미지즘에 놓여 있긴 하지만 정지용의 시적 스펙트럼은 이보다 더욱 섬세하고 복잡하다고 할 수 있다. 정지용의 전체적 문학 세계를 조명할 때 우리는 이미지즘 이전의 경향에 대해서도 시선을 던져야 한다. 정지용에게 소위 습작기의 시들이 분량상으로도 적지 않은 비중을 차지하지만 실질적으로 그의 문학 세계를 형성하는 데에 상당히 큰 의미를 지니고 있기 때문이다. 또한 이미지즘 시들은 그의 문학적 성취의 측면에서 중요한 지점을 차지하는 것이 사실이나 그러한 경향이 그의 시 전체를 관통하며 지속되기 때문에 이미지스트로 그를 규정하는 것은, 혹은 후기의 시들과 전기의 시들을 단절적인 양태로 보는 것은 지양해야 할 것이다.

정지용 시가 보여주는 다양한 면모들에 기대어 그에 대한 연구는 크게 이미지즘적 경향에 주목하는 경우[5]와 후기 자연시를 통해 드러난

---

3) 오세영, 「지용의 자연시와 성정(性情)의 탐구」, 『한국현대문학연구』 12집, 한국현대문학회, 2002, pp.252-3.
4) 정지용을 모더니즘 시인 가운데 한 사람으로 뚜렷하게 지정한 이는 단연 김기림이다. 김기림은 정지용이 감각과 회화적인 요소를 중심함으로써 과거 상징주의의 폐단을 넘어서고 있다고 함과 동시에 정지용의 언어에 대한 감수성을 대단히 높이 평가하고 있다. 김기림, 「1933년 시단의 회고」, 『전집』 2, 심설당, 1988, pp.62-3.
5) 김용직, 「시문학파 연구」, 서강대 『인문과학논총』 2집, 1969.11.
   문덕수, 『한국 모더니즘시 연구』, 시문학사, 1981.
   정효구, 「정지용 시의 이미지즘과 그 한계」, 『모더니즘 연구』, 자유세계, 1993.
   문혜원, 「정지용 시에 나타난 모더니즘 특질에 관한 연구」, 『관악어문연구』

동양적 정신주의를 고찰하는 경우,[6] 신앙시에 주목하는 경우,[7] 그리고 이미지즘 이전의 민요풍의 시들을 다루는 경우[8] 등의 갈래를 보이고 있다. 이 중 최근 깊이 있게 탐구되고 있는 후기 자연시에 대해서 이미지즘과 카톨리시즘의 정신주의가 지양 극복된 한 정점이자 정지용의 정신세계가 동양적 심원함을 통해 안정과 깊이를 획득하고 있다고 하는가 하면,[9] 기법상의 동양 시화적 특징이 이미지즘의 회화적 성격과 상통하면서 사실상 초기 시와 변별성을 지니지 않는다고 하는 관점도 제시된 바 있다.[10]

기존의 논의를 검토해보면 정지용에 관한 연구는 방법론적으로나 내용적으로 상당히 심도 있게 이루어졌으며 이들 연구가 더욱 심화된다면 방법론 사이의 고유한 틀 자체가 무력해질 수 있다는 인상을 받게 된다. 가령 이미지즘의 극단에 동양 시학이 놓여 있다거나 소위 산수

18, 1993.12.
6) 최동호, 「정지용의 산수시와 情·景의 시학」, 『다시 읽는 정지용 시』, 월인, 2003.
_____, 「동아시아 자연시와 동서의 교차점」, 성신여대 『인문과학연구』 20집, 2000.
_____, 「정지용의 산수시와 은일의 정신」, 『민족문화연구』 19호, 1986.
최승호, 「정지용 자연시의 은유적 상상력」, (김신정 엮음) 『정지용의 문학 세계 연구』, 깊은 샘, 2001.
오세영, 앞의 글.
7) 김윤식, 「카톨릭 시의 행방」, 『현대시학』, 1970.3.
_____, 「카톨리시즘과 미의식」, 『한국근대문학사상사』, 한길사, 1984.
김준오, 「사물시의 화자와 신앙적 자아·」, (김학동 편) 『정지용』, 서강대출판부, 1995.
8) 권정우, 「정지용 동시 연구」, (김신정 편) 『정지용의 문학세계 연구』, 깊은 샘, 2001.
9) 정지용의 존재론적 정황과 이의 성찰에 대한 문제는 신범순의 「정지용 시에서 병적인 헤매임과 그 극복의 문제」(『한국 현대시의 퇴폐와 작은 주체』, 신구문화사, 1998), 「정지용 시에서 '시인'의 초상과 언어의 특성」(『한국현대문학연구』 6집, 1998), 「정지용 시와 기행산문에 대한 연구」(『한국현대문학연구』 9집, 한국현대문학회, 2001) 등을 참고할 수 있다.
10) 장경렬, 앞의 글.
전미정, 「이미지즘의 동양시학적 가능성 고찰」, 『우리말글』 28집, 2003.8.

(山水)를 소재로 하는 시가 동양 시학의 그것이라 한다면 이미지즘 시와 동양시학의 경계가 사실상 모호한 것이다. 이와 관련하여 정지용의 시에서 소재로 '바다'가 등장하는 경우와 '산'이 등장하는 경우 이를 경계로 하여 모더니즘 시와 자연시로 구분하는 일도 발생하는데 이같은 소재 선택의 문제는 대체로 문화의 차이에 따른 관습적인 것일 뿐 시학의 원리와 관련한 논리적 차원의 것은 아니라는 점을 인식할 필요가 있다. 이 문제, 즉 정지용 시의 전체적인 범주 속에서 초기시와 후기시의 연속성과 변별성을 고찰하는 문제는 기존에 해왔던 대로 양식의 틀을 통해 해결할 수 없는 것으로서, 선입견으로서의 양식을 떠나 기법과 정신을 밀착시키고 그 속에서 이루어진 언어적 감수성을 섬세하게 파악해야 그 이해가 가능해질 것이다.

이 글에서는 정지용이 보인 문학적 세계의 변모의 양상들, 즉 습작기에 보인 민요적 시풍에서 모더니즘 시로, 또한 신앙시에서 자연시로의 변화가 단지 소재적이고 우연적인 계기에 의한 것일 뿐이며 그 기저에는 시적 자아의 동일성이 일관되게 흐르고 있다는 가정에서 출발한다. 정지용이 일본 유학 시 영문학을 전공하고 일본의 신감각파 시인 北原白秋가 이끌던 월간지『近代風景』에 관계하면서 모더니즘 풍의 시작법을 익혔던 점11)이나 후기『백록담』의 시편들이 신문사가 기획한 '국토순례'의 결과였다는 점,12) 그리고 신앙시가『카톨릭 청년』이라는 잡지에 수록하기 위해 기획된 것이라는 점 등은 정지용이 자신의 내적 필연성에 의해 강한 시적 '변모'를 이루어냈던 것이 아니라는 추측을 불러일으킨다. 이는 표면적으로 보이는 '변모'의 양상 이전에 특정한 동일성이 정지용에게 실존적 층위로서 존재하고 있음을 암시하는 대목이다. 그러한 내적 층위가 존재하여 정지용의 시적 양식을 방향지우며 또한 '변모'를 일으키는 요인으로 작용할 것이라는 점이다.

---

11) 이숭원,『정지용 시의 심층적 탐구』, 태학사, 1999, p.33.
12) 김학동,『정지용 연구』, 민음사, 1987, p.180.

그렇다면 정지용에게 내재된 시적 원리, 즉 표면적 변모와 무관한 층위에서 일관되게 작동한 특정 동일성은 무엇이었을까? 그것은 정지용 내면의 가장 근원적인 욕망과 닿아있는 것으로 그의 존재론적 자리를 지켜주는 본질적인 기제였을 터인데, 이를 구하기 위해서는 먼저 시적 대상에 임하여 시적 자아가 보이는 교감의 태도를 살펴보아야 할 것이다. 대상과 자아가 서로 교섭하는 양상은 사물과 시인의 존재론적 의미 및 시적 의미를 형성하는 기본 바탕이며 정지용 시에서 이를 중심으로 나타나는 다기한 양상은 그의 시적 변모를 말해주는 중심적 요소가 될 것이다. 또한 역으로 이들 변모의 과정에서 변하지 않는 부분을 통해 정지용의 내적 동일성을 구할 수 있을 것이다.

2. 근대적 도시 문물과 자아

앞서 언급했듯이 정지용은 1926년, 그러니까 경도 유학시절 유학생들의 학회지 『學潮』에 그의 대표작인 「카페 프란스」 및 「슬픈 印象畵」, 「爬蟲類動物」를 발표한다. 이들 작품은 정지용의 데뷔작으로서 정지용을 서구적 모더니스트로서 각인시키는 데 기여한다. 그만큼 이들 시에는 서구적 풍물과 기교, 이국적 분위기가 눈에 띄게 나타나고 있다. 시적 자아는 여기에 등장하는 서구의 근대적 실체를 자신이 응전해야 하는 주된 대상으로 삼고 있다. 「카페 프란스」의 '카페', 「슬픈 印象畵」의 '풍경으로서의 그', 「爬蟲類動物」의 '기차'는 단순히 시를 '모던하게' 만들기 위해 등장한 소재가 아니라 자아와 실질적인 교류의 관계를 지닌 시적 대상이다. 이들 대상에 자아는 먼저 자신의 욕망을 투여한다. 즉 자아는 대상을 욕망하고 그들 대상과 자신이 화해롭게 만나기를 원한다.

옮겨다 심은 棕櫚나무 밑에
빗두루 슨 장명등,
카페 프란스에 가쟈.

이놈은 루바쉬카
또 한놈은 보헤미안 넥타이
뻣적 마른 놈이 압장을 섰다.

밤비는 뱀눈 처럼 가는데
페이브멘트에 흐늙이는 불빛
카페 프란스에 가쟈.

이 놈의 머리는 빗두른 능금
또 한놈의 心臟은 벌레 먹은 薔薇
제비처럼 젖은 놈이 뛰여 간다.

『오오 패롤(鸚鵡) 서방! 꾿 이브닝!』

『꾿 이브닝!』(이 친구 어떠하시오?)

鬱金香 아가씨는 이밤에도
更紗 커-틴 밑에서 조시는구료!

나는 子爵의 아들도 아모것도 아니란다.
남달리 손이 히여서 슬프구나!
나는 나라도 집도 없단다
大理石 테이블에 닷는 내뺌이 슬프구나!

오오, 異國種강아지야

내발을 빨어다오.

내발을 빨어다오.

「카페 프란스」 전문

　위의 시는 시적 자아가 친구들 몇몇과 어울려 '카페'를 찾아나서는 데서 시작된다. 친구들은 '루바쉬카', '보헤미안 넥타이', '뼛적 마른 놈'들이며 카페는 '옮겨다 심은 종려나무'라든가 '빗두루 선 장명등' 등의 소품으로 장식된 곳이다. '카페'는 '나'와 '친구'들이 지향하는 곳이란 점에서 이들의 욕망이 투사되어 있다고 볼 수 있다. 그곳은 '루바쉬카'나 '보헤미안 넥타이'가 암시하듯 낭만적이고 이국적인 정조가 배어있고, '종려나무'와 '장명등'이 연출하는 세련되고 모던한 곳이다. '친구들'과 '카페'는 주체와 대상이라는 구도 속에서 상대방의 모습을 환기하며 서로 섞여들고자 한다. '친구들'은 '카페'의 분위기를 동경하고 '카페'는 그 나름대로 이국적인 취향을 지향한다. 이러한 상호 관계 때문에 '카페'의 소품들은 '옮겨다 심은'이라든가 '빗두루 슨'에서 읽을 수 있는 불완전하고 부자연스런 느낌에도 불구하고 자신의 자리를 고수하게 된다. '카페'는 '카페' 대로, '친구들'은 '친구들'대로 일정한 정조를 추구하는 것으로 이 두 축의 열정이 만나는 곳에 근대적 이미지라고 하는 독립된 공간이 형성된다.

　'근대적 이미지'라고 했거니와 '카페'와 이국 취향의 '친구들'은 그 자체로 근대와 직접 관련된다기보다, 이들이 '이것'이 아닌 '그 어떤 것'을 강하게 열망함에 따라 제3의 무엇을 새로이 형성시킨다는 점에서 근대의 열정에 닿아 있다. 이 때 '제3의 무엇'이 곧 산출된 이미지이며, 이러한 이미지는 현실과 독립되어 존재하는 꿈의 공간으로 자리한다. '친구들'로 대표되는 젊은 주체들과 그들을 소비 대상으로 하는 '꾸며진' 카페는 상호 주체이자 상호 객체로서 서로간의 상승적 작용을 통해 현실에 존재하지 않는 새로운 공간을 만들어낸다. 새로운 공간은 열정과 동경이 녹아든 꿈의 공간이자, 다양한 풍물이 기술적으로 조합되어 있다는 점에서 근대적 이미지를 품고 있는 것이다.

문제는 근대적 이미지로서의 꿈의 공간에 시적 자아가 어떻게 다가가고 있는가 하는 점에 있다. 우리는 무엇보다도 '나는 子爵의 아들도 아모것도 아니란다'에서부터 시작되는 화자의 진술을 주목하게 된다. 요컨대 '나는 슬프다'는 것이다. 화자가 제시하는 슬픔의 이유는 여러 가지가 있다. '나라도 집도 없다'는 점, '남달리 손이 히다'는 점, '자작의 아들도 아모것도 아니라'는 점 등이 그것이다. 이러한 정황들은 물론 유쾌하게 느껴지지 않는다. 그러나 자신의 이러한 정황들에 대해 의식하는 것은, 더욱이 꿈의 장소에서 자신의 정황들을 특정한 조건으로 떠올리는 일은 예사로운 것이 아니다. 이는 시적 자아가 자신을 대상화시키고 일정한 시선에 의해 자신을 결여나 부족으로 바라보고 있음을 의미하기 때문이다. 무릇 꿈이란 불완전한 자아를 스스로 완성과 절대의 존재로 몽상할 수 있게 한다는 점에서 행복과 충만의 기제이지만, 위의 시에서 현상하는 꿈의 공간은 본래적 의미로서의 꿈의 기능을 전혀 발휘하지 못하고 있음을 알 수 있다.

바꾸어 말하면 위의 시에서 시적 자아는 근대적 이미지로서의 꿈의 공간을 적극 지향하지만 그러한 기대와 열정에 비해 얻는 것은 없다. 시적 자아와 근대적 공간으로서의 대상 사이엔 화해할 수 없는 간격만이 놓여있는 것이다. 이 간격은 자아가 '친구들'의 욕망을 모방하고 "꾿 이브닝"과 같은 이국의 말을 '한다'고 해도 좁혀지지 않는다. 사정이 이러한 까닭에 '친구들'을 보는 화자의 시선도 결코 곱지 않아서 어느덧 친구들은 '이 놈의 머리는 빗두른 능금', 혹은 '한놈의 심장은 벌레 먹은 장미' 등으로 묘사된다. 마찬가지로 여급 정도 되는 '鬱金香 아가씨'는 활기 없이 '조는' 인물로 포착된다.

위의 시에 기대면 정지용은 일차적으로 꿈으로서의 근대적 이미지를 동경의 대상으로 취했음을 알 수 있다. 그것은 자신의 본래적 욕망일 수도 있을 것이나 아마도 당시 젊은 친구들의 욕망에 의해 만들어진, 즉 유행에 따른 욕망이었을 가능성이 더욱 크다. 처음 정지용은 근대의 이미지에 대한 꿈을 외면하지 않으며 그 속에 자신을 조응시킨다. 그러나 그가 얻은 것은 근대의 이미지와 자신과의 거리감이었으며 그 거리감을 의식하게 하는 근대의 이미지는 표면과는 달리 결코 꿈이 될 수 없음을 깨닫는다.

일본 유학 시절에 쓰여진 위의 시를 통해 우리는 정지용이 비록 시의 서구화 내지 현대화에 관심을 가지고 있었지만 근대라는 실체에 대해서는 그리 큰 의미를 부여하고 있지 않았으리라고 추측할 수 있다. 이러한 사실은 그가 대상을 재현함에 있어 선명한 감각적 이미지를 사용하는 예의 모더니즘 기법에 충실했지만 근대적 대상에 대해 일관되게 비애의 정조를 드러내었던 점에서도 확인할 수 있다.

> 식거먼 연기와 불을 배트며
> 소리지르며 달어나는
> 괴상하고 거--창한 「爬蟲類動物」.
>
> 그 녀ㄴ에게
> 내 童貞의結婚반지를 차지려갓더니만
> 그 큰 궁등이 로 쩨밀어
>
> ···털 크 덕···털 크 덕···
>
> 나는 나는 슬퍼서 슬퍼서
> 心臟이 되구요
>
> 여페 안진 小露西亞 눈알푸른 시약시
> 「당신 은 지금 어드메로 가십나?」

···털크덕···털크덕···털크덕···

그는 슬퍼서 슬퍼서
膽囊이 되구요

저 기--드란 쌍골라는 大腸 .
뒤처 젓는 왜놈은 小腸.
「이이! 저다리 털 좀 보와!」

털크덕···털크덕···털크덕···털크덕···

六月ㅅ달 白金太陽 내려쏘이는 미테
부글 부글 쓰러오르는 消化器管의 妄想이여!

赭土 雜草 白骨을 짓발부며
둘둘둘둘둘 달어나는
굉장하게 기--다란 爬蟲類動物.

쌔나나 한쪽 쩨여 들고
가만히 생각 하노니

「내가 가는길도
이 쌔나나와 갓구나」

아아 山을 돌아
멧 만리 물을건너
南쪽 나라 쌔나나가

이쌍에 잇는사람들의 입에 씹히네.

씹히네.
멧千里 물을 건너
듸굴〳굴너온몸이
밤으로면 자근 시름이 씹히네.

쌔나나 한쪽 쎄어들고 오늘밤에도
멧萬里 남쪽쌍
쌔나나 열닌 나무를 생각하면서
흐릿한 불빗알에 내몸이 누엇네.

「爬蟲類動物」 전문

　'爬蟲類動物'이 '기차'임을 알 수 있는 것은 다름 아니라 시인의 시작법 때문이다. 대상의 순간적인 인상을 선명한 이미지로 그려내는 기법이 사용되었으므로 1연의 묘사에서 그 대상이 '기차'임은 의심의 여지가 없다. 정지용은 '기차'의 외부와 내부를 성실하게 그리고 있다. '기차'는 화폭 한 면을 차지하는 거대한 이미지일 뿐만 아니라 그 안에 세부적인 사연들을 담고 있는 커다란 공간이다.

　우리가 모더니스트의 시에서 근대의 상징이자 대표적 풍물로 '기차'가 등장하는 것은 드물지 않게 볼 수 있거니와, 김기림이 '기차'를 통해 근대가 지닌 힘과 활기를 예찬한 편에 있다면 정지용은 그와는 매우 다른 자리에 있다. 위의 시에서 알 수 있듯 정지용은 그것을 '슬픔'의 정서로 전유하고 있는 것이다. '기차'는 내부에 많은 사람을 조직(組織)과 기관(器管)으로 담고 있는 복잡한 유기체로서, '기차'라는 거대한 공간 속에서 모든 사람은 하나의 부속품과 같은 역할을 하고 있다. '나'를 포함한 러시아인이나 중국인은 물론이고 일본인조차 '기차'의 내부 기관에 불과하다. 화자는 자신을 포함한 당대의 모든 사람들이 '기차'라는 유기물 속에 피동적으로 놓여있다는 사실에 비애를 느낀다. 당시의 사람들은 독립된 개체로서 자신의 미래를 설계하는 능동적이고 주체적인 존재가 아니고 그가 누구건 '기차'의 종속물인 것이다. '나는 나는 슬퍼서 슬퍼서 心臟이 된'다는 진술도 이에서 비롯한다.

'童貞의結婚반지'까지 나누었던 사이였던 것으로 보아 과거에 '기차'는 사랑과 동경의 대상이었던 듯하다. 그러나 '그 큰 궁둥이로 쎄'밀렸다 하는 데서 알 수 있듯 '그녀'는 지금의 '나'와 더 이상 화해로운 관계에 놓여 있지 않다. '그녀'는 이미 '나'에게 등을 돌린 상태이고 '나'는 '그녀'에게 환멸을 느낄 뿐이다. 이들 대목은 시적 자아가 '기차'에 대해 지니고 있는 정서를 말해준다. '기차'와의 대면에서 '나'는 그를 장악하지 못하였고 오히려 그에게 심리상 종속되고 만다. 상대적으로 약한 처지에 놓여 있는 자아는 '기차'에게 피해의식을 지니게 되어 '기차'가 땅의 모든 것, '赭土 雜草 白骨' 등을 '짓밟는다'고 생각한다. 비애와 분노가 발생하는 지점도 여기이다.

위의 시의 후반부는 객관적 상관물인 '쌔나나'를 매개로 시적 자아의 슬픔과 설움을 표현하고 있는 부분이다. 먼 이국에서 이곳으로 건너와 '이쌍에 잇는사람들의 입에 씹히'는 '쌔나나'는 '나'와 동일시된다. '씹히네'를 반복하는 동안 그 대상은 '쌔나나'에서 '나'로 전이되어 '나'의 처지가 선명하게 부각된다. '나'는 '몟千里 물을 건너/ 듸굴〜 굴너온몸'으로서 '〜'처럼 그려지듯 '쌔나나'같기도 하고 '지렁이'같기도 한 모습으로 현상한다.

'기차'를 타고 있는 시적 화자가 자신을 '기차' 몸속의 내장쯤으로 여기게 된다는 사실은 '기차'가 근대의 매개체이자 이국(異國)의 것이라는 점을 감안할 때 시사하는 바가 크다. 시인이 비록 '기차'라는 문명의 이기를 이용하고 있지만 '기차'가 자신을 편안하게 감싸주는 것이 아니라 슬프고 서럽게, 그리고 '부글 부글 쓰러오르'게 하는 것으로 생각한다는 것은 주체와 대상 사이의 행복하지 못한 만남을 보여주는 것이다. 정지용이 '기차'라는 시적 대상에 대해 느낀 정서는 그가 근대에 대해 지니고 있는 의식의 한 부분을 보여주는 것이다. 정지용은 모더니스트

라고 불리웠으나 시적 기법과 소재의 측면에서만 근대적 면모를 드러
낼 뿐 정서적인 면이나 정신적인 차원에서 근대를 수용하고 있지는 않
았던 것13)이다. 말하자면 그는 근대에 의해 근대를 통해 자신이 빚어졌
지만4) 자신을 만들어낸 근대와 끝내 화해할 수는 없었다. 오히려 '멧萬
里 남쪽쌍/ 쌔나나 열닌 나무를 생각'하면서 '시름'을 달래고 있거니와
'쌔나나 열닌 나무'가 다름 아니라 '나'의 근원적인 터전을 의미한다고
볼 때 정지용의 지향점이 가령 고향과 같은 비도시적이고 반근대적인
공간을 향하고 있다고 추론할 수 있다.

3. 민요와 이미지즘의 공간성

정지용은 1926년 등단하기 이전 휘문고보 재학시절부터 동인지『搖
籃』을 통해 시작 활동을 한다. 이때에 쓰여진 작품은 「風浪夢」이 있으
며15) 정지용의 대표작인 「향수」 또한 1923년 3월에 쓰여진 것으로, 이
들은 1924년의 「산엣 색시 들녁 사내」, 「딸리아」, 1925년의 「산넘어
저쪽」, 「옛이야기 구절」 등과 함께 습작기의 시편들을 이루고 있다.

---

13) 정지용이 근대를 부정적으로 여기고 있었다는 사실은 그의 시에 나타나는
'시계 이미지'를 통해서도 확인할 수 있다. 「時計를 죽임」에서 표현된 시간에
대한 관념은 근대 문명 일반에 대한 것으로 추상시킬 수 있는 바, 정지용은
근대적 시간을 '일상에 녹아들어 보이지 않지만 은밀히 존재하면서 개인을
조작하고 있는 근대성과 식민지 규율권력 그리고 그것들의 폭력성을 감각'
(이수정, 「정지용 시에서 '시계'의 의미와 '감각'」, 『한국현대문학연구』 12,
2002, p.296.)으로 여긴다.
14) 「정지용의 시와 기행산문에 대한 연구」(『한국현대문학연구』 6, 2001)에서 신
범순은 근대 도시의 풍경과 메카니즘을 섬세하게 분석하면서 이들이 어떻게
정지용의 내면과 감각에 스며들고 있는가를 잘 보여주고 있다. 그는 정지용
의 날카로운 감각이, 그리고 불안과 신경증이 근대 도시의 악마적인 체제로
부터 비롯된 것이라고 한다.
15) 그 이외의 것은『搖籃』이 남아있지 않으므로 확인할 길이 없다. 이숭원, 앞의
책, p.24.

등단하여 모더니즘 기법의 시를 쓰기 시작한 1926년 이전에 쓰여진 정지용의 이 시기 시들은 대체로 소재의 토속성이나 동요적 성격, 정서의 전통성, 재래 율격에 가까운 음악성 등 민요가 지닌 특성을 보이고 있다.[16] 이들 동시적이고 민요적인 습작기의 시들엔 공통적으로 유년의 화자가 등장하며 순수한 동심의 세계 및 토속적인 설화가 그려지고 있다.[17]

정지용에게 유년기는 어떤 의미를 지니는가. 대부분의 사람들이 그러하겠지만 정지용에게 유년기는 하나의 특수한 공간을 형성한다. 그것은 정지용이 고향인 옥천에서 공립보통학교를 마치고 14세 되던 때 서울로 올라와 고달픈 타향살이를 한 자전적 사실에서도 비롯된다. 정지용은 14세를 전후하여 사면이 산과 물로 둘러싸인 고향에서의 생활을 접어야 했고 그와 동시에 부모 슬하에서도 벗어나야 했는데, 이 때 유년기에 가정과 고향으로부터 얻을 수 있었던 안온함의 정서는 서울로의 유학을 계기로 급작스러운 전환을 맞게 되었다고 할 수 있다. 이후 정지용이 처하게 된 환경은 가족도 따스함도 없는 삭막한 도시였으므로 이 때 정지용의 가슴은 극심한 고독과 향수로 메워진다.

민요풍의 시들을 쓰던 1924-5년은 이러한 상황의 도시생활을 시작한 지 10여년이 지난 시점에 해당한다. 누구보다도 유년기와 청년기가 선명하게 대립되는 구도 속에서 성장한 정지용에게 먼 과거는 일상의 현실이 크게 다가올수록 꿈꾸게 되는 하나의 독립된 공간이었다. 그것은

---

16) 오세영, 앞의 글, pp.248-9. 오세영에 의하면 1924-5년에 집중적으로 쓰여졌던 민요풍의 시들은 1926년부터 모더니즘 기법의 시들이 본격적으로 쓰여지던 시기에 현저히 그 수가 줄었으나 1930년에 이르기까지는 모더니즘 시와 민요풍의 시가 함께 공존하였던 어느 정도의 과도기를 둘 수 있다.

17) 지금까지 정지용 시의 모더니즘적 측면이 강조되면서 이 시기의 시들은 습작기의 것들이라 하여 주목을 받지 못하였으나 정지용의 초기시와 후기시를 아우르는 전체적인 고찰을 위해서는 이 시기의 시들에 대한 이해가 필수적이라는 관점에 따라 이들에 대해 새로이 관심이 모아지고 있다. 김종태, 『정지용 시의 공간과 죽음』(월인, 2002), 권정우, 앞의 글.

지금 여기의 도시에 존재하지 않는 상상의 영역이었으나 정지용으로 하여금 근본과 연원을 잃어가는 도시에서의 삶을 견디게 해준 원형질에 해당되는 것이었다. 그가 전력을 기울여 '민요풍의 시'를 만들어낸 까닭도 여기에 있다. '노래'는 시를 더욱 완결된 구조로 만들어주는 바, 정지용은 재래적인 소재와 설화를 동요의 형식 속에 담아냄으로써 그러한 과거가 현실과 더욱 강하게 독립성을 띠도록 한다.

우리는 여기에서 정지용이 1926년 모더니즘적 시들을 쓰는 중에도 간헐적이나마 '민요풍의 시'들을 쓰고 있었다는 점에 주목할 수 있다.[18] 앞서 언급했듯이 정지용이 근대를 자아를 소외시키는 이종(異種)의 낯설고 억압적인 타자로 여겼다면, 따라서 자아가 그것과의 간격없이 조화롭게 융합하는 것이 불가능하다는 인식을 하게 되었다면 정지용에겐 '카페'나 '기차'와 같은 외래의 것이 아닌 다른 공간이 필요했을 것이다. 그것이 습작기부터 써왔던 '민요풍의 시'가 되는 것은 어쩌면 자연스러운 일일 것이다.[19] 이외에 새로이 습득한 모더니즘 기법을 통해서도 정지용은 근대 문명 한가운데서 찾을 수 없는 자신만의 또 다른 공간을 만들어낸다. 그것이 소위 이미지즘 시인 것이다.[20]

---

18) 각주17) 참조.
19) '민요풍의 시'가 지닌 공간적 성격에 대해서는 차후 다른 지면을 통해 중점적으로 고찰하고자 한다.
20) 이미지즘을 공간적 형식이라 하여 주목한 이는 프랭크(J.Frank)이다. 현대시의 '공간적 형식'은 시적 진술이나 구성에 있어서 언어의 시간적 지속성을 극복하는 일, 시간적 계기성에 대한 독자들의 일상적 기대를 깨뜨리는 일을 의미하는 것으로, 여러 이질적인 체험들이 동시성 속에서 하나의 전체로 통합될 때 공간적 형식이 구현되었다고 할 수 있다. 이는 파운드가 이미지를 '시간의 한순간에 지적·정서적 복합체로 제시된 어떤 것'으로 보았을 때 그 개념이 일치하는 것이다. 이미지를 '복합체'로 본 것은 그것이 단순히 시각적 재생을 뜻하는 것은 아니다. 그것은 시간적 계기성을 넘어선 공간적 체계의 논리를 지시하는 것으로 보다 포괄적인 공간성 구축을 함의한다. 파운드가 '이미지'를 언급하면서 '시간의 한계성으로부터 돌연히 해방되는 지각, 돌연히 일어난 자유에 대한 지각'이라고 말한 이유도 이와 관련된다. 오세영,『문학연구방법론』, 시와시학사, 1993, pp.129-31.

오·오·오·오·오· 소리치며 달려 가니
오·오·오·오·오· 연달어서 몰아 온다.

간 밤에 잠 살포시
머언 뇌성이 울더니,

오늘 아침 바다는
포도빛으로 부풀어졌다.

철석, 처얼석, 철석, 처얼석, 철석,
제비 날어 들듯 물결 새이새이로 춤을추어.

「바다 1」 전문

　정지용은 이즈음 자신이 습득한 이미지즘 기법을 실험이라도 하려는
듯 「바다」 연작시를 썼다. 「바다」 연작시들은 예외없이 선명한 시각적
이미지가 강조된 한 폭의 회화를 연상시킨다. 위의 시 역시 '바다'가
파도치는 모습을 생생하게 표현하려 하고 있다. 시에서 시각의 초점은
'바다'의 모습에 놓여 있다. 시적 화자는 '바다'의 색채와 소리, 역동적
이미지를 묘사하고 있으며 바다와 그것의 주변 경관을 적절한 구도 속
에 담아내고 있다. 시적 대상을 이미지화하면서 자아는 시간의 질서에
구애받지 않게 된다. 남아있는 것은 오직 '나'와 '바다'이고 이 사이의
교감만이 문제가 되는 것이다.
　'바다'는 대체로 '나'의 시각과 청각에 의해 전유된다. '바다'가 일으키
는 정서는 비교적 단순해서 '부풀어졌다'에서 느껴지는 포만감과 '새이
새이로 춤을추어'에서 느껴지는 자유로움 정도이다. 그 정서가 어찌되
었든 시적 자아는 현실에서 겪어야 하는 소외감이나 고독, 우울과 외로
움으로부터 어느 정도 벗어날 수 있다. 그것은 시적 대상이 주는 교감
에서 비롯되며 대상과의 교감의 양이 클수록 역시 그들 정서로부터 자

유로울 수 있게 된다.

자아가 시적 대상에 몰입할 수 있는 것은 대상이 지닌 시간의 전과 후의 계기들이 일정 정도 말소되기 때문이다. 자아는 대상의 과거와 미래를 시간의 흐름에 따라 속속들이 듣거나 알지 못한다. 대신 지금 이곳의 모습을 직관으로 전유함으로써 대상의 과거와 미래를 일순간에 파악하게 된다. 순간에 맺어지는 대상과 자아의 관계는 그것이 모든 것이고 또한 단지 그것뿐이다. 이로써 자아는 시간에 얽매이지 않는 자유로움을 느낄 수 있다.

대상에 몰두할 수 있는 정도에 따라 자유를 느낄 수 있다면 시적 자아는 대상의 모습에 더욱 주의를 집중할 것이다. 감각적으로나 정서적으로 그리고 정신적으로 그러할 것이다. 그렇다고 하였을 때 '바다'는 어떤 성질의 것일까. 시적 자아를 일순간에 교감시킬 수 있는 힘을 그것은 지니고 있을까? 우리는 '오·오·오·오·오 소리치며 달려 가니/ 오·오·오·오·오 연달아서 몰아 온다.'를 단순히 파도가 밀려가고 오는 모습으로 보는 대신 시적 자아가 '바다'의 움직임에 따라 좇는 행위로 볼 수 있을 것이다. '내'가 '바다'를 따라 '소리치며 달려 가'고 '달려오는' 모습이 그것이다. 이러한 행위는 한편으로 대상에 더욱 밀착되고 그와 융합하고자 하는 시적 자아의 욕망을 반영한다고 할 수 있다. 그렇다면 '바다'를 대상으로 한 이 욕망은 어느 정도로 충족될 수 있는가가 문제가 될 것이다. 앞서 「카페 프란스」와 「爬蟲類動物」을 분석하면서 시적 자아가 '카페'나 '기차'를 자아가 기거할 수 있는 '공간'으로 간주하고 있음을 보았거니와, 이처럼 정지용은 대상을 공간화하여 자아와의 교감을 이룰 수 있는지에 관심을 모으고 있었음을 알 수 있다.

근대적 풍물인 그들 대상에 대비해 볼 때 '바다'는 여러 가지로 그 의미가 해석될 수 있다. '바다'는 그 자체로 근대 문물이 아니지만 근대와 전근대, 외국과 자국을 이어주는 통로가 되므로 관점에 따라서 근대에의 지향성을 지닌 시적 소재로 볼 수 있을 것이다. 그러나 경우에 따라서는 그것이 타향과 고향을 이어주는 길이 된다는 점에서 고향에 대한 지향성을 드러내는 소재가 될 수도 있다. 정지용이 「바다」 연작시와 '바다'와 관련된 시들을 대부분 1927년 경, 즉 유학시절 쓴 것으로 볼 때 '바다'를 근대지향성의 소재로 보는 것은 근거가 약하다. 본고가 '바다'를 단지 시적 자아의 공간지향성의 차원에서 보고자 하는 것도 이 때문이다.

정지용이 공간으로서의 '바다'와 어느 정도로 교감할 수 있었는가 하는 문제는 시인의 상상력과 '바다'의 물질성을 고려하여 해명될 수 있다. 「甲板우」는 '바다'와 융합하고자 하는 시인의 욕망이 다른 양상으로 표현되어 있으므로 주목할 만하다.

> 나지익 한 하늘은 白金 빛으로 빛나고
> 물결은 유리판 처럼 부서지며 끓어오른다.
> 동글동글 굴러오는 짠바람에 뺨마다 고흔피가 고이고
> 배는 華麗한 김승처럼 짓으며 달려나간다.
> 문득 앞을 가리는 검은 海賊같은 외딴섬이
> 흩어져 날으는 갈메기떼 날개 뒤로 문짓 문짓 물러나가고,
> 어디로 돌아다보든지 하이한 큰 팔구비에 안기여
> 地球덩이가 동그랐다는것이 길겁구나.
> 넥타이는 시언스럽게 날리고 서로 기대슨 어깨에 六月볕이 시며들고
> 한없이 나가는 눈ㅅ길은 水平線 저쪽까지 旗폭처럼 퍼덕인다.
>
> 바다 바람이 그대 머리에 아른대는구료,
> 그대 머리는 슬픈듯 하늘거리고.
>
> 바다 바람이 그대 치마폭에 니치 대는구료,
> 그대 치마는 부끄러운듯 나붓기고.

그대는 바람 보고 꾸짖는구료.

별안간 뛰여들삼어도 설마 죽을라구요
빠나나 껍질로 바다를 놀려대노니,

젊은 마음 꼬이는 구비도는 물굽이
두리 함끠 굽어보며 가비얍게 웃노니.

「甲板우」 전문

　위의 시 역시 '바다'를 시적 대상으로 하여 그것을 이미지화하는 기법
이 사용되고 있다. 시의 전반부에서 시인은 바다를 중심으로 하는 한
편의 회화적 구도를 짜고 있다. '하늘'과 '물결', '바람'과 '배', '섬'과 '갈메
기', 그리고 그것을 바라보는 '나'와 시선이 닿는 방향까지도 시적 소재
로 등장한다. 이들 소재는 한 폭의 풍경화를 그리는 데 부족함이 없는
것들이다. 화자는 이들 소재의 이미지를 포착하는 데 심혈을 기울인다.
자신의 감각과 인상과 상상력이 한껏 동원되어 이들 대상과의 교감을
표현하고자 한다.
　중요한 것은 후반부에 이르러 시적 대상과 주체와의 교융(交融)을 더
욱 적극적으로 구하고 있다는 점이다. '바다 바람'은 시각적인 거리 및
단지 주체와의 표면적인 접촉을 넘어서서 '그대의 육체'를 공략한다.
'그대의 육체'와 '바다 바람'은 서로 엉겨들면서 하나가 된다. 시적 대상
인 '바다 바람'은 더 이상 사물이 아니고 물리적 힘을 행사하는 생명체
가 되어 '그대'와의 실질적인 교류와 관계를 이루어낸다. '그대'와 '바다
바람'이 하나가 되려 하자 '그대'가 '바람'을 '꾸짖어' 경계할 만큼 이 둘
사이의 교류는 실질적이었으며 따라서 선명한 공간을 이룰 수 있었다.
　'바다'에서 접하는 대상들과의 교감은 대체로 감각적이고 물리적으
로 이루어졌다. 자아는 유쾌하고 경쾌한 기분에 젖어서 '바람'이 아닌
'바다'와의 더욱 선명한 교감의 방법을 생각해낸다. 그것은 '바다에 뛰

어드는 일'이다. '바다에 뛰어드는 일', 그리해서 물질로서의 '바다'와 섞이는 일은 단지 '바다'를 바라보는 일에 견줄 수 없을 정도로 감각과 상상력을 자극할 것이다. 물론 그 때에 비로소 시적 자아는 '바다'에 대한 보다 생생하고 참신한 이미지를 만들어낼 수 있을 것이다.

그러나 시인은 그러한 시도를 감행하지 않는다. '별안간 뛰여들삼어도 설마 죽을라구요'하는 데서 알 수 있는 것처럼 시적 화자는 입수(入水)를 장난과 농담의 차원으로 여긴다. 이는 「바다 1」에서 보았던 '달려가기와 오기'의 반복된 놀이와 다른 것이 아니다. 시적 자아는 대상인 '바다'와 시각적인 거리가 보장된 상태에서의 교감을 이루어낼 뿐 그 이상의 접근을 회피한다. 그것은 '물'이라는 질료와의 접촉을 차단하는 것이다. 이는 정지용이 '바다'를 통해 구하고자 했던 공간성이 일정 정도의 한계를 지니고 있음을 의미하는 것이다. 시각적 이미지를 통한 공간성 구축은 그 나름의 교감을 유도하지만 물적(物的) 질료와의 교류가 결여된 상태에서의 그것은 피상적인 교감에 불과하다.

4. 종교시 및 산수시의 의미

비교적 많은 수의 작품을 발표했던 1926년과 27년은 정지용에게 있어 이미지즘 기법을 활용해 왕성한 창작열을 보였던 시기에 해당한다. 일본에서 습득한 이미지즘 기법은 1929년 유학을 마치고 귀국한 이후에도 지속적으로 사용된다. 그러나 이미 「바다」 연작시를 통해서도 살펴본 바 있듯 정지용의 시편들에 등장한 소재들은 근대 문명이나 도시적 상상력을 꾀할 수 있을 만한 것들은 아니다. 그의 감수성은 그보다 더 근원적인 것들에 닿아 있다. 정지용 시에서의 주된 시적 대상들은 가족사나 향수, 가공되지 않은 자연물, 존재론적 고독과 비애감 같은 것들이다. 특히 「琉璃窓 1」, 「發熱」 등에서 표현되는 자녀들의 죽음과 예민한 성격은 정지용을 더 깊은 고독 속으로 몰고간 듯하다. 감각을 매개로 한 정지용 특유의 이미지즘 기법은 그의 존재론적 조건을 말해 주고 그것을 더욱 견고하게 해줄지언정 그것을 극복하게 해줄 수 있는 기제는 아니었다. 이때에 그가 관심을 기울인 대상이 절대자이다.

그의 모습이 눈에 보이지 않았으나
그의 안에서 나의 呼吸이 절로 달도다.

물과 聖神으로 다시 낳은 이후
나의 날은 날로 새로운 太陽이로세!

뭇사람과 소란한 世代에서
그가 다맛 내게 하신 일을 진히리라!

미리 가지지 않었던 세상이어니
이제 새삼 기다리지 않으련다.

靈魂은 불과 사랑으로! 육신은 한낯 괴로움.
보이는 한울은 나의 무덤을 덮을뿐

그의 옷자락이 나의 五官에 사모치지 안었으나
그의 그늘로 나의 다른 한울을 삼으리라.

「다른 한울」 전문

위의 시는 1933년부터 편집 일을 맡기 시작한 『카톨릭靑年』지에 수록된 것으로 정지용의 신앙인으로서의 면모를 보여주고 있다. 한 존재론적 자아가 종교에 귀의하게 되는 계기는 여러 경우가 있을 것이나 정지용의 경우 그것은 그의 예민한 감각과 관련된다는 점에서 흥미롭다. 위의 시에서 우리는 시적 자아가 정지용 특유의 것이자 이미지즘의 토대가 되었던 감각을 부정하고 있다는 점에 주목해야 할 것이다.

위의 시에서 시적 화자인 '나'는 지금 대상인 그 무엇을 '바라보고' 있지 않다. 그러기는 커녕 '그의 모습'은 없다. '그'는 '눈에 보이지 않는' 대상이다. 뿐만 아니라 '그'는 한 자락으로도 '나의 五官에 사모치지 않'는다. 말하자면 '그'는 물질적인 실체가 아니라 정신적인 관념이다. 정지용에겐 이처럼 보이지도 접촉할 수도 없는 대상을 자신의 시적 대상으로 삼는 것 자체가 큰 변화가 아닐 수 없다. 그것은 지금까지 정지용이 시 창작에서 보인 득의의 영역이 감각을 통한 이미지의 구현이었기 때문이다. 오히려 정지용은 '보이는 한울은 나의 무덤을 덮을뿐'이라고 말하는데 이는 감각이 중심에 놓여 있던 과거의 자아를 극명하게 부정하는 대목이다. 시에서의 '보이는 한울'과 보이지 않는 '다른 한울'의 대비는 정지용의 세계관의 변모와 존재론적 전환을 암시해주는 것이다.

이 전환과 변모가 정지용에게 어떤 의미를 지니고 있는지는 더욱 세심하게 고찰되어야 할 부분이나 위 시에 기대어 우리가 인식할 수 있는 것은 시인 스스로 '다시 낳은' 듯한 행복을 느끼고 있다는 점이다. '나의 날은 날로 새로운 太陽이로세'라 하듯 시적 자아는 구원의 느낌으로 충만되어 있다. 새로운 세상을 접한 후 시적 자아는 조급해하지도 초조해하지도 않는데 그러한 정서는 "미리 가지지 않았던 세상이어니 이제 새삼 기다리지 않으련다"에 표현되어 있다. 보이지 않아도, 아니 보이지 않기 때문에 그리할 수 있다는 것은 기다림과 평온함의 자세가 믿음과 더불어 내면화된 것을 의미한다.

단편적인 시를 통해 정지용의 믿음의 크기를 가늠한다는 것은 무의미할 것이다. 그러나 위의 시에서 보듯 절대자는 정지용에게 이미지즘과는 다른 또 하나의 공간으로 기능하고 있음을 알 수 있다. 그것은 그가 절대자를 '한울'에 빗대어 말한다는 점에서도 드러난다. '한울'은 '온 세상'을 뜻하는 것으로 우주(宇宙) 본체를 일컫는 말21)이다. 이는 그것이 존재론적인 동시에 공간적인 개념임을 뜻한다. 그것은 온 세상을 덮는 '그늘'이고 지상의 모든 존재를 품는 '聖神'이다. 절대자를 그와 같은 공간으로 느끼게 됨에 따라 시적 자아는 '그의 안에서 呼吸이 절로 달다'고 말할 수 있게 되는 것이다.

'공간'이 존재를 성립시키는 근본 조건이라 할 때 절대자는 지금까지 정지용이 구해왔던 공간의 정점에 놓이는 것이라 할 수 있다. 바꾸어 말하면 정지용이 이제껏 만나고자 했던 것은 대면하고 대결할 수 있는 특정한 세계나 대상이 아니라 자신을 품을 수 있는 것, 즉 자신을 완전한 존재로서 정립시킬 수 있는 큰 '울'이 아니었을까. 처음 정지용은 그것을 근대의 화려한 이미지에서 찾을 수 있을 것이라 여겼으나 그로부터 좌절을 경험하였으며 또한 감각적 교유의 대상도 그리 신통한 것이 되지 못함을 깨달았던 것이다. 이들에 비해 절대자는 육신과 감각을 넘어서는 '靈魂'의 차원에서 자아의 존재성을 부여해준다. 정지용에게 이는 전혀 다른 체험이었고 존재의 일대 전환을 가져다주는 사건에 해당되었다.

정지용이 절대자를 실재하는 개체로서가 아니라 공간으로 받아들일 수 있었던 것은 상당히 독특한 관념이다. 그것은 정지용이 카톨릭 신자였음에도 절대자를 서양의 기독교에서 말하는 유일한 구세주의 개념으로 여기지 않고 있었음을 의미하기 때문이다. 공간으로서의 절대자는 서양의 종교 관념에 따른 숭배의 '대상'이 아니라 함께 호흡하는 환경과 같은 것이다. 이러한 관점에 섰을 때 이후의 산행 체험을 통해 정지용이 보여준 동양적 자연 시학의 위치 또한 가늠할 수 있을 것인데, 잡지 『文章』에 관여하면서 쓰게 된 「長壽山」 연작이나 「白鹿潭」, 「九城洞」이나 「朝餐」, 「비」 등에서의 정밀(靜謐)의 세계는 정지용의 정신적 성격의 일단을 보여주는 것이라 할 수 있다.

---

21) 한국어사전편찬회편, 『국어대사전』, 삼성문화사, 1989, p.1775.

1.

絕頂에 가까울수록 뻑국채 꽃키가 점점 消耗된다. 한마루 오르면 허리
가 슬어지고 다시 한마루 우에서 목아지가 없고 나중에는 얼골만 갸옷 내
다본다. 花紋처럼 판박힌다. 바람이 차기가 咸鏡道끝과 맞서는 데서 뻑국
채 키는 아조 없어지고도 八月한철엔 흩어진 星辰처럼 爛漫하다. 山그림자
어둑어둑하면 그러지 않어도 뻑국채 꽃밭에서 별들이 켜든다. 제자리에서
별이 옮긴다. 나는 여긔서 기진했다.

2.

巖古蘭, 丸藥 같이 어여쁜 열매로 목을 축이고 살어 일어섰다.

3.

白樺 옆에서 白樺가 髑髏가 되기까지 산다. 내가 죽어 白樺처럼 흴것이
숭없지 않다.

4.

鬼神도 쓸쓸하여 살지 않는 한모롱이, 도체비꽃이 낮에도 혼자 무서워
파랗게 질린다.

(중략)

8.

고비 고사리 더덕순 도라지꽃 취 삭갓나물 대풀 石茸 별과 같은 방울을
달은 高山植物을 색이며 醉하며 자며 한다. 白鹿潭 조찰한 물을 그리여 山脈
우에서 짓는 行列이 구름보다 壯嚴하다. 소나기 놋낫 맞으며 무지개에 말
리우며 궁둥이에 꽃물 익여 붙인채로 살이 붓는다.

9.

가재도 긔지 않는 白鹿潭 푸른 물에 하눌이 돈다. 不具에 가깝도록 고단
한 나의 다리를 돌아 소가 갔다. 좇겨온 실구름 一抹에도 白鹿潭은 흐리운
다. 나의 얼골에 한나잘 포긴 白鹿潭은 쓸쓸하다. 나는 깨다 졸다 祈禱조차
잊었더니라.

「白鹿潭」 부분

'백록담'은 인간이 다다를 수 있는 극한의 지점이라는 점에서 그 공간

적 의미가 구명될 수 있다. '백록담'은 하늘과 지상이 만나며 인간과 신이 마주하는, 따라서 인간 세상에서 길들여진 의식들이 모두 뒤바뀌는 곳이다. 시적 자아는 점점 더해가는 고도를 '뻑꾹채 꽃키'의 모습으로 표현하고 있거니와 정상에 이를수록 '뻑국채 꽃키'는 상징적인 형상으로 추상화된다는 것을 알 수 있다. 그것은 지상으로부터 점차 상승함에 따라 온 몸에서 반 몸으로, 반 몸에서 얼굴로, 얼굴에서 무늬로 각인되는 것이다. 정상에 오르자 꽃은 더 이상 꽃이 아니라 선명한 문양처럼 보인다. 그리고 결국은 하늘의 별과 뒤섞여 낱낱이 구별되지 않게된다.

지상의 꽃이 하늘의 별과 동일시되는 것은 전자의 생리가 지닌 극도의 순수성 때문이다. 산의 절정에 놓인 꽃은 '고비 고사리 더덕순 도라지꽃…' 등의 '高山植物'과 마찬가지로 희박한 공기와 낮은 기온을 견뎌낸 강한 생명력의 그것이자 사람의 손길이 닿지 않은 순결함의 결정체이다. 사물 가운데서도 이러한 성질의 것만이 존재할 수 있는 이곳에서 자아가 '기진'하는 것은 당연하다. 그러나 그는 이내 기운을 차리는데 놀랍게도 그에게 생기를 준 것은 '巖古蘭'이라 하는 고산식물의 열매일 따름이다.

시적 자아는 모든 물질과 육신이 걸러진 듯한 이곳에서 죽음이 생명과 그리 멀리 떨어진 것이 아니라는 것을 체감한다. 죽음과 같은 상태가 열매 하나로 인해 생명으로 전이될 수 있는 것이나 아름다움의 극한을 보여주는 '白樺'가 아무렇지도 않게 '髑髏' 곧 해골처럼 보일 수 있는 지경은 죽음에 대한 의식이 매우 가벼운 상태로 환기됨을 의미한다. 죽음은 거부감도 두려움도 일으키지 않으며 생의 다른 이름 정도로 의식되는 것이다. 자아 스스로 '죽어 白樺처럼' 해골이 된다 해도 흉하지 않다고 생각하게 되는 것도 이 때문이다. 이는 물질이나 육신이 더 이상 고수하거나 집착할 아무것도 아닌 것이 될 정도로 정신성이 고양된 상태를 보여주는 것이다.

문제는 이와 같은 초월적 의식을 시인이 세계관으로서 지니고 있었는가 하는 점에 있다. 평소의 교양과 학습을 통해 길러진 의식인가, 그렇지 않다면 이곳에 이르러 일순간에 얻게된 직관인가가 문제가 될 것이다. 필자의 판단으로는 정지용은 일정하게 습득된 세계관을 지닌 채 여행을 한 것이 아니고 오히려 자신이 지니고 있는 판단이나 관념을 지워가며 산행에 임했던 것이 아닐까 생각된다. 이는 그가 각처를 여행하면서 그곳의 땅과 하늘의 형세에 따라, 그곳의 생명체와 사물이 부여하는 영감에 동화되어 갔을 뿐 자기 자신을 최대한 축소시키고 은폐시키고 있었음을 뜻한다. 실재로 그는 공간이 품고 있는 극도의 정밀(靜謐)함에 자신을 조응시킨 채 침묵의 상태에서 언어를 끌어낸다. 그 때의 언어는 그가 주체가 되어 주도적으로 사물을 전유하면서 성립하는 것이 아니고 사물의 움직임에 맞추어 사물의 음성을 싣는 것이 된다.[22]

정지용이 이러한 방식으로 대상과 자아 사이의 교감을 이루어내는 것은 역시 그가 거하는 곳을 자신을 둘러싼 공간으로 느끼기 때문에 가능하다. 자신이 세계와 마주하고 그것을 능가하고 정복하고자 하는 자의 시선으로는 정지용이 경험하는 것과 같은 정밀하고 섬세한 교감을 이루어낼 수 없다. 이와는 달리 정지용은 자신과 대상과의 조화로운 만남 속에서 하나의 공간을 구축하고 그 안에서 자신의 존재성을 확인하는 경로를 밟는다. 이 가운데 여타의 '산'을 비롯해 '백록담'은 인간과 유리된 극한의 지점에 위치한다는 점에서 공간의 절대적 성격을 안고 있다. 이와 같은 공간에 조응하는 자아는 따라서 위의 시에 구현된 것과 같은 높은 정신적 경지에 다다를 수 있는 것이다.

---

22) 정지용의 이러한 자아와 자연 사의의 교감의 양상을 두고 최승호는 상호축소적 감응 방식이라 평가하고 있다. 최승호, 「제유적 세계인식과 서정적 대응 방식」, 『인문과학연구』 20집, 성신여대인문과학연구소, 2000, p.137.

5. 결론

본고는 정지용의 시에 내재하는 공통점과 차이점이 단순히 사조나 기법, 혹은 세계관으로 해명될 수 있는 것이 아니라는 문제의식에서 출발한다. 정지용의 시는 습작기에서부터 후기에 이르기까지 그의 존재론적 고뇌와 모색의 한가운데에서 쓰여진 것들이다. 이는 지금까지 흔하게 행해왔던 분류의 방식과 틀로 그의 시를 재단할 수 없다는 사실을 뜻한다. 가령 모더니즘이라든가 동양주의와 같은 큰 담론은 그에 대한 오해를 더욱 증폭시키며 그의 시적 궤적을 있는 그대로 담아내기보다는 작위적으로 해석하는 오류를 범하게 될 것이다.

정지용은 대단히 섬세하고 정적(靜的)인 성격을 지닌 자로서 가령 김기림과 같이 근대를 지향한 모더니스트와는 매우 다른 자리에 있다. 그에게 근대는 고향이나 바다나 산과 대등하게 놓이는 시적 대상이었을 따름이며 자신이 깃들 수 있는 환경인가 그렇지 않은가에 의해 好不好가 판단될 성질의 것이었다. 그의 모든 시적 궤적은 자신의 존재를 가늠하고 확인하고 고양시키기 위한 방향에서 이루어진 것으로서 특정한 이념이나 관념을 실현하는 차원에 있는 것이 아니다.

이러한 정지용 시의 특성을 고찰하기 위해서 시적 자아와 대상 사이의 교감의 양상을 살펴보고 그 속에서 구현되는 공간성의 특질을 확인해 보았다. 이 과정에서 대상이 변모함에 따라 정지용은 때로는 불안과 소외감을, 때로는 즐거움과 절제를, 때로는 평화와 깊은 안식을 느꼈음을 알 수 있었는데, 이러한 서로 다른 양상은 대상에 대해 갖게 되는 자아의 감각적, 정서적, 정신적 복합태의 차이에 기인하는 것이며 또한 이는 자아와 대상이 서로 교감하여 빚어내는 공간성의 차이를 뜻하는 것이다.

이러한 관점에서 보았을 때 정지용은 근대에 대한 부정적 의식과 함께 새로운 공간을 구하기 위해 노력하였음을 알 수 있는 바, 고향이나 유년기를 대변하는 '민요풍의 시'나 이미지즘 기법의 시, 그리고 정신주의적 시들은 존재의 평온함과 심화를 이루어내기 위한 모색들에 해당한다.

- 정지용론

고향 공간화의 근대적 의미

-백석론

1. 들어가며

백석은 1912년 평북 정주(定州)에서 태어나 평양의 오산학교에서 수학했다. 잘 알려진 것처럼, 오산학교는 김소월이 다녔던 학교였다. 백석은 선배시인인 그를 몹시 선망했다고 함으로써 재학중 그를 상당히 의식했던 것으로 보인다. 백석은 「定州城」을 조선일보 지상에 발표하면서 등단을 하고 1936년 발간된 시집 『사슴』의 첫머리도 이 시로 장식한다. 이러한 사실들로 미루어 보면 그에게 '정주'는 단순히 '태어난 곳' 이상의 의미를 지닌다고 할 수 있다.[1] 백석에게 고향은 시 「고향」에 등장하는 의원과의 대화에서도 읽을 수 있듯[2] 유년 시절을 보낸 공간

---

[1] 김윤식은 백석에게 '정주'라는 곳이 고향인 동시에 출세의 근거라 지적하고 있다. 정주는 당시 조선일보 사장이었던 방응모의 고향이기 때문이다. 그는 백석이 오산고보를 졸업한 후 조선일보사가 후원하는 장학생으로 일본 유학을 다녀오고 그 후 조선일보사에 입사하여 재직하게 된 배경에 '정주'라고 하는 지역적 연고성이 놓여있다고 보는 것이다. 한편 그는 백석 시의 양상을 일종의 방법론으로서의 성격을 지닌 것이라 전제하고 출세의 근거가 되었던 고향을 탈출함으로써 고향에 대해 더욱 강한 애정을 회복하는 과정으로 고찰하고 있다. 김윤식, 「백석론-허무의 늪 건너기」, 고형진 편, 『백석』, 새미, 1996, 203면.

[2] "나는 北關에 혼자 앓어 누어서/ 어늬 아츰 醫員을 뵈이었다/ 醫員은 如來 같은 상을 하고 關公의 수염을 드리워서/ 먼 넷적 어늬 나라 신선 같은데/ (중략)/ 문득 물어 故鄕이 어대냐 한다/ 平安道 定州라는 곳이라 한즉/ 그러면 아무개氏 故鄕이란다/ 그러면 아무개氏ㄹ 아느냐 한즉/ 의원은 빙긋이 웃음을 띠고/

답게 '따스하고 부드러운' 곳이면서 '아버지도 아버지의 친구도 다 있'는, 말하자면 '내노라하는' 인사들을 배출한 든든한 후광이 되어 주고 있는 곳이다. '고향이 그곳'이라는 것만으로 알게모르게 공감대가 형성되는 경험을 우리는 종종 하거니와 백석의 경우 '정주'라는 곳은 이처럼 일반적으로 지닐 수 있는 지역적 연고성을 지니는 동시에 나아가 자부심의 근거로 작용했음을 알 수 있다. 그의 시 창작 행위에 있어서 '고향'이 그 중앙에 놓이는 이유도 이와 무관하지 않다. 백석의 고향은 일반인이 회상과 추억의 대상으로 떠올리는 유년의 공간인 데에서 그치는 것이 아니라 그 자체로 광채를 뿜어내는 공간으로 격상된 자격을 부여받는다. 백석에게 고향은 자신을 자신이게 하는 것, 곧 그곳의 역사를 체험함으로써 정체성을 부여받을 수 있는 근거로서 작용하고 있는 바, 이를 다름아닌 '신화적 공간'이라 할 수 있을 것이다.3)

공간으로서의 '신화'는 커모드 식으로 말하면 과거 · 현재 · 미래가 동시에 존재하는 시간성이 회복된, 영원한 시간이 구현되는 세계를 의미한다. 자연과학과 합리주의의 발달로 종교 혹은 전통이 말살되고 인간의 사고와 감정이 분열된 현대적 부조리에 대한 문화적 반동으로 일어

莫逆之間이라며 수염을 쓴다/ 나는 아버지로 섬기는 이라 한즉/ 醫員은 또 다시 넌즈시 웃고/ 말없이 팔을 잡어 맥을 보는데/ 손길은 따스하고 부드러워/ 故鄕도 아버지도 아버지의 친구도 다 있었다" 「故鄕」 부분.

3) 신범순은 「백석의 공동체적 신화와 유랑의 의미」,(『韓國現代詩史의 매듭과 魂』, 민지사, 1992, 176면.)에서 백석이 펼쳐보인 토속적 세계는 단순한 추억담의 소재나열이 아니라 민간신화에 뿌리박고 있는 세계라고 함으로써 고향의 의미를 재고구하고 있다. 그러나 그 역시 소재적 차원에서의 접근에 머물고 있다. 본고는 '신화'를 과거부터 전승되어 오던, '생활의 보다 지속적 범주들'로 드러나는 '객관적인 삶의 형식'이라는 사전적 의미에서 보기보다는 그것이 지닌 텍스트적 기능의 측면에서 살펴보고자 한다. 그것은 바르뜨가 말한 '오늘의 신화', 즉 "신화는 빠롤(parole)이다. 신화를 이루는 빠롤이 어떤 종류의 빠롤인가는 중요하지 않다. 신화가 되기 위해서는 언어에 있어서 어떤 특수한 조건들을 따르기만 한다면 모든 언어는 신화가 될 수 있다"고 한 기호론적 관점의 연장선에 놓여 있다. R.Barthe, 정현 역, 『신화론』, 현대미학사, 1995, 15-16면.

나는 것⁴)이 영원성이다. 그러한 까닭에 이 시간의식은 파편화되고 해체된 근대적 주체가 정체성의 회복을 추구하는 지향점이 된다.

백석의 시를 처음 접할 때 우리는 다음 몇 가지 선명한 인상을 이끌어낼 수가 있다. 평북지방의 방언이 작위적이라 할 만큼 완고하게 사용되고 있다는 점, 평북 지방의 토속적 풍습을 강조함으로써 그곳에서의 삶의 특질, 가령 공동체적 정감이라든가 범신론적 의식을 드러내고 있다는 점, 감각적 이미지를 구사하는 데서 알 수 있듯 모더니즘 기법의 맥을 잇고 있다는 점 등이다. 이를 바탕으로 백석의 시들은, 방언을 의도적으로 구사하는 것이 지방성을 긍정하는 의미를 띤다는 측면에서 중앙성에 비견할 수 있는, 나아가 제국주의에 비견할 수 있는 거점을 확보함으로써 민족주의적 의식을 드러내는 것이라는 주장⁵), 백석의 초기시가 창작방법으로서의 모더니즘의 세례를 받아 이미지즘의 창작방법을 보이지만 '사건'을 끌어들임으로써 이를 극복하고 삶의 문제를 구체적으로 다루는 서사성을 획득하고 있다는 평가⁶), 유년의 평화롭고 화해로운 시각을 통해 우리 민중의 고유한 삶의 형태인 공동체적 연대의식을 형상화하고 있다는 연구⁷), 또한 '고향'을 매개로 소망스런 세계에 대한 동경을 표현함으로써 식민지체제의 근대지향성의 역방향에 서 있으며 이에 따라 고향상실감을 극복하고 있다는 관점⁸) 등으로 연구되어 왔다.

이들 연구들은 백석 시가 지닌 다양한 면모에 초점을 맞추어 그 특징들을 드러내고 있다는 점에서 공통점을 지니고 있고 일정 수준의 성과를 보여주고 있는 것도 사실이다. 실제로 백석의 시들은 평북 지방의

4) 커모드는 이러한 신화적 세계인식을 모더니즘의 특질이라 보고 있다. 오세영, 「문학과 공간,『문학연구방법론』, 시와시학사, 1991, 154면.
5) 이동순, 「민족시인 백석의 주체적 시정신」, 고형진 편, 『백석』, 새미, 158면.
6) 최두석, 「백석의 시세계와 창작방법」, 위의 책, 137면.
7) 고형진, 「백석시 연구」, 위의 책, 42면.
8) 이숭원, 「풍속의 시화와 눌변의 미학」, 같은 책, 110면.

삶의 양태를 그려내되 그 속에서 우리 민족의 고유한 정서와 유대감을 실감있게 형상화하고 있다. 그것을 두고 민중과 민족의 서사적 삶의 구현이라 보는 것은 지극히 타당하다 할 것이다. 그런데 고향을 중심으로 한 그의 시세계가 1930년대 중반을 기점으로 집중적으로 이루어지고 있고 그 이후에는 더 이상 창작되지 않고 있다는 사실9)을 주목할 필요가 있다. 즉 그의 창작 방법이 사실상 모더니즘 기법에 해당한다는 점에서 백석의 시는 세계 문화사적 관점에서의 조망이 요구되는 것이다. 백석 시의 양상들은 엘리어트나 조이스와 같은 서구의 모더니스트들이 근대의 부조리에 맞서 모더니즘의 기법들을 만들어내고 나아가 자신들의 특수성에 기반한 신화적 공간을 찾아나섰다는 점에 비견될 수 있기 때문이다.

여기서 근대의 부조리란 자본의 전일적 지배로 전세계가 몰가치적으로 재편성됨으로써 민족의 고유성이 파괴되고 각 개인이 파편화되고 분열된 상태를 함의하는 것이다. 이를 영원성 상실의 시대로 보고 순간의 지속성을 추구했던 사람들이 모더니스트였으며, 그러한 관점에 입각하여 공간화의 창작 방법이 제시되었던 것은 주지의 사실이다. 세계적으로 볼 때, 1930년대에 등장한 신화는 모더니즘의 공간화 양식 가운데 대표적 예에 해당되는 것으로써, 심화되어 가는 자본주의의 모순 구조에 대응하기 위한 방편으로 제시된 것이다.

이런 사실들을 고려해 보면, 백석의 고향을 중심으로 한 시적 담론은 제국주의의 횡포에 맞서 상실되어 가는 우리 민족의 고유성을 회복하려는 차원에서 제시된 것이고, 모더니즘의 시각에서 보면 신화적 세계에 해당된다고 하겠다. 백석은 평북 지방의 고유한 풍습을 지역적 특수성을 넘어서 민족성을 드러내려 하고 있거니와 여기에서 평북 지역의 구체적 지방성은 우리 민족의 보편적 풍습을 내포할 뿐만 아니라 그

---

9) 백석은 1936년 시집 『사슴』을 발간한 이후 1941년까지 그의 대부분의 시를 발표한다.

자체로 신화적 공간 구축을 위한 하나의 방법론으로서의 성격을 띠고 있는 것이다.

따라서 백석의 '고향'을 중심으로 한 담론은, 즉 민족주의 내지 신화적 공간으로 읽히는 그의 시적 양상은 세계적 차원의 자본주의가 고착화되는 과정인 1930년대적 근대라는 프리즘을 통하지 않고서는 그 의미가 드러나기 힘들다. 다시 말해서 백석의 담론은 단순히 일반적이고 보편화된 민족중심주의라기 보다는 자본주의의 국제화 양태에 대한 거부의 의미가 함축되어 있는 것으로 보아야 할 것이다. 이러한 관점에 설 때 '고향'은 유년기를 보낸 공간으로 회상되는 추상적 차원에서가 아니라 그러한 회상을 통해 얻을 수 있는 구체적인 효과의 차원에서 고찰될 수 있을 것이다. 예컨대 과거에 대한 회상은 추억의 감상으로 끝나는 것이 아니고 일직선적으로 진행되어 가는 근대적 시간에 대한 역행의 의미를 내포하며, 이 때 소급된 원초적 공간은 무시간성이라는 속성으로 말미암아 근대의 시간성 자체에 대한 부정의 의미를 함축하게 되는 것이다.

이같은 접근은 백석의 시가 지닌 여러 의미망들을 단지 소재적 국면에서 단편적으로 탐색되어서는 곤란하다는 뜻이 담겨 있다. 지금까지의 연구들은 백석 시의 다양한 면면들을 세심하고 성실하게 고찰해왔으나 정작 백석 시가 구성되고 있는 방법에 대해서는 아무런 해명도 주지 못하고 있다. 백석 시의 창작 방법은 이미지즘 기법이나 방언에의 집착, 혹은 이야기체와 같은 현상적 측면에 국한되는 것이 아니라, 이모두를 아우를 수 있는 차원에서 제기된 것이며, 그것은 세계적 차원에서 본 1930년대의 근대를 배경으로 근대에 대한 부정의 의미로서 등장한 것이다. 곧 신화적 공간 구축을 위한 총체적 과정으로서 이루어진 것이다.

2. 무시간성으로서의 신화적 공간

근대인이 자신의 형해화된 정체성을 회복하기 위하여 신화에 의탁한다고 하였을 때, 신화는 어떠한 속성을 지니고 있는가. 근대적 사건들이 발전과 진보를 목표로 일회적이고도 직선적인 진행을 이룬다고 한다면, 반복성과 지속성을 특징으로 하는 신화는 오랜 시간 면면히 계승되어 옴으로써 시간의 흐름을 무색하게 하는 원초적 경험 공간 속에 놓이게 된다. 그것은 소위 민간신화가 될 수도 있고 그 지역의 오랜 풍습이 될 수도 있으며 자아의 유년 체험이 될 수도 있다. 이들 모두는 무시간적이라는 점에서 근대적 시간과 정반대의 지점에 위치한다.

백석의 많은 '고향시'들은 그 자체로 무시간성을 특징으로 하는 신화적 공간을 형성하고 있다. 가령 귀신을 쫓기 위해 굿을 하는 등의 샤머니즘적 전통(「山地」, 「가즈랑집」, 「오금덩이라는 곳」)이나 온 가족이 모여 명절 쇠는 풍속(「여우난골族」, 「古夜」), 어린 시절의 반복되는 놀이(「고방」, 「初冬日」, 「夏畓」), 그리고 민간 신화적 상상력(「나와 구렝이」, 「古夜」, 「修羅」) 등이 그것이다.

태고의 기억으로 충만된 신화적 세계는 근대적 자아로 하여금 자신의 근원을 생각하게 만들고, 이를 통해 현재의 존재를 능가하는 생성을 경험하게 한다. 백석의 시에서 화자는 이들 세계를 강한 생동감과 흥겨움으로 형상화하고 있다. 또한 신화적 세계를 형성하는 위의 각 경험소들은 독립적으로 존재하지 않고 서로 중첩되어 제시되는데, 가령 어린 아이의 목소리로 민간의 풍습이 전달되는 부분 등이 그러하다. 백석이 인간의 자유의지에 제한을 가한다는 샤머니즘적 전통을 형상화할 때조차 무기력한 인간의 모습보다는 그에 대응하여 생존의 길을 모색하는 역동적인 인간의 모습에 초점을 맞추는 것도 이런 맥락 때문이다.

어스름저녁 국수당 돌각담의 수무나무가지에 녀귀의 탱을 걸고 나물매

갖추어놓고 비난수를 하는 젊은 새악시들/--잘 먹고 가라 서리서리 물러
가라 네 소원 풀었으니 다시 침노 말아라// 벌개늪녘에서 바리깨를 뚜드리
는 쇳소리가 나면/누가 눈을 앓아서 부증이나서 찰거마리를 부르는 것이
다/마을에서는 피성한 눈숡에 저린 팔다리에 거마리를 붙인다//여우가 우
는 밤이면/잠없는 노친네들은 일어나 팥을 깔이며 방뇨를 한다/ 여우가
주둥이를 향하고 우는 집에서는 다음날 으례히 흉사가 있다는 것은 얼마
나 무서운 말인가

「오금덩이라는 곳」 전문

　우리의 전통적인 민간신앙인 샤머니즘은 증명되지 않는 미신이라는
점에서 뚜렷한 계기 없이 부정되곤 한다. 개화기의 계몽주의적 담론에
서 샤머니즘이 동양적이고 조선적인 이유로 무조건 폄하되는 것을 우
리는 쉽게 보아 왔다. 그러나 과학과 이성의 이름으로 그것을 부정한다
고 해서 그와 연루된 생활 태도 자체가 근절되기는 어려운 일이다. 더
군다나 죽음과 동시에 영혼은 천국으로 간다고 믿는 직선론적 기독교
세계관과 달리 불교의 연기설과 같은 순환론적 세계관의 세례를 받은
우리 민족으로서는 죽음에 처해서도 영혼이 소멸되지 않고 육체를 상
실한 영혼은 살아있는 자 주위를 떠나지 않고 해꼬지를 한다는 생각을
별다른 의심없이 믿어 오고 있는 터이다. 샤머니즘은 육신을 초월한
영혼의 존재를 전제하고 그들이 현세를 침해하지 못하도록 하는 인간
의 소망을 표현한 것이다. 육신을 떠나 존재한다는 점 때문에 영혼은
'귀신'이 되어 살아있는 자를 공포로 몰아넣기도 한다. 대부분 두려움으
로 인식되는 이러한 샤머니즘적 세계로부터 완전히 자유로운 한국인은
없을 것이다.
　「오금덩이라는 곳」은 샤머니즘이 지배하는 우리의 토속적인 공간을
묘사한 시이다. 작품　속에서 등장하는 민중들은 샤먼적 세계 속에서
일련의 행동 규범을 만들어가고 있다. '녀귀(못된 돌림병으로 죽은 사
람의 귀신, 제사를 받지 못하는 귀신)의 탱(탱화)을 걸고 나물매 갖추어

놓고 비난수'한다거나 '여우가 우는 밤 팥을 깔고 방뇨'를 하는 행위들은 귀신을 물리치려는 방침에 다름 아니다. 이러한 행위들은 오랜 과거에서부터 현재에 이르기까지 우리 민중의 생활 습속의 하나였다.

이들 행위가 하나의 생활 형태로 고정된 것은 샤머니즘적 세계에 대한 막연한 두려움 때문에 가능했던 것이 아니라, 오랜 시간 반복되고 축적된 경험에서 비롯된 것이다. 또한 귀신들을 응대하는 민중들의 행위 속엔 그것을 달래고 쫓기 위한 방법들 역시 내재되어 있었다. 귀신을 쫓는 행위가 정해진 의식이 되어 시행되는 이유도 그 때문이다. 가령 '젊은 새악시들'의 제를 지내기 위한 의례들이나 노인들의 '팥 뿌린 후의 방뇨' 행위들이 그 본보기들이다. 이러한 행위는 예측 불허의 불행에 대해 예방의 효과가 있기 때문에 규범화될 수 있었던 것이라 볼 수 있다.

이렇게 볼 때 백석 시에서의 샤머니즘적 세계는 일반적으로 미신에 대해 갖게 되는 두려움에 무방비로 놓여 있는 상황과 그 성격이 다소 다르다는 것을 알 수 있다. 시 속의 인물들은 영혼의 세계를 가상하고 그에 대처하는 방법들을 개발해내고 있으며 이를 주체적으로 실행함으로써 알 수 없는 미래에 대비하고 있기 때문이다. 백석시의 샤머니즘적 세계에서 우리는 인간의 자유의지가 제한당하는 모습보다는 명확히 인식할 수는 없지만 존재한다고 여겨지는 보다 확장된 세계에서 그것에 주체적이고 능동적으로 대응해나가는 적극적인 민중의 모습을 발견할 수 있다. 영혼의 세계는 화자가 말하듯 물론 '무서운' 부분이지만 그러한 세계에 대처하는 민중들의 일련의 행동을 볼 때 그 부분이 절대적으로 극복될 수 없는 것은 아니라는 점을 깨닫게 되는 것도 이때문이라 할 수 있다. 즉 백석의 샤머니즘적 세계는 두려움과 무기력보다는 능동적이고 적극적인 생성의 의미로 나타나고 있는 것이다. 그리고 이는 우리의 전통적 의식 공간이 우리 민중의 삶을 억압하기보다는 오히려 생명을 긍정하고 또 강화하고 있음을 알게 하는 대목이기도 하다.

샤머니즘적 세계가 경원시되는 예를 백석시에서 찾아내는 것은 어려운 일이다. 특히 어린 아이의 세계와 결합될 때 그들 세계는 친근하고 생기 넘치는 공간이 되는데, 그러한 보기를 「山地」의 "아랫마을에서는 애기무당이 작두를 타며 굿을 하는 때가 많다"라는 표현에서라든가 「가즈랑집」에서 무당인 가즈랑집 할머니를 친할머니를 따르듯 좋아하는 유년기 화자의 모습을 통해 찾아볼 수 있다. 이들 세계는 전통적 삶과 분리되지 않는 부분으로서 우리 민중의 삶을 더욱 건강하고 활기차게 하는 신화적 공간에 해당된다.

또한 유년 시절에 대한 회상과 관련하여 우리는 유년기가 과거적 시간이며 원초적인 공간이라는 점에서 근대의 순차적 시간을 부정하는 가장 대표적인 지표로서 기능한다는 사실에 주목할 필요가 있을 것이다. 거의 대부분이 놀이로 채워지는 유년 시절의 행위는 반복성과 무시간성을 특징으로 한다. 유년기에 자아는 동무와 자연과 하나로 어우러져서 생명의 충일함을 경험한다. 게다가 어머니는 물론이고 모든 친척들과 동리 사람들은 자신에게 가장 우호적이고 친근한 존재로 다가온다. 자아와 대상이 분리되지 않은 상태, 시간의 흐름이 무의미한 상황이기 때문에 이 시기는 성인의 세계와 질적으로 구분되며 성숙한 자아를 형성하기 위한 전제이자 원형이 되기도 한다.

> 또 이러한 밤 같은 때 시집갈 처녀 막내고무가 고개너머 큰집으로 치장
> 감을 가지고 와서 엄매와 둘이 소기름에 쌍심지의 불을 밝히고 밤이 들도
> 록 바느질을 하는 밤 같은 때나는 아릇목의 샷귀를 들고 쇠든밤을 내여
> 다람쥐처럼 밝어먹고 은행여름을 인두불에 구어도 먹고 그러는 이불 우
> 에서 광대넘이를 뒤이고 또 누어 굴면서 엄매에게 웃목에 두른 평풍의 새
> 빨간 천두의 이야기를 듣기도 하고 고무더러는 밝은 날 멀리는 못 난다는
> 뫼추라기를 잡어달라고 조르기도 하고
> 내일같이 명절날인 밤은 부엌에 쩨듯하니 불이 밝고 솥뚜껑이 놀으며

구수한 내음새 곰국이 무르끓고 방안에서는 일가집 할머니가 와서 마을의
소문을 펴며 조개송편에 달송편에 죈두기송편에 떡을 빚는 곁에서 나는
밤소 팥소 설탕 든 콩가루소를 먹으며 설탕든 콩가루소가 가장 맛있다고
생각한다
　　나는 얼마나 반죽을 주무르며 흰가루손이 되어 떡을 빚고 싶은지 모른다
「古夜」 부분

　「古夜」는 '아배가 타관 가서 오지 않는 밤' 어머니와 시집 안간 고모
와 함께 보냈던 일을 회상하고 있는 시이다. 한 켠에서 '막내 고무'와
'엄매'가 바느질을 하고 있을 때 화자인 '나'는 그와 같은 화해롭고 평화
로운 분위기를 만끽하고 있다. '나'는 '다람쥐'이기도 하고 '광대'이기도
하고 '응석받이'가 되기도 한다. 이 가운데에는 엄마가 들려주는 동화도
있고 놀이도 있지만 무엇보다도 '쇠든밤(말라서 새들새들해진 밤)'이나
'은행여름'과 같은 군것질거리가 있기 때문에 즐겁다. 여기서 먹는 행위
는 노는 행위와 똑같이 아이의 즐겁고 천진난만한 정서를 더욱 부추
긴다.
　명절을 쇠는 풍속이 전개될 때 그 중심에 각종 다기한 음식이 제시되
는 것도 이러한 맥락에서 살펴볼 수 있다. 한국의 명절은 일가 친척이
모두 모여 씨족 공동체를 확인하는 장이기 때문에 백석시에서의 명절
묘사는 공동체적 연대감을 확인하는 차원에서 이루어지는 것이라는 연
구가 왕왕 있었다. 특히 김명인은 유년 시절에 대한 회상의 모습으로
명절 풍경이 제시됨으로써 '먹을 것'이 그 중심에 놓이게 되는 정황을
흥겨움의 분위기 및 정서와 관련시켜 탁월하게 분석해낸 바 있다.[10]
　「여우난골族」에서도 음식과 그것을 만드는 과정을 명절의 중심 요소
로 부각시키고 있는 바, 이러한 과정들은 가족간의 유대감을 강화시키
고 화기애애한 분위기를 고조시키는 기능을 한다. 더욱이 유년인 화자

---

10) 김명인, 「백석시고」, 앞의 책, 98면.

는 온 가족이 시끌벅적하게 모여 부산하게 명절을 준비하는 분위기를 몹시 즐기고 있다. 명절에 즈음한 가족은 그야말로 너와 나의 구분이 없고 갈등이 부재하는 아름다운 공동체의 장이 된다. 이러한 모습은 개별화되고 파편화된 근대적 인간관계와 극단적으로 대비되는 것이며 그 성격은 유년의 시각에서 볼 때 한층 강화되는 것이기 때문에 시인은 근대의 부정적 양상을 극복할 수 있는 하나의 원초적 공간으로 그것을 제시하고 있는 것이다. 말하자면 유년기의 체험과 유년의 시각에서 본 공동체적 삶은 근대의 파괴된 일상 이면에 놓인 신화적 공간이라 할 수 있는 것이다.

신화적 공간은 형해화된 근대인의 자아정체성을 회복시켜 주는 영원하고 원초적인 힘을 지니고 있다. 민족이 위기에 처할 때 마다 전통주의적 담론이 형성되는 것도 이러한 신화의 성격과 무관하지 않다. 무시간성을 특징으로 하는 전통 및 과거의 세계는 근대의 일회적이고 선조적인 시간성에 대한 부정의 의미를 함축하고 있는 것이다.

근대에 대한 반담론으로서 제시된 모더니즘이 공간지향적인 성격을 띤다는 것은 잘 알려진 일이다. 이 공간성이야말로 근대의 직선적인 시간성에 대한 비판의 함의를 띠는 것으로 시간을 무화시키고자 하는 의도로 제기된 것이다. 신화적 세계가 그러한 공간성을 대표하고 있다면 모더니즘의 주요 기법 가운데 하나인 이미지즘 또한 공간성을 구축하는 또 다른 방법이 될 것이다.

3. 기법을 통해 이루어진 공간지향성

백석의 시에 중심적 소재로 놓이는 것이 고향이라면 백석 시의 기본 골격에 해당하는 기법은 이미지즘이라 할 수 있다. 이는 『사슴』을 처음 상재했을 때 "향토 취미에도 불구하고 일련의 향토주의와 구별되는 '모더니티'를 품고 있다"고 한 김기림의 평가에서도 확인할 수 있는 사항이다.

> 시집 『사슴』의 세계는 그 시인의 기억 속에 쭈그리고 있는 동화와 전설의 나라다. 그리고 그 속에서 실로 속임없는 향토의 얼굴이 표정한다. 그렇건마는 우리는 거기서 아무러한 회상적인 감상주의에도 불어오는 복고주의에도 만나지 않아서 이 위에 없이 유쾌하다. 백석은 우리를 충분히 哀傷的이게 만들 수 있는 세계를 주무르면서도 그것 속에 빠져서 어쩔줄 모르는 것이 얼마나 추태라는 것을 가장 절실하게 깨달은 시인이다. 차라리 거의 鐵石의 냉담에 필적하는 불발한 정신을 가지고 대상과 마주선다[11]

김기림의 이런 언급이 백석의 창작 방법과 관련된 것임은 두말할 나위가 없다. 김기림은 백석이 고향을 다루는 방식에 있어서 다른 향토주의자들과의 차별성을 발견하였는 바, 그는 이것을 '지적'이라고 말하고 있다. 백석 시의 '지적인 방법'은 고향을 말하되 그것을 감상적 차원에서 회상한 것이 아니라 '절제된 감정에 의해' 표현한 것을 가리키는 말이다. 물론 이러한 효과가 가능했던 것은 이미지즘 등과 같이 기교의 측면에서 사용된 모더니티 때문이다. 시작 상의 지적 태도가 '향토성'을 감상주의로부터 구해내는 계기가 된 것이다. 백석이 사용한 이미지즘은 기존의 모더니스트들이 제시했던 시각적이고 감각적인 이미지즘을 포함한 더 큰 범위를 형성한다. 그것은 소위 이야기체[12], 서사지향성[13], 사건에 대한 서술의 융합[14]등과 관련되는데 백석은 정서나 사물을 이미지화하는 것에서 그치지 않고 삶의 양태를 이미지화하는데까지 나아간다. 곧 과거 모더니스트들이 주로 정적인 이미지를 만들어내는

---

11) 김기림, 『사슴』을 안고, 조선일보, 1936.1.29, 『전집』 2, 심설당, 1988, 372-373면.
12) 김윤식, 앞의 글, 209면.
13) 최두석, 앞의 글, 145면.
14) 고형진, 「백석시 연구」, 앞의 글, 28면.

데 주력했다면 백석은 동영상을 보여주듯 삶의 면면들까지 이미지화하고 있는 것이다.

갈부던 같은 藥水터의 山거리/旅人宿이 다래나무지팽이와 같이 많다// 시냇물이 버러지소리를 하며 흐르고/대낮이라도 山옆에서는/승냥이가 개울물 흐르듯 운다//소와 말은 도로 山으로 돌아갔다/염소만이 아직 된비가 오면 山개울에 놓인 다리를 건너 人家 근처로 뛰여온다//벼랑탁의 어두운 그늘에 아츰이면/부헝이가 무거웁게 날러온다/낮이 되면 더 무거웁게 날러가 버린다//山너머 十五里서 나무뒝치 차고 싸리신 신고 山비에 촉촉이 젖어서 藥물을 받으러 오는 山아이도 있다//아비가 앓는가부다/다래 먹고 앓는 가부다//아랫마을에서는 애기무당이 작두를 타며 굿을 하는 때가 많다

「山地」 전문

인용 시에서 시인은 각각의 형상을 이미지화하기 위해 다양한 감각을 동원한다. '약수터'의 모습을 '갈부던(평북 지방에서 아이들이 조개를 가지고 놀며 만들어 놓던 장난감)'같다고 한 것이나 '여인숙'이 다수 있는 것을 '다래나무지팽이 같이 많다'고 하는 것, '시냇물' 소리를 '버러지 소리'라 하는 것이나 '승냥이'가 '개울물 흐르듯 운다'고 감각화시키고 있는 것등 이다. 여기엔 시각적 이미지뿐 아니라 청각, 촉각, 공감각적 이미지들이 모두 쓰이고 있다. '흐르는 시냇물'을 '버러지 소리'라 한 것은 물 소리만을 표현한 것이 아니고 물이 넘실거리는 모양과 거기에서 오는 느낌까지 묘사한 것이고 '승냥이가 개울물 흐르듯 우는' 것 역시 승냥이의 울부짖는 소리와 함께 그 모습까지 그리면서 공감각화시키고 있는 것이다. 다양한 감각의 전면적 사용은 사물을 정물화하지 않고 그것이 지니고 있는 총체적 면모를 생동감있게 구현하는 효과를 가져온다. 동적인 이미지화는 과거 이미지즘이 보여주었던 방식과는 매우 색다른 것이다.

백석의 동적 이미지 구성 방법은 여기에서 멈추지 않고 다양한 사물 내지 장면들을 마치 카메라를 이동시키며 찍어내는 듯한 착각을 불러 일으킬 정도로 생생하게 그려내기도 한다. 3연의 '소와 말'의 행위, '염소'의 행동, 그리고 4연의 '부헝이'의 생활, 山아이, 그의 아비, '굿을 하는 애기 무당'들로 이어지는 일련의 장면들은 마치 한 편의 영화를 보는듯한 느낌을 준다. 여기엔 상세한 서술이 없긴 하지만 '藥물을 받으로 오는 아이'를 중심으로 하여 그의 아비가 앓고 있다는 사실, 그 병의 원인이 불분명하여 굿으로 다스려보려는 정황을 일종의 서사적 흐름으로서 유추해낼 수 있다. 또한 1연부터 4연까지 전개된 숲의 정경을 묘사하는 부분은 영화에서 인물이 등장하기 전 분위기를 유도하기 위해 제시되는 도입부와 같은 것이라 할 수 있다. 여기에서 숲을 묘사하는 부분과 인물의 행동이 중심이 되는 부분은 서로 다른 이야기를 하는 것이 아니다. 전반부에서의 배경을 통해 이미 전체 서사적인 내용의 흐름이 암시되기 때문이다. 이 시에서 시선은 한 장면에 초점을 고정시키고 시간의 흐름에 따라 그것을 순차적으로 따라가는 대신 서로 불연속적인 장면들을 나열하고 있다. 이것은 영화나 몽타쥬와 비슷한 공간성의 표현기법이라 할 수 있다.

「酒幕」 역시 이와 같은 기법으로 구성되고 있는 작품이다.

> 호박잎에 싸오는 붕어곰은 언제나 맛있었다//부엌에는 빨갛게 질들은 八모알상이 그 상 우엔 새파란 싸리를 그린 눈알만한 盞이 뵈였다//아들아이는 범이라고 장고기를 잘 잡는 앞니가 뻐드러진 나와 동갑이었다//울파주 밖에는 장꾼들을 따러와서 엄지의 젖을 빠는 망아지도 있었다
>
> 「酒幕」 전문

이 시에서 하나의 연이 하나의 장면을 구성하고 있음은 쉽게 알 수 있다. 카메라가 있다면 4개의 씬(scene)이 컷팅(cut)이 되며 각 장면에 등장하는 인물들은 장면의 독립성에 따라 행동을 취한다고 볼 수 있다.

한 장면 내에서 카메라의 초점이 이동하는 곳이 있다면 2연에서이다. 2연에서 카메라의 시선은 '부엌'에서 '八모알상', '상 위', '새파란 싸리', '盞'을 향하여 점차적으로 줌-인(zoom-in)해가고 있다. 이 작품은 이렇다 할 서사적 줄거리를 제시하고 있지는 않다. 그러나 불연속적으로 나열되는 장면들을 통해 '주막'에서 느낄 수 있는 분위기는 충분히 전달되고 있다. 약간의 소란스러움과 분주함, 평화로움과 따뜻함, 즐거움과 정겨움 등이 여기에서 느껴지는데 이러한 분위기는 카메라가 포착한 대상뿐 아니라 그것의 이동 거리와 속도에 의해서도 형성된다.

이외에도 「夏沓」, 「未明界」, 「城外」, 「秋日山朝」, 「曠原」, 「쓸쓸한 길」 등의 단형시뿐 아니라 「女僧」, 「여우난곬族」 등의 장형 시에서도 이같은 영화적 기법이 사용되고 있다. 즉 단순히 정물이나 정서의 이미지가 아니라 상황이 이미지화되고 있으며 이들 이미지들이 모여 서사적 내용을 암시하고 있는 것인데, 이는 영화가 서사를 구성하는 방식과 크게 다르지 않다. 영화는 편집 기술의 용이성으로 다양한 방식의 서사 구성을 할 수 있다. 영화적 기법들은 순차적이고 일직선적으로 진행되는 근대적 시간과 대비되는 것으로 시간성보다는 공간성을 드러내는데 효과적이다. 특히 영화의 이러한 특징을 이용한 몽타주 기법은 공간성을 더욱 극단화시킨 경우이다. 백석의 시 가운데 몽타주 기법으로 쓰여진 가장 대표적인 시는 「모닥불」이다.

새끼오리도 헌신짝도 소똥도 갓신창도 개니빠디도 너울쪽도 짚검불도 가락잎도 머리카락도 헌겊조각도 막대꼬치도 기와장도 닭의짗도 개터럭도 타는 모닥불//재당도 초시도 門長늙은이도 더부살이 아이도 새사위도 갓사둔도 나그네도 주인도 할아버지도 손자도 붓장사도 땜쟁이도 큰개도 강아지도 모두 모닥불을 쪼인다//모닥불은 어려서 우리 할아버지가 어미 아비 없는 서러운 아이로 불상하니도 몽둥발이가 된 슬픈 역사가 있다
「모닥불」 전문

위의 시에서 카메라의 동선을 보면 1연의 모닥불 자체에서 2연의 모닥불 주변으로 줌-아웃(zoom-out)되다가 3연에 이르러서는 모닥불로부터 완전히 벗어나고 있음을 알 수 있다. 그런데 모닥불과 함께 타오르는 것은 '헌신짝', '소똥', '갓신창', '개니빠디'(개의 이빨), '너울쪽'(널빤지쪽), '짚검불', '머리카락' 등 온갖 잡스러운 쓰레기들뿐이다. 이것들은 망가지고 부서진 물체에서 떨어져나온 조각들이고 따라서 전혀 '돈이 되지 않는 것들'이다. 상품화될 가능성과 전혀 무관한 것, 가장 누추하고 초라하고 허접스러운 것들이 쓰레기들이다. 이들은 값진 것들과 극단적으로 대립되는, 가장 쓸모없는 것들이다. 시인은 집요하게 이러한 것들을 모아 불태워 버린다.

그러면, 이 시에서 모닥불이 의미하는 것은 무엇인가. '재당'(육촌), '초시', '門長늙은이'(가문의 어른), '더부살이 아이', '새사위', '갓사둔', '나그네', '주인' 등은 어떤 구별이나 차별도 없이 모든 사람을 '따뜻하게' 해주는 사물이다. 그가 웃사람이건 아랫사람이건, 친밀한 자이건 소원한 자이건, 빈한한 자와 소외된 자를 비롯하여 짐승까지도 '모닥불'을 쬘 수 있다. 말하자면 '모닥불'은 개인주의적이고 합리주의적인 근대적 자아의 기준으로 볼 때 경계하게 되고 소외시키게 되는 모든 사람들을 한데 모아놓는 매개가 되는 것이다. 시인은 이들을 한 자리에 모아 균일한 성격을 부여함으로써 근대적 기준에 의해 구획되는 모든 대립관계들을 소멸시키고자 한다. 그것은 사람과 동물 사이의 구획이라든가 대소(大小) 간의 대립, '주인과 나그네' 사이, 주체와 객체간의 거리, '門長늙은이와 더부살이 아이' 등 중심과 주변 사이의 구별을 무화시킨다. 즉 근대적 의식에 의해 구획된 모든 관계망들을 해체시킬 수 있는 힘을 가진 것이 바로 모닥불이라는 사유에 이르고 있는 것이다.

모닥불을 지피는 것이 온갖 사소한 허접쓰레기를 태우는 일이라는 인식은 매우 타당할 뿐만 아니라 의미심장하다. 이것들이야말로 물질적 측면에서 가장 무가치한 것이라는 점에서 그러하다. 우리는 이 시를 통해 사물들 가운데에서 가장 반근대적인 물체들에 의해 근대를 구획하는 의식이 모두 탈각되는 과정을 엿볼 수가 있는 것이다.

이처럼 근대를 부정할 수 있는 힘은 반근대적 허접쓰레기를 모두 모음으로써 생성될 수 있는 바, 이것을 감각적으로 보여주는 것이 이 시에서의 몽타쥬 기법이다. '새끼오리', '헌신짝', '소똥' 등 다수의 존재들이 평등한 질을 부여받으면서 등급화된 자본주의의 관계망을 부정한다. 또한 균등한 시간을 분배받고 시간 자체를 분할함으로써 순차적으로 흐르는 근대적 시간질서를 파괴한다. 이러한 몽타쥬 기법들은 근대적 제질서에 대한 비판의 의미를 함축하는 동시에 그들을 부정할 수 있는 힘을 간직하고 있다. 따라서 1연에서 모닥불이 힘차게 타오를 수 있는 것, 그리고 그 힘을 바탕으로 2연에서처럼 반근대적 인간관계를 재구성할 수 있었던 것은 그 중심에 몽타쥬 기법이 있었기 때문에 가능한 것이었다.

그러나 근대의 제 관계를 부정하고 또 그럴 수 있는 힘을 지닌다고 해서 '모닥불'이 추상적 보편성을 지니는 것은 아니다. '모닥불'은 멀리 있는 것도 관념적으로 존재하는 것도 아니고 바로 우리들 곁에, 우리들 속에 존재하는 것이다. 모닥불은 바로 '우리의 역사'를 끌어안고 있는 것이다. 그것은 '어려서 우리 할아버지가 어미아비 없는 서러운 아이로 불쌍하니도 몽둥발이(딸려 붙었던 것이 다 떨어지고 몸뚱이만 남은 물건)가 된 슬픈' 역사를 담고 있다. 이는 지탱할 근거를 상실하고 몸 하나만 남게 된 우리 조선의 현실을 말하는 부분인데, 그렇다면 이와 같은 상황에서 우리가 인식해야 할 사실은 지금 우리가 가진 것이 '몸뚱이 하나'라는 것, 오랜 세월 동안 불쌍하고 서럽게 살아왔다는 것, 그러나 '어미아비'가 있던 행복했던 시기, '어린 시절'이 있었다는 것으로 압축된다.

위의 시에서 볼 수 있듯 백석에게 근대에 관한 문제는 조선이 지닌 상실의 역사와 분리되지 않는다고 여겨졌다. 바꾸어 말하면 근대를 극복하는 것도 조선의 몸으로 이루어내야 하는 일인 것이다. 백석은 이 시에서 근대를 넘어서는 힘을 모닥불이라고 하였거니와 모닥불은 곧 슬픈 역사를 가지고 있는 조선의 몸인 것이다.

백석의 시에서 이미지즘 내지 영화적 기법을 통한 공간화 양상은 결국 반근대적 담론을 형성하게 되었고 그 중심에는 조선이라는 실체가 놓여 있었다. 우리는 이로써 백석이 왜 그토록 고향에 집착했었는지 해명할 수 있게 된 셈이다. 고향이, 곧 '몽둥발이'만 남은 조선이, 불행한 역사를 가지고 있으나 모든 것이 충만하였던 과거 유년 시절 또한 가지고 있던 조선이 우리에게 마지막 남아있는 힘이자 모든 것이었기 때문이다.

4. 근대의 세계주의에 대한 지역주의의 대응

백석에게 고향은 마지막 남은 '조선의 몸'에 해당된다. 그것은 상실의 역사를 살아온 동시에 유년의 흔적을 지니고 있다. 조선의 몸이 소중한 이유는 그것이 슬픈 역사를 지니긴 했어도 과거의 행복했던 기억들을 담아내고 있기 때문이다. 이것을 잘 다룰 때 근대를 극복할 수 있는 힘을 발견할 수가 있다고 시인은 생각한 것이다. 「모닥불」에서처럼 모닥불과 우리 민족은 별개의 것이 아니다. 고향이 신화적 공간으로 기호화되기 시작한 것도 이와 관련된다. 신화적 공간이 근대를 둘러싼 문제를 어떤 방식으로 문제제기하고 해결코자 하는지는 서두에서 살펴보았다. 그렇다면 백석은 고향을 신화적 공간으로 만들기 위해 어떠한 노력을 기울였을까. 그것은 먼저 고향의 전통, 관습, 의식, 풍토, 역사 등 고향의 모든 면면들을 길어올리고 이해하는 일이 될 것이다. 백석이 무엇보다도 평북 지방의 다양한 삶의 양태를 재현시키려 했던 것도 이런 이유 때문이었다.

고향을 신화적 공간으로 격상시키기 위해서 백석에게 필요한 것은 기호적 실천이었다. 시인이 자신의 작품에서 의도적으로 방언을 고집한 까닭도 여기에 있다. 백석의 방언 구사는 매우 거친 것이었다. 그것은 작위적이라는 느낌이 들 정도로 집요하게 이루어지면서도 전혀 가다듬어지지 않은 채 투박하고 거친 상태 그대로 사용되고 있기 때문이다.

> 달빛도 거지도 도적개도 모다 즐겁다/풍구재도 얼럭소도 쇠드랑볕도 모다 즐겁다// 도적괭이 새끼락이 나고/살진 쪽제비 트는 기지개 길고//홰냥닭은 알을 낳고 소리치고/강아지는 겨를 먹고 오줌 싸고/개들은 게 모이고 쌈지거리하고/놓여난 도야지 둥구재벼 오고//송아지 잘도 놀고/까치 보해 짖고/신영길 말이 울고 가고/장돌림 당나귀도 울고 가고//대들보 우에 베틀도 채일도 토리개도 모도들 편안하니/구석구석 후치도 보십도 소시랑도 모도들 편안하니
>
> 「연자간」 전문

이 작품은 계속 사전을 들추어야 의미가 해독될 정도로 이색적인 방언이 많이 구사되고 있는 시이다. '풍구재'는 풍구라 하는 농기구요, '얼럭소'는 얼룩소, '쇠드랑볕'은 쇠스랑 모양의 햇살이 비춘다하여 이름붙여진 쇠스랑볕의 사투리에 해당한다. 또한 후치는 '훌칭이'라 하는 쟁기와 비슷한 기구를 의미하며 보십은 보습의, 소시랑은 쇠스랑의 사투리이다. 여기에다 돼지가 들려오는 모습을 '둥구재벼 온다'고 하는 부분이나 까치가 연신 우짖는 모습을 '보해 짖'는다고 하는 것들을 보면 시인이 지방어를 지나치게 강조하고 있는 듯한 느낌을 받게 된다. 그다지 곱지 않은 억센 억양의 평안도 지역 방언을 백석이 고집스럽게 시어로 차용하고 있는 이유는 무엇일까.

다른 어떤 시들보다 방언의 작위적 사용이 두드러지는 위의 시 속에 시인의 의식의 편린이 나타나 있다. 이 작품은 1연과 7연의 수미 상관

의 구조 속에 다기한 동물들의 행태를 묘사하는 내용으로 이루어져 있다. 1연에서 1행의 '달빛, 거지, 도적개'가 즐겁고 2행의 '풍구재, 얼럭소, 쇠드랑볕'이 즐겁다면 7연 또한 1행의 '베틀, 채일, 토리개'가 편안하고 2행의 '후치, 보십, 소시랑'이 편안하다. 이는 시의 안정된 구조 속에서 그 만큼 그 속에 자리하고 있는 모든 개체들이 즐겁고 편안하다는 것을 암시한다. 각 개체들은 저마다 각각의 위치에서 상이한 모양새를 갖추고 각자의 생리에 따라 행동을 취하고 있는 것이다. 고양이, 쪽제비, 홰냥닭, 강아지, 개, 도야지, 송아지, 까치, 말, 당나귀 등 어느 것 하나 자기의 영역을 갖고 있지 않은 것이 없다. 이들 각 개체들 가운데 중심을 차지한다거나 이외의 것들을 주변으로 몰아가거나 배척하는 일 따위는 상상할 수 없을 만큼 모든 것들은 제자리에서 평화롭게 존재하고 있는 것이다.

백석이 방언을 강조하는 것도 그러한 맥락에서 생각해볼 수 있다. 각 지역이 그 어떤 세력과 권력에 의해서도 침해될 수 없는 존재 가치를 가지고 있다는 주장이 그 속에 내포되어 있기 때문이다. 여기서 지역성이라는 것이 비단 자신의 출신지를 한정하는 것이 아님은 물론이다. 그것은 근대라는 관계망 속에서 의미를 지니는 지역성을 뜻한다. 근대가 자본주의의 세력 확장으로 인해 전 세계를 통일된 시공으로 압축해 놓고 있다면 이러한 과정에 대해 문제제기하고 각 민족이 자신이 기반한 지역의 고유성을 주장하는 일은 충분히 있을 수 있는 일이다. 더욱이 제국주의에 의해 침탈당한 피억압 민족으로서는 자본의 힘을 앞세워 민족의 경계를 무너뜨리고 자신들의 이익을 위해 타자의 영역을 확대해가는 자본주의적 근대의 생태를 부정하지 않을 수 없는 것이다. 타자의 영역을 침해하지 않고 각자 자신의 고유성을 지키자는 것이 백석의 주장인데 우리는 바로 이 점에서 백석 시의 반근대성 및 민족 의식을 찾아야 할 것이다.

방언을 통해 지역성을 강조하고 그러함으로써 우리 민족의 고유성을 주장하는 일련의 과정은 자신들의 고유성을 신화화하는 모더니스트들의 태도와 다르지 않다. 백석은 우리 민족의 유일무이한 존재성을 우리 '조선의 몸'에서 찾고자 했다. 그것은 다름 아닌 조선의 민간에 뿌리 깊이 이어지는 신화, 전설, 풍습, 의례 등의 생활 습속 전체에 해당한다. 그것들이야말로 우리 민족의 훼손되지 않은 유년의 기억이며 원초적 공간이다. 이 유년의 공간에서는 모든 인간이 너와 나의 구별없이 서로 나누는 평화롭고 화해스러운 관계 속에 놓여 있다. 세상의 모든 존재는 '나'에게 우호적이며 자애가 가득찬 시선을 던진다. 만일 적대자가 있다면 삶과 죽음의 대립 정도일 것이다. 가장 사소하고 하찮은 존재도 의미있을 수 있는 곳이 바로 유년의 공간이며 그 속에서 모든 인간 사이의 적대적 관계는 소멸하고 모두가 평등하고 존엄한 가치를 지닐 것이다. 이것이 백석이 우리에게 제시하고자 했던 비전인 셈인데, 백석은 방언을 통해 지역성을 강조하고 이어 자신의 고향의 관습을 회억해내어 우리 민족의 고유한 세계를 찾으려 했던 것이다.

이러한 점에서 볼 때 백석이 전세계적으로 근대의 광포성이 극에 달했던 1936년에 『사슴』을 상재한 것이야말로 모더니즘의 본질적 맥락에 속하는 것이고 따라서 근대적 의미를 지니는 것이라 할 수 있다. 그가 가장 향토적이고 토속적인 세계를 그려내고 있음에도 불구하고 모더니스트인 김기림에게 전혀 이질적으로 느껴지지 않았던 이유도 여기에 있다. 말하자면 '고향'은 평북 정주 지역을 지시하는 것이 아니고 모든 경계를 무화시키는 자본의 힘에 대항하는 근거이자 기지에 해당하는 것이다. 이 점에서 백석의 '고향'을 방법론의 함의를 띤 것으로 본 김윤식의 지적은 타당하다 하겠다. 본고에서는 백석의 반근대적 세계관에 정향지어져 조선이라는 지역의 고유성이 주장되고 있다는 것과 이를 위해 지역을 신화화하고 있다는 것, 이것을 통해 조선 민족이 지닌 영원한 정신과 생명력을 시인이 보여주고자 했다는 점을 살펴보았다.

『사슴』이후 백석이 보인 여행은 조선이라는 지역을 탐구하고 조선

의 역사성을 인식하는 차원에서 이루어지는 것들이다.[15] 근대를 부정
하는 자리에 서서 '조선의 몸'을 말하고 있는 백석이 국토를 더듬고 국
토에 내재하는 오랜 정신과 저력을 회억하는 것은 당연한 일이 아닐
수 없다. 식민지 현실에서 가질 수 있는 국토에 대한 애정이 상실감이
내재된 비관과 좌절의 목소리를 띄기도 하나[16] 그러한 양상 또한 그
중심에 조선이라는 지역주의가 놓여있기 때문에 가능한 것이라 할 수
있다.

5. 결론

 백석은 1930년대 중반 시단에서 모더니즘이 주류를 형성하고 있던
시기 시집『사슴』을 상재한다. 그런데 백석의 시는 모더니즘과 유사한
기법을 사용하되 소재라든가 세계관에서는 기성 모더니스트들과 차별
성을 보인다. 기존의 모더니스트들이 근대를 수용하고 환영하는 편에
놓여 있었다면 백석은 근대적인 것, 소위 도시적인 것과 전혀 다른 것
을 소재로 취하고 있기 때문이다. 백석은 가장 전근대적인 공간을 시의
중심으로 끌어들여오면서 그러한 소재를 가장 현대적인 기법으로 구성
해낸다. 다시 말해서 백석의 시는 가장 근대적인 것과 가장 전근대적인
것의 융합 형태를 취하고 있는 것이다.

---

15) 시집『사슴』을 발간한 이후 백석은 연작시「南行詩抄」(1936.3)와「咸州詩抄」
  (1937.10),「西行詩抄」(1939.11)등의 여행시를 발표한다.
16) 우리는 그러한 예의 대표적 경우를「北方에서-鄭玄雄에게」에서 살펴볼 수 있다.
  "그동안 돌비는 깨어지고 많은 은금보화는 땅에 묻히고 가마귀도 긴 족보를
  이루었는데/ 이리하야 또 한 아득한 새 뱃날이 비롯하는 때/이제는 참으로
  이기지 못할 슬픔과 시름에 쫓겨/나는 나의 빗 한울로 땅으로--나의 태반으
  로 돌아왔으나/(중략)/아, 나의 조상은 형제는 일가친척은 정다운 이웃은 그
  리운 것은 사랑하는 것은 우러르는 것은 나의 자랑은 나의 힘은 없다 바람과
  물과 세월과 같이 지나가고 없다"

그러나 모더니즘의 본래 정신이 근대를 부정하는 것이라면 백석의 시적 양상은 그다지 모순된 것이 아니다. 그는 전근대적인 공간으로서의 '고향'을 단순한 소재적 차원에서 끌어들이는 것이 아니기 때문이다. 고향은 민족주의, 전통주의, 향토주의의 관점에서 취해지는 소재가 아니고 근대적 방식으로 근대를 부정하는 차원에서 방법적으로 선택되는 것이다. 즉 그것의 자리에 다른 것으로 대체될 수도 있는 성격을 '고향'은 가지고 있는 것인데, 이는 곧 고향이 파편화된 근대인의 자아정체성을 회복시켜 줄 수 있는 보편적인 공간으로 기능함을 의미하는 것이다. 이를 모더니스트가 추구하는 신화적 공간이라 부를 수 있을 것이다.

그런데 신화적 공간이 추구되는 근본적인 이유는 근대가 지닌 시간의 진보와 공간의 확장에 기인하는 바, 신화적 공간은 이와 같은 추상화와 보편화를 부정하는 자리에서 형성되는 것이다. 이러한 정신은 시적 기법 상 시간성보다는 공간성을 중심으로 하게 된다. 백석 시를 이끌어가는 중심 기법이 이미지즘인 것을 보면 이러한 사실들이 서로 모순이 되지 않음을 알 수 있다.

백석은 이미지즘의 기법을 기존의 모더니스트와 달리 사용하고 있는데 그것은 서사적 내용을 이미지화하는 장면화의 기법을 보이고 있다는 점에서 그러하다. 장면화의 기법은 영화 제작의 기술을 응용한 것으로 공간성을 강조한다는 점에서 모더니즘 기법의 일종이라 할 수 있다. 그런데 모더니즘의 신화는 근대의 보편성에 저항하기 때문에 지역적 특수성을 지향한다. 이 점이 백석 시에서 모더니즘 기법과 '고향'이 만날 수 있었던 이유에 해당한다. 백석시는 공간성과 지역성을 본질로 하며 그것은 근대가 지닌 시간의 일반적 성격과 자본의 보편화 경향을 부정하는 자리에 놓여 있는 것이다.

—백석론

탈근대성과 해체적 자의식

-이상론

1. 서론

이상 문학에 대한 논의는 당대 최고의 지성이었던 김기림과 조연현의 평문에서부터 시작하여 현재에 이르기까지 지속적으로 이루어지고 있다. 특히 60년대에는 정신분석학에 대한 관심과 더불어 그의 문학에 대한 연구가 더욱 활기를 띠었다. 그 후에도 이상문학에 나타나는 창작 기법상의 난해함과 실험성, 그리고 작가의 전기적 비극성에서 촉발된 관심은 시대에 따라 논의의 각도를 달리해가며 계속되어 왔다.

지금까지 진행되어 온 이상에 대한 연구는 크게 전기연구,[1] 정신분석학적 연구,[2] 내재적 분석에 근거한 구조주의적 연구,[3] 모더니즘 범

---

1) 고은, 『이상평전』, 민음사, 1974.
   김용직, 『이상』, 지학사, 1985.
   김윤식, 『이상연구』, 문학사상사, 1987.
   이승훈, 『이상』, 건국대출판부, 1997.
2) 이어령, 「나르시스의 학살」, 『신세계』, 1956.10-1957.1
   정귀영, 「이상 문학의 초의식 심리학」, 『현대문학』, 1973.7-9.
   김종은, 「이상의 理想과 異狀」, 『문학사상』, 1974.7.
   김종주, 「분석행위를 분석하는 행위」, 『문학정신』, 1995, 가을.
3) 이승훈, 『이상시연구』, 고려원, 1987.
   김진경, 「이상시에 나타난 거울이미지 연구」, 서울대 석사논문, 1983.
   노행판, 「이상시의 의미론적 접근」, 고려대 석사논문, 1982.
   유광우, 「이상문학 텍스트의 구현방식과 의미연구」, 충남대 박사논문, 1993.

주에서의 연구,[4] 후기구조주의적 연구[5] 등이 있으나, 실은 대부분의 연구가 이상시의 해체론적 측면을 어떻게 보아야 할 것인가에 대한 각기 다른 관점에서의 해석이었다고 해도 과언이 아니다. 즉 이들 연구들은 이상의 시에 나타난 띄어쓰기와 구두점을 무시한 비통사적 언어 사용, 언어 대신 숫자나 부호를 나열하는 태도, 반운율성 및 일상어의 사용 등 기존 시문법으로부터의 탈피와 실험적 언어 구조를 보였던 점에 대한 해명이었던 셈이다. 이러한 연구들을 토대로 이상은 1930년대 모더니즘 문학을 대표하는 작가로 자리매김될 수 있었다.

본고는 기존 모더니즘 범주에서의 연구가 이상 문학을 해명하는 데 일정 정도의 한계가 있다는 문제의식에서 출발한다. 가령 모더니즘 측면에서 본 이상 시의 실험적 기법에 대한 탐색은 실험과 해체의 의도를 피상적 수준에서 다룰 수밖에 없으며 모더니즘 범주에서 볼 때의 근대 문명에 대한 부정은 이상 문학을 부분적으로 해명할 수 있을 따름이다. 이상 시에 나타난 특수한 기호의 양상은 근대성에 대한 지향성에서 비롯된 것이 아니라 모더니즘적 틀에서 볼 수 없는 새로운 사유 방식이 유도된 결과라 볼 수 있거니와, 그것은 글쓰기의 과정 중에 '욕망'의 틈입을 허용하였기 때문에 가능한 것이었다.

단일한 의지 하에 통일된 사유를 형성하는 것이 이성의 기능이라면 이상 문학은 이러한 이성적 사유로부터 거리가 멀다는 점을 알 수 있다. 이상의 글쓰기는 마치 단세포 생물체가 스스로 증식하고 변형되듯이 끊임없는 기호의 변동을 보여주는 것과 관련된다. 욕망의 틈입을

---

4) 서준섭, 「1930년대 한국 모더니즘 문학 연구」, 서울대 박사논문, 1988.
   한상규, 「1930년대 모더니즘 문학에 나타난 미적 자의식에 관한 연구」, 서울대 석사논문, 1989.
   최혜실, 『한국모더니즘소설연구』, 민지사, 1992.
   김용직, 「극렬시학의 세계-이상론」, 『한국현대시사』, 한국문연, 1996.
5) 박진임, 「이상시의 페미니즘적 연구」, 서울대 석사논문, 1991.
   김승희, 「이상시 연구」, 서강대 박사논문, 1991.
   이강수, 「이상 텍스트 생산과정 연구」, 서울대 석사논문, 1997.

허용한 기호의 변화 양상으로 접근하게 될 때 이상 시의 전체적 면모를 파악할 수 있으며 또한 그것이 근대성의 차원으로부터 벗어나 있는 것임을 알 수 있다.

이러한 접근은 이상 문학의 발생론적 측면에서 충동과 탈주의 심리학적 요소를 고구하는 것과 다르지 않다. '욕망'의 작동 결과 기호는 단일한 체계가 해체되어 다양한 기호의 계열들이 상호 작용하는 다중심적 차원으로 전개된다. 이는 이상의 시에 보이는 기호 체계의 혼재 양상을 설명해준다. 나아가 이성적 사유 구조에 대한 부정의 근거로 작용하는 '욕망'의 작동은 동일성 사유의 해체과정을 유도하는 탈근대 의식과 관련된다.

2. 연구방법

동일성 사유에 대한 본격적인 비판은 후기구조주의자들에 의해 이루어졌다. 해체주의로 불린 이들 후기구조주의자들은 사유 구조상 나타나는 이항 대립의 관계틀을 거부하고, 근대에서 전제적인 지위를 차지했던 이성 및 부권(父權), 남성, 백인, 서양의 의미를 격하시켰다. 이들은 이성 및 부권, 그리고 남성, 백인, 서양 등이 중심으로 작용하여 소수자와 약자인 타자를 그들에 종속시키고자 하였던 것이 폭력에 해당한다고 주장하였다. 라캉의 주체형성 이론에 의하면 주체의 동일성과 자아정체감은 상징계의 표상(representation)과의 동일시를 통해 형성된다고 하는데, 이때의 '표상'은 자아의 실재와는 상관없는 타자로서 부권이나 이성 등 사회의 권위자를 대표한다.[6]

---

6) 어린 아이는 거울단계(상상계 the Imaginary)에서 거울 속에 비친 자신의 이미지를 총체적이고 완전한 것으로 가정하는데, 이러한 이상적 자아(ideal-I)는 상징계(the Symbolic)로 진입하면서 사회적 자아로 굴절 연결된다. 즉 자아는 타

들뢰즈는 이렇게 해서 갖게 된 자아정체감이 허구임을 전제하고 허구적 자아정체성을 유도하는 동일시 과정의 고리를 끊어내기 위한 방법으로 '욕망'의 분열증적 수용을 제시한다. 즉 상징계에서의 자아가 권위있는 타자와의 동일시를 거부하고 자신의 실질적인 욕망에 따른다면 자아는 타자에 의해 전유되는 대신 끊임없는 확장과 변화를 거듭해 갈 것이라는 점이다. 이의 연장선상에서 언어 사용에 있어서도 기표와 기의의 이항 사이의 대응 논리는 언어의 문법적 완성은 꾀할 수 있을지라도 의미의 생산적인 확대는 이룰 수 없다고 들뢰즈는 지적한다.

이항의 질서와 동일성 체계를 비판하는 들뢰즈의 이러한 지적들은 이상 문학에 나타나는 이해되기 어려운 여러 특성들, 즉 이상이라는 자아의 비사회적이고 반문명적인 태도나 여러 기호들의 난해한 사용들의 의미를 풀어갈 수 있는 실마리를 제공한다. 일반적으로 근대성이 주체의 동일성과 언어의 동일성, 계몽적 이성에 의한 세계의 지배로 그 의미가 확정될 때 이상 문학에 나타난 합리주의적 사고를 부정하는 양상, 언어라는 단일한 기호체계가 통일적으로 나타나지 않는 양상, 대타자의 권위를 거부하는 부정정신 등은 근대성에 대한 회의를 보여주는 것이다. 이러한 글쓰기의 자아는 통일적인 의식을 지닌 자아라기보다 분열적이고 파편적인 충동에 의해 형성되는 자아다.

자에게서 그때그때마다 자신의 이미지를 확인하려는 주체가 된다. 이러한 주체는 자신을 조각나고 결핍된 존재라 여김으로써 끊임없이 완전한 타자의 형상을 욕망하게 된다. 이때 완전한 타자의 가장 위력있는 존재가 '아버지의 이름', 즉 대타자(Autre)이다. 법의 질서이자 상징의 질서인 대타자는 결여된 존재인 자아를 위협하여 자신과 동일화할 것을 명령하고 자아는 이 명령에 복종함으로써 자기동일성을 구한다. J.Lacan, 『욕망이론』, 민승기 외역, 문예출판사, 1994, pp.38-49.

3. 근대적 합리주의에 대한 부정

근대의 이성중심주의는 수학적 합리성의 사유를 토대로 형성된다. 수학이 객관적 합리성의 기본토대이고 이성 중심적 사유의 중심에 있는 것이라는 점에서 이상은 수학적 언술과 기호에 관심을 기울였다. 이 때문에 수학적 기호를 통해 제시된 수학에 대한 관점을 통해 이상이 근대에 대해 어떻게 사유하고 있었는가 하는 것을 읽을 수 있는바, 이상의 수학시는 수학적 사유에 대한 부정을 일관되게 보여주고 있어 이상의 근대에 대한 부정적 인식과 그에 대한 초월의지가 얼마나 강했는지를 확인할 수 있게 해준다. 실제로 이상은 「線에關한覺書1」에서 '사람은 數字를 버리라'고 하면서 數의 포기를 주장하고 있다. 이를 보면 이상이 수학적 기호를 사용한 것이 그것을 긍정하기 때문이라기보다 수학이 함의하는 근대 과학적 사유 및 합리주의 세계를 부정하기 위해서라는 것을 알 수 있다.

> 數字를代數的인것으로하는것에서數字를數字的인것으로하는것에서數字
> 를數字인것으로하는것에서數字를數字인것으로하는것에(1234567890의
> 患者의究明과詩的인情緖의棄却處)

「線에關한覺書6」 부분

들뢰즈는 카오스에 대한 태도에서 철학과 과학의 차이를 구별한다. 그는 철학이 무한한 속도를 유지하고자 한다면 과학은 이를 부정하고 속도에 제한을 가함으로써 자신의 공리를 얻어낸다고 말한다. 들뢰즈의 과학에 대한 관점을 수학적 사유에 적용해도 크게 무리는 없을 것이다. 수학적 기제에 의해 인간은 무한한 속도를 포기하고 카오스를 외면하는 상징질서 내부에 놓이게 된다는 것이다. 속도의 감소란 곧 욕망을 부정하고 과학으로 대표되는 문명에 귀속되도록 강요하는 것을 의미한다.

(우주는역에의하는역에의한다)

(사람은수자를버리라)

(고요하게나를전자의양자로하라)

스펙톨

축X 축Y 축Z

　速度etc의統制例컨대光線은每秒當300,000킬로미터달아나는것이確實

하다면사람의發明은每秒當600,000킬로미터달아날수없다는法은물론없

다.그것을幾十倍幾百倍幾千倍幾萬倍幾億倍幾兆倍하면서사람은數十數百

年數千年數萬年數億年數兆年의太古의事實이보여질것이아닌가,그것을또

끊임없이崩壞하는것이라고하는가,原子는原子이고原子이고原子이다,生理

作用은變移하는것인가,原子는原子가아니고原子가아니다,放射는崩壞인가,

사람은永劫인永劫을살릴수있는것은生命은生도아니고命도아니고光線인

것이라는것이다

「線에關한覺書1」 부분

　위의 시에서 시적 화자는 개체들로 하여금 스스로 무한한 속도감을
얻게 하기 위해 '숫자를 버리'고 '고요하게 나를 전자의 양자로 하라'고
말한다. 또한 개체에게 생명을 부여할 수 있는 것은 '生'도 아니고 '命'도
아니며 '光線'의 힘이라고 함으로써 '광선'을 제한없는 속도를 의미하는
것으로 제시하고 있다. 감속을 요구하는 수학 및 과학의 사유와 그에
기반한 근대문명은 상징질서 외부의 카오스, 무한한 욕망의 힘을 부정
하는바, 여기에 억압을 느끼는 개체는 정주를 거부하고 탈주를 감행하
게 된다.

　대체로 이상 시에 나타나는 속도의식, 질주의 시간성은 근대 과학
문명의 발전 속도를 의미하는 것으로 이해되어 왔다. 그러나 이러한
관점은 근대의 기계적 속도를 긍정하는 것이기 때문에 이상의 시에서

보이는 합리적 사유 및 유클리드 기하학에 대한 부정을 설명할 수 없게 된다. 요컨대 이상 시에서 드러나는 무한 속도 의식은 카오스의 지대를 제한하는 근대문명에 대한 거부감의 표현이자 그러한 세계로부터 벗어나고자 하는 욕망으로 판단할 수 있다. 가령 위 시의 '速度etc의 統制 例컨대 光線은 每秒當 300,000킬로미터 달아나는 것이 確實하다면 사람의 發明은 每秒當 600,000킬로미터 달아날 수 없다는 法은 물론없다.'의 구절은 한계지워진 속도를 강한 탈주의 속력으로 붕괴시키고자 하는 화자의 내면을 말해주는 부분이다. '그것을 幾十倍幾百倍幾千倍幾萬倍幾億倍幾兆倍하면서 사람은 數十年數百年數千年數萬年數億年數兆年의 太古의 事實이 보여질 것이 아닌가' 역시 감속에 대한 반감을 갖고 탈주의 속력으로 그 한계를 넘으려는 시적 자아의 의식을 나타낸다.

속도에 대한 이러한 인식은 인간이 만든 수치의 체계 및 상징질서가 우주 그 자체에 미치지 못한다고 하는 회의감을 반영하는 것이다. 이상은 무한의 속도로 질주를 시도할 경우 본연의 우주, 태초의 원시상태와 만날 것이라고 판단한 듯하다. 그것은 무한속도의 세계란 인간의 에너지가 제한당하지 않을 것이라는 관점 때문이다. 이상이 보여주는 속도에 대한 긍정은 단순한 기계적 속도가 아니라 무한속도를 의미하는 것으로서, 이는 이상이 과학기술문명의 기술적 진보를 긍정하는 것이 아니라 결국 무한한 욕망의 카오스적 힘을 긍정하는 것임을 의미한다. 이러한 이상의 관점에 서면 무한한 탈주의 속력으로 주어진 한계를 넘어설 때 수학적 세계는 붕괴되고 상징질서는 해체된다는 것을 알 수 있다.

4. 가부장적 가족질서에 대한 부정

상징질서와 이성적 의식 외부에는 욕망의 카오스적 상태, 혼란스럽지만 무한한 힘이 존재한다. 그것은 무한한 생성의 힘이기 때문에 사회적 제도는 항상 그 힘을 누르고 그것을 사회적 질서 바깥으로 추방하려고 한다. 생성적이면서도 불안정한 카오스는 기존의 상징적 질서를 무너뜨릴 수 있는 힘이 되는 것이다. 이에 따라 카오스적 욕망을 기존의 질서 안에서 작용하도록 길들이려는 메커니즘이 만들어지는데 이것의 합법화된 형태가 오이디푸스 콤플렉스다.

라캉은 상징적 질서 내부로 편입될 수 없는 지대를 '상상계'라 칭하고, 이것의 존재로 인해 상징계 내부에서 욕망이 결코 충족될 수 없는 것이라고 말한다. 그에 따르면 욕망은 상징계에 의해 부정적으로만 지시되는 일종의 잔여적 세계다. 인간은 상상계에서 어머니와의 二者的 관계를 맺으며 원초적 통일성 속에서 살게 되지만 언어를 습득하고 규범의 場 속에 진입하게 되면서 '상징적인 것'에 몸담게 된다. '아버지-어머니-나' 간의 삼자관계가 형성되고 '아버지'가 근엄한 목소리로 '어머니'와의 이자적 체험이 금지됨에 따라 '나'는 공포를 체험한다. 오이디푸스 콤플렉스를 경험하게 되는 것도 이때부터다.

외디푸스 기제는 생성하고 횡단하고자 하는 무차별적 욕망을 가족체계 안에 가두게 되고 이에 따라 인간은 사회적 상징질서에 적합한 인간으로 양성된다. 가족은 근친상간이 금지되는 틀로서 아버지의 명령을 따라야 하는 곳이며 사회 체제의 충실한 터전이 되는 곳이다. 따라서 욕망은 태어날 때부터 가족적인 것으로 규제되어야 하는 성격을 지니게 된다. 이는 욕망이 사회에 이어짐으로써 상징질서를 위협하는 요인이 되는 것을 견제해야 된다는 점에서 비롯된다.

한편 「烏瞰圖-시제15호」와 「明鏡」, 「거울」 등에는 자아의 타자적 이미지와 본연의 자아 사이의 불일치에 대해 표현되어 있다. '거울속의나는역시外出中'이라는 구절을 거울 단계의 주체 체험에 투영시킬 경우, 이는 상상적 나르시즘의 과정에서 거울 속의 자아가 단지 타자적 이미지에 불과하다는 것을 스스로 인식하는 것으로서 결국 자아의 본연성을 유보하는 행위로 볼 수 있다.

罪를품고식은寢牀에서잤다.確實한내꿈에나는缺席하였고義足을담은軍
用長靴가내꿈의白紙를더럽혀놓았다(중략)내가缺席한나의꿈.내僞造가登場
하지않는내거울.無能이라도좋은나의孤獨의渴望者다.나는드디어나에게自
殺을勸誘하기로決心하였다.나는그에게視野도없는들窓을가리키었다.그들
窓은自殺만을위한들窓이다.

「시제15호」 부분

위의 시에서 화자는 자신을 거울 속의 이미지와 동일시하지 않겠다는 의지를 표명한다. 곧 허구적 이미지로서의 타자를 부정하는 것이다. 한편 '視野도없는들窓'은 표상체계[7] 내에 포섭되지 않은 외부의 공간을 뜻하는 것으로서 이러한 외부의 공간이 욕망의 근원적 힘이 무질서하게 운동하고 있는 곳인 데 비해 상징계를 표상하는 이미지들은 침묵의 공간, 죽음의 공간을 형성한다. '거울속에는소리가없소/저렇게까지조용한세상은참없을것이오'(「거울」)라는 구절에서 거울이 의미하는 표상성의 공간과 무한한 힘인 외부의 공간 사이는 서로 교통할 수 없는 벽이 가로막고 있음을 짐작할 수 있다.

그러나 상징계가 포괄하고 있는 표상체계는 특정 사회를 규제하는 코드들이기 때문에 이들은 쉽게 소멸될 수 있는 것이 아니다. 가족, 병원, 학교, 법, 언어 등이 모두 사회를 유지하는 표상체계로서 이러한 제도들은 사회 내에서 욕망을 통제하고 질서를 확립하기 위한 이데올로기적 체계로서 기능한다. 이러한 표상체계는 사회의 코드화된 기제인 가족 및 부부관계, 국가 등의 제도적 장체를 통해 환원적 힘을 구사하기 때문에 주체가 표상의 경계를 넘어서 욕망의 생성을 체험하고자

7) 표상체계는 일정한 기호적 의미작용과 구조로서, 모든 현상을 이 속으로 환원시키는 힘을 지닌 시대의 패러다임을 가리킨다. 인간은 언어를 통해 사회적 질서로부터 영향받고 이 안에서 주체가 구성된다.

한다면 상징질서의 부분부분들을 모두 파괴해야 한다. 이상 시에서 나타나는 가족적 질서에 대한 부정적인 표현, 정상적 부부관계에 대한 멸시, 제도화된 종교에 대한 부정, 자본주의적 교환관계에 대한 빈정거림 등은 모두 전사회적으로 확산되어 있는 상징질서 곳곳에 대해 경계하는 태도에서 비롯된 것이다.

> 나의아버지가나의곁에조을적에나는나의아버지가되고또나는나의아버지의아버지가되고그런데도나의아버지는나의아버지대로나의아버지인데어쩌자고나는자꾸나의아버지의아버지의아버지의……아버지가되느냐(중략)나는왜드디어나와나의아버지와나의아버지의아버지와나의아버지의아버지의아버지노릇을한꺼번에하면서살아야하는것이냐
>
> 「시제2호」 부분

> 門을암만잡아다녀도안열리는것은안에生活이모자라는까닭이다.밤이사나운꾸지람으로나를조른다.나는우리집내門牌앞에서여간성가신게아니다.나는밤속에들어서서제웅처럼자꾸만減해간다.食□야封한窓戶어데라도한구석터놓아다고내가收入되어들어가야하지않나.(중략)나는그냥門고리에쇠사슬늘어지듯매어달렸다.門을열려고안열리는門을열려고
>
> 「家庭」 부분

위의 「시제2호」와 「家庭」에서 이상은 '아버지'와 '가족'에 대한 부정의식을 통해 부권으로 상징되는 문명과 가족제도에 대해 비판하고 있다. 일반적으로 '아버지의 법'은 근대에서뿐 아니라 봉건시대에까지 거슬러 올라가는 전역사적인 억압 기제다. 「시제2호」에서는 '아버지'라는 기표를 연쇄시킴으로써 '아버지'로 상징되는 가부장적 억압 기제가 시대를 거슬러 반복된다는 것을 암시하고 있다. 「家庭」에서의 가족 역시 '나'를 받아들이지 않기 위해 문을 굳게 닫은 폐쇄회로에 해당한다. '나'는 이같은 견고한 가족의 질서 바깥에서 욕망이 생성적 힘을 잃고 점차

소멸해가는 것을 느낀다. 이들은 모두 가족제도를 둘러싼 상징질서 외부에서 자아가 느끼는 절망과 소외감을 보여주는 것이다.

5. 의식 및 논리에 대한 부정

지금까지 이상의 시에 나타나는 해체적 현상에 대해 많은 연구가 이루어져 왔지만 이상 시의 문제성은 해체 그 자체가 아니라 그것을 일으키는 동력 및 그에 따라 전개되는 새로운 사유의 특질에 있다. 본고에서는 해체적 사유를 이성중심적 동일성 사유와 대립시키고 그 요인으로 무한한 잠재적 에너지에 해당하는 '욕망'을 제시하였다. '욕망'은 무의식의 지대에 존재하는 무한에너지로서 이성에 의해 구축된 거대하고 견고한 상징적 질서를 붕괴시키는 힘이자 에너지에 해당한다. 무의식의 지대는 질서 바깥의 영역이자 의식의 층위 외부의 지대다. 의식 및 상징적 질서 내로 코드화되지 못한 무의식적 '욕망'은 소멸하지 않은 채 끊임없이 의식과 질서의 표면위로 떠오르는 에너지다.

동일성의 사유를 해체시키는 동력이자 요인이 '욕망'의 에너지라면 '욕망'의 틈입에 의해 이루어지는 사유의 새로운 형태는 무엇인가? 이상의 시에서 나타나는 사유의 새로운 양상은 무엇인가?

> 싸움하는사람은즉싸움하지아니하던사람이고또싸움하는사람은싸움하
> 지아니하는사람이었기도하니까싸움하는사람이싸움하는구경을하고싶거
> 든싸움하지아니하던사람이싸움하는것을구경하든지싸움하지아니하는사
> 람이싸움하는구경을하든지싸움하지아니하던사람이나싸움하지아니하는
> 사람이싸움하지아니하는것을구경하든지하였으면그만이다.
>
> 「시제3호」 전문

이성에 의해 쓰여지는 언어는 분절적이고 통일적이다. 이성적 언어

는 이항체계에 따른 기표와 기의의 대응이 이루어지며 분절적 기호 사용에 의해 뚜렷한 의미를 지향하게 된다. 이에 비해 위의 시는 기표와 기의의 대응이 파괴되어 기표의 무한한 연쇄가 이루어지는 형국이다. 기의에 대응해야 할 기표는 미끄러지고 의미는 계속해서 지연된다. 이는 무한한 에너지인 '욕망'의 틈입에 의해 발생하는 언어 양상으로서 '욕망'은 분절된 언어 사이를 가로지르며 응집과 이완의 무한 흐름을 일으킨다. 유동적으로 흐르는 '욕망'은 기호 위를 부유하며 잉여적이고 초과적인 기표의 더미를 양산한다. 이에 따라 통일적이고 총체적인 의미 형성은 이루어지지 않는다.

이것은 사유라기보다 에너지의 순수한 운동이자 파토스의 응집체라 부를 수 있을 것이다. 또한 이것은 분절적 사유가 아닌 이미지의 사유이며 언어적 행위가 아닌 비언어적 행위라 할 수 있다. 위 시에는 의미 작용의 중심(center)이 존재하지 않는 것이다. 의미를 형성하는 이항체계의 붕괴는 결국 기표의 산종을 이루고 연쇄적인 기표 유희로 이르게 됨을 알 수 있다. 이상 시 가운데 이처럼 이항대립의 해체와 기표 연쇄를 표상하는 것들로 「시제2호」, 「시제3호」, 「運動」 등이 있다.

한편 '욕망'의 틈입에 의해 이루어지는 사유는 이처럼 기표유희로 나타나는 경우도 있지만 순전히 이미지의 자유연상, 자동기술의 방법에 의지하여 쓰여지는 시도 있다. 이들은 소위 초현실주의시로 불리는 것들로 이 역시 분절적 사유 대신 이미지의 사유에 의해 이루어진 이상의 대표 유형 시 가운데 하나라 할 수 있다.

> 내팔이면도칼을든채로끊어져떨어졌다.자세히보면무엇에몹시威脅당하는것처럼새파랗다.이렇게하여잃어버린내두개팔을나는燭臺에세움으로내방안에裝飾하여놓았다.팔은죽어서도오히려나에게怯을내이는것만같다.나는이런얇다란禮儀를花草盆보다도사랑스레여긴다.
>
> 「시제13호」 전문

그사기컵은내骸骨과흡사하다.내가그컵을손으로꼭쥐었을때내팔에서는
난데없는팔하나가接木처럼돋히더니그팔에달린손은그사기컵을번쩍들어
마룻바닥에메어부딪는다.내팔은그사기컵을死守하고있으니散散이깨어진
것은그럼그사기컵과흡사한내骸이다.가지났던팔은 배암과같이내팔로기
어들기前에내팔이或움직였던洪水를막은白紙는찢어졌으리라.그러
나내팔은如前히그사기컵을死守한다.

「시제11호」 전문

　　위의 시들은 자유연상에 의해 연속적으로 이미지를 나열하는 전형적
인 초현실주의 기법에 의해 쓰여진 것들이다. 초현실주의 시는 무의식
적 충동에 의해 쓰여지므로 여기에서 논리적 의식이 이루는 의미의 종
합을 구하는 일은 무의미하다. 이러한 시에서는 논리적 의미 대신 단지
전체적인 분위기만 환기될 뿐이다. '면도칼을 든 채로 끊어져 떨어진
팔', '두개팔을 촛대 세워 방안에 장식해 두는 행위'의 순수히 연상에
의해 이루어진 위 시는 기묘한 그로테스크적 분위기를 자아낸다. 「시
제11호」에서의 사기컵과 해골의 연상과 '팔'에 관한 자유 연상 역시 그
로테스크 분위기를 만들어낸다는 점에서 「시제13호」와 유사한 양상을
보여주고 있다.
　　위 시들에 나타나 있는 자유연상 기법은 이상의 시가 분절적인 언어
와 이성적인 사유에 의해 쓰여지고 있는 것이 아님을 뚜렷이 보여준다.
분절적이기보다는 이미지의 흐름에 의해 쓰여지는 양상은 바로 '욕망'
의 에너지가 무의식적 흐름을 형성하는 양상과 동일하다. 무의식적 에
너지로서의 '욕망'의 운동은 위 시에 나타난 이미지들의 분열과 흐름,
흐름과 절단의 지속적 운동 양태와 다르지 않다. 또한 '욕망'이 일정한
무엇을 지향하기보다 그 자체로 생성의 힘임을 보여주는 것처럼 위 시
의 이미지 연상 역시 특정한 의미를 추구하기보다 자체적으로 생성적
국면을 보여주고 있음을 알 수 있다.

이처럼 이상의 시적 언어는 의식적 자아에 의해 개념적으로 사용되는 추상적인 것이 아니라 사물에 가까운 것으로 간주된다. 이상의 언어는 의미작용을 지향하는 기호이기 이전의 양태, 즉 육체적 활동 및 감정과 분리될 수 없는 물질적인 것이자 구체적인 것이 된다. 이러한 이상 시의 기호적 양태는 이상이 이성적이고 통일적인 사유를 부정하는 자리에 있으며 이들의 해체를 통해 비동일적 사유로 나아가고자 했음을 짐작하게 해준다. 이는 자아 스스로 에너지로서의 '욕망'을 적극적으로 수용한 결과이며, 그에 따라 '욕망'의 종횡무진의 흐름을 양산하는 것이 된다. '욕망'에 의한 글쓰기는 여러 기호들이 복잡하게 얽혀 있다는 점에서 거대한 망상조직의 모습을 한다고 볼 수 있다.

'욕망'의 틈입으로 인한 반이성주의적 사유는 기표유희 및 이미지의 연상 외에 논리의 파괴로도 나타난다. 전후 좌우간 논리성의 전복, 겉과 속의 분리의 전복 등은 이상 시에 나타난 반이성주의와 관련되거니와 이는 근대의 수학적 근간을 뒤흔든 비유클리드 기하학의 공리를 떠올리게 한다는 점에서 주목할 만한 대목이다.

> 13人의兒孩가도로로질주하오
> (길은막다른골목이적당하오)
> 第1의兒孩가무섭다고그리오
> 第2의兒孩도무섭다고그리오
> 第3의兒孩도무섭다고그리오
> 第4의兒孩도무섭다고그리오
> 第5의兒孩도무섭다고그리오
> 第6의兒孩도무섭다고그리오
> 第7의兒孩도무섭다고그리오
> 第8의兒孩도무섭다고그리오
> 第9의兒孩도무섭다고그리오
> 第10 兒孩도무섭다고그리오

제11의兒孩가무섭다고그리오

제12의兒孩가무섭다고그리오

제13의兒孩가무섭다고그리오

13인의兒孩는무서운兒孩와무서워하는兒孩와그렇게뿐이모였소

(다른事情은없는것이차라리나았소)

그中에1人의兒孩가무서운兒孩라도좋소

그中에2人의兒孩가무서운兒孩라도좋소

그中에2人의兒孩가무서워하는兒孩라도좋소

그中에1人의兒孩가무서워하는兒孩라도좋소

(길은뚫린골목이라도 適當하오)

13인의兒孩가道路로疾走하지아니하여도좋소

「烏瞰圖-시제1호」전문

암호의 조각들처럼 생긴 위의 시는 여전히 명료한 인식보다는 공포와 질주라는 상황적 분위기만을 제시하고 있다. 반복되는 '무섭다'는 언표는 '13'이 지닌 상징적 의미 및 '아이'와 결합됨으로써 위 시적 상황이 공포와 그로부터의 탈주를 겨냥하고 있음을 암시한다. 그러나 상황에 대한 전반적인 해명에도 불구하고 위 시는 난해하기 그지없는 시로 생각된다. 그것은 위의 시에 나타나 있는 무논리성, 논리의 전복에 기인한다. 위 시는 아무런 매개도 설명도 없이 상황을 반전시킨다. 가령 초두의 '13인의아해가도로로질주하오', '(길은막다른골목이적당하오)'의 진술은 시의 말미에서 '13인의兒孩가도로로질주하지아니하여도좋소', '(길은뚫린골목이라도적당하오)'로 변주되는 것이다.

시의 처음과 끝은 앞뒤가 맞지 않는 명백한 모순에 해당한다. 그러나 시인은 이에 대해 아무런 자의식도 드러내지 않고 있는 전후를 아무렇지도 않게 이어붙인다. 시의 초두의 진술은 자연스럽게 뒤틀려 말미의 진술에 맞닿아 있는 뫼비우스띠와 같은 형국이다. 이러한 정황은 마치

1+1=2가 아니라거나 점과 점 사이를 잇는 가장 짧은 선은 직선이라거나 앞과 뒤는 구분된다고 하는 너무도 명백한 공리가 전복되는 것과 다르지 않다. 이상은 위 시에서 수학의 기본적 공리를 어떠한 해명도 없이 해체한다.

그러나 위 시에 에너지로서의 '욕망'의 틈입이 이루어지고 있다고 한다면 상황은 달라진다. '욕망'의 차원을 포함한다면 시에서 모순에 관한 아무런 설명을 하고 있지 않다는 판단은 오류임이 드러난다. 가령 '질주'에 해당하는 전복과 파괴의 에너지가 시의 요소로 개입한다면 그것은 상황을 반전시키는 핵심 요소에 해당한다. '질주'로 나타나는 탈주의 욕망은 자아를 억압하는 상징적 체계의 '막다른 골목'을 붕괴시키는 에너지로 작용한다. 곧 '질주'에 의해 길은 막다른 상황에서 '뚫린골목'으로 전환될 수 있게 된다. 또한 '질주'를 감행함으로써 상황에 갇혀 오들오들 떨고 있는 존재인 '무서워하는 아이들'은 제법 '무서운 아이'로 존재의 전이를 할 수 있게 된다. 실제로 '孩'는 어린아이, '마음이 여린' 등의 사전적 의미를 지니고 있으나 '웃음 해'의 의미도 있음을 주목한다면8) '탈주'의 에너지는 상황을 역전시킬 수 있던 요인에 해당한다. 물론 모든 아이들이 존재의 용기를 발휘할 수 있는 것은 아니어서 아이들의 존재는 '무서운 아이'와 여전히 '무서워하는 아이'로 갈라진다는 것을 알 수 있다.

이와 같은 해석, 즉 진술의 논리적 차원과 의식적 언어의 차원에만 국한한다면 해결되지 않던 모순이 '욕망'의 무의식적 차원을 포섭할 때 비로소 논리로 이어지는 국면은 세계를 인식하는 새로운 관점과도 연관되는 것이다. '욕망'의 에너지적 차원이란 기존의 수학적 공리를 부정

---

8) 『漢韓大字典』, 민중서림, 1966, p.344. 기존의 해석은 '兒孩'를 '아이'의 낯설게 한 표현 혹은 孩의 음인 '해'를 빌어 '아해'를 '태양의 아들' 정도로 해석해 왔다. 그러나 아이가 '탈주'를 하였으므로 '孩'를 '웃음 해'로 해석할 수 있다. 탈주를 함으로써 아이는 '공포'에서 '기쁨'을 얻게 된 것이다.

할 정도의 핵심적인 의미를 지닌다는 것이다. 이를 3차원의 세계가 아닌 4차원의 세계로의 확장이라 말해도 틀리지 않다. '욕망'의 틈입을 통해 비논리가 논리로 되었다는 것은 3차원의 세계에서 해명되지 않는 사실이 4차원에 이르러 비로소 설명될 수 있는 사실과 관련된다. 가령 점과 점을 잇는 가장 짧은 선이 직선이라는 명제는 3차원에서는 진리가 되지만 4차원에서는 거짓이 되거니와 이는 시각의 확장이 수학적 공리를 어떻게 변화시키는가를 잘 보여준다. 이는 3차원에 적용되는 수학적 공리가 유클리드기하학이라면 4차원에 적용되는 그것은 비유클리드기하학이라는 점으로도 설명될 수 있다. '오늘날 유우클리트는 사망해버렸'(「線에關한覺書2」)다고 말한 이상은 어쩌면 자신의 세계에 '욕망'의 에너지라는 미시적 차원을 끌어들임으로써 4차원의 세계로의 지평을 열고자 하였던 것임을 짐작할 수 있다.

이처럼 이상에게 '욕망'의 틈입은 언어의 붕괴, 의식과 무의식의 경계의 붕괴, 그리고 논리의 파괴로까지 이어진다. 이는 '욕망'의 에너지가 상징적 질서 및 이성중심주의를 해체한다고 하는 사실의 연장선상에 놓이는 것으로서, 이를 통해 동일성의 사유가 '욕망'이라는 변수에 의해 어떻게 지각변동을 일으킬 수 있는지를 알게 된다고 하겠다.

6. 결론

지금까지 동일성 사유의 해체를 중심으로 하여 이상 시의 성격을 해명해 보았다. 이상 시에 나타난 시적 언어의 파괴와 확장된 기호의 사용, 이성과 의식의 차원을 넘어서는 무의식과 비분절적 사유, 논리의 파괴 및 억압적 상징질서에 대한 해체 의지 등은 모두 근대문명을 이끌어왔던 동일성의 사유를 붕괴시키고 사유의 새로운 차원을 개시(開示)한 것과 관련된다. 이상은 특히 무의식적 지대의 충동적 에너지인 '욕망'을 도입함으로써 기존의 세계에 머무는 것이 아닌 새로운 세계로의 진입을 시도하였음을 알 수 있다. 즉 '욕망'은 보다 심오한 새로운 차원으로 나아가기 위한 매개적 요소다. 그것은 견고한 체계에 틈을 냄으로써 질서와 안정이 얼마나 허구적인 것인가를 보여준다. 또한 그것은 이성에 의해 구축된 세계가 인간의 정신에 얼마나 억압적으로 작용하는가를 말하고자 한다.

이상 문학이 1930년대 모더니즘의 범주에 들면서도 오늘날 포스트모더니즘의 관점에서도 해석될 수 있는 것은 이상의 문학이 아방가르드 문학이라는 점을 의미한다. 1910년대 유럽의 아방가르드가 이후 1960년대 서양의 포스트모더니즘으로 계승되었음은 주지의 사실이다. 아방가르드는 당시의 이미지즘 문학에 비해 래디칼한 양상을 띠었는데 이점이 근대문명에 대한 근본적인 부정을 꾀하게 되는 요인이 되었다. 근대문명에 대한 근본적 부정이란 근대의 정신 자체를 부정하는 것을 의미하는바, 그것은 곧 이성주의, 합리주의를 겨냥하는 것과 관련된다.

이상의 문학이 강력하게 전복적인 것으로 인식되는 것은 이처럼 그것이 근대의 정신 자체인 이성을 부정하였던 점에 기인한다. 이상은 이성 중심의 체계를 어쩌면 대단히 논리적, 수학적으로 부정해나갔다고 할 수 있다. 그는 수학적 도구를 통해 수학적 사유 및 3차원적 수학적 공리의 한계와 허구성을 밝혔으며, 봉건적 가부장제에의 도전을 통해 엄격한 상징적체계가 얼마나 인간을 억압하는 기제인지를 보이고자 하였다. 또한 이상이 시에서 현상시키는 사유는 이성과 의식에 의해 이루어지는 분절적인 것이 아니거니와 이는 무의식의 사유, 이미지의 사유, 비논리의 사유로 나타난다. 특히 그의 비논리의 사유와 관련해서는 그가 단순한 차원에서의 논리전복을 보인 것이 아니라 차원의 확장을 통해 새로운 논리의 공리를 보여주고 있다고 하겠다.

흥미롭게도 이상의 문학은 오늘날 첨단이론인 후기구조주의의 이론과 강한 정합성을 보인다. 그것은 이상이 근대문명의 정신이라는 핵심적 측면을 겨냥하여 부정했기에 나타난 결과다. 이상은 근대문명의 근간을 이루는 이성중심주의, 나아가 근대의 기계적 물리학의 토대를 제공한 유클리드 기하학을 공격하고 자신의 세계를 에너지를 포함하는 4차원 물리학의 지평으로 이끌어갔다. 즉 '욕망'은 4차원 물리학에서 중요한 요소로 다루어지는 에너지에 해당한다. 이상 문학이 오늘날 후기구조주의 이론과 만날 수 있던 것도 이점 때문일 것인데, 이를 보면 이상이 얼마나 수학적이고 과학적인 사고에 능통했던가를 짐작할 수 있게 된다. 그의 언어는 여느 시인들의 언어가 아니라 수학적이고도 물리학적이었던 이공계의 언어였던 셈이다.

－이상론

모더니즘과 '주체 회복'의 의의

-김기림론

1. 서론

김기림에 관한 연구는 대체로 영미 문학의 수용 양상에 그 초점이 놓이고 있다. 초기시 및 시론의 이미지즘의 수용[1]이나 1930년대 중반의 스펜더 수용[2], 그리고 리차즈 시론의 수용[3] 연구들이 그것이다. 비교문학적 방법론을 취하고 있는 이들 연구를 통해 김기림의 문학은 매우 엄밀하고 실증적인 조명을 받았다. 그러나 이들에 따르면 영문학 전공자인 김기림의 문학은 영미의 문예사조를 흡수하며 성립되었고 영미 문학의 발달 과정에 따라 변모되었으며 그것의 그늘에서 벗어나지 못한 피동적인 것으로 인식되기 마련이다.

외국 문학과의 비교문학적 고찰은 실제 자료에 입각하여 진행된다는 점에서 구체적인 성과를 드러내는 것이 사실이지만 그 틀에 고착될 경우 해당 작가의 동태적인 활동면들을 소홀히 하기 쉽다. 김기림의 경우는 이러한 연구틀이 대단히 강력하게 작용한 작가 중 한 사람이 되었다. 김기림 연구에서 작가라면 응당 지니게 마련인 세계와의 응전의

---

1) 오세영, 「韓國 모더니즘詩의 展開와 그 特質」, 『20세기 한국시 연구』, 새문사, 1989.
2) 문혜원, 「김기림과 스티븐 스펜더의 비교문학적 고찰」, 『한국 현대시와 모더니즘』, 신구문화사, 1996.
3) 송욱, 「韓國 모더니즘 批判」, 『詩學評傳』, 일조각, 1963.

자세는 대부분 사장되었고 김기림은 외국의 근대 문물에 미혹된 자로서 또한 그러한 시각으로 서구의 사조를 수입하려 했던 자로서 묘사되었다. 이는 작가가 세계에 개입하려 했던 능동적인 태도라든가 그에 따라 주체적으로 형성하게 된 세계 인식 및 창작 방법들을 외면하는 결과를 가져왔고 김기림의 문학을 단지 모방과 우연의 계기를 벗어나지 못하는 것으로 규정하는 오류 역시 가져왔다.

이러한 상황은 김기림 문학 연구가 시보다는 시론에 초점이 놓임으로써,[4] 그리고 그 또한 시론 전체보다는 매우 한정된 시론만을 연구 대상으로 취함에 따라 빚어졌을 가능성이 크다. 다른 한편 시 연구가 김기림의 시 전체 가운데 이미지즘적 경향을 보이는 것이나 기상도에 국한하여 선택적으로 진행되었다는 점도 이러한 형편을 더욱 강화시켰다. 결과적으로 그간의 연구에서는 김기림의 소위 초기시에서 「기상도」 이후 후기시에 이르는 과정에서 작가의 실존적인 고민이나 치열한 방법론적 성찰이 해명되지 못한 채 변모의 양상만이 단편적으로 논의되곤 하였고 나아가 해방 후 문학가 동맹에 가담했을 때의 실천적 문학 행위들을 단절적이고 예외적인 것으로 바라보곤 하였다.

본 연구의 목표는 김기림이 모더니스트라는 기존의 입장을 번복하는 데에 있지 않다. 그리고 초기시를 중심으로 한 김기림의 문학이 경성이라는 근대 도시를 터전으로 하여 형성된 도시시로서의 면모를 띤다는 기존의 연구[5]를 많은 부분 수용한다. 그러나 김기림의 전체적인 담론은 어느 한 일면만을 부각시키기에는 상당히 많은 논란의 여지를 안고

---

4) 김윤식, 「전체시론-김기림의 경우」, 『한국근대문학사상사』, 한길사, 1984.
   김윤태, 『한국모더니즘시론연구』, 현대문학연구 제64집, 서울대대학원.
   강은교, 「김기림 시론 연구」, 강용권 박사 송수기념논총, 1986.10.
   _____, 「1930년대 김기림의 모더니즘 연구」, 연세대 대학원, 1988.
5) 신범순, 「도시거리의 작은 축제」, 『한국 현대시의 퇴폐와 작은 주체』, 신구문화사, 1998.
   _____, 「1930년대 모더니즘에서 '작은자아'와 군중, '기술'의 의미」, 위의 책.

있다. 김기림의 담론은 일견 매우 분명하고 의심할 필요 없이 명쾌한 듯하지만 동일한 시기에서조차도 다양한 스펙트럼과 모순되게 보이는 면들을 지니고 있다. 이는 김기림이 근대라는 환경에 단순하게 편입되어 간 것이 아니라는 점을 암시한다.

김기림은 근대적 도시 한가운데에 놓이고 서구의 문예사조를 수용하고 있을 때조차 자신을 포함한 공동체의 필요와 요구를 그 중심에 위치시키고 있다. 그는 전세계적으로 도래한 근대라는 시·공간을 깊이 있게 이해하였고 그 속에서 자신을 포함하는 민족 공동체가 가능한 어떠한 일들을 해야 하는가를 진지하게 모색한 작가 중 한 사람이다. 이는 식민지이든 제국주의이든 그 여부를 떠나 근대가 야기한 변화된 시·공간을 받아들이되 식민지인으로서 가져야 할 근대적 의식과 정체성이 무엇인가를 고민하는 것과 다르지 않다. 다시 말해서 그곳이 식민지일지라도 근대는 이미 그곳의 시공간을 변화시키고 있다. 아니 식민지 자체가 제국주의 잉여 자본의 투여와 이윤의 창출을 목적으로 획책된 근대적 현상이기 때문에 식민지는 곧 이식된 근대라 할 수 있다. 따라서 이처럼 변화된 환경 속에서 자신이 어떠한 입장을 취해야 하는지를 결정하는 것은 지식인들이 방기할 수 없는 책임에 속한다. 김기림은 가장 능동적으로 이 사실을 받아들였고 매우 주체적인 자세로 이에 답하려 했던 자이다.

본고는 김기림의 담론을 총체적으로 고찰함으로써 식민지 근대라는 조건에 임하여 작가가 어떠한 방식의 응전의 과정을 보이는지 살펴보고자 하였다. 김기림은 소위 사회와 역사와 단절된 채 반정치주의적인 담론을 양산했던 자라기보다는 근대라고 하는 사회 문화적인 콘텍스트 내에서 어떠한 글쓰기가 행해져야 하고 어떠한 자아정체성이 확립되어야 하는지를 그의 모든 담론을 통해 탐구하고 실천했던 작가라 할 수 있다.

2. 연구방법

1930년대 당시 식민지 조선에는 생산 위주의 경제적 기반은 없었지만 시장의 원리는 비교적 일관되고 철저하게, 지금의 우리가 상상하는 것보다 더욱 구체적이고 심도있게 현실화되고 있었던 것으로 보인다. 김기림의 모더니즘을 이해할 때 이러한 사실을 지적하는 것은 매우 중요하다. 그의 근대성은 단순히 이미지즘이나 감각적 도시체험에서 그 본질을 찾을 수 있는 것이 아니고 돈을 중심으로 하는 근대의 원리에 조응하며 자생적이고도 의식적으로 형성된 것이기 때문이다. 자본주의에서 돈은 객체에 대한 주체의 가치의식을 실현해주는 것으로서 합리성의 상징이 된다. 돈은 그 추상성으로 말미암아 모든 대상에 대한 전일적인 매개자 역할을 한다. 돈에 대한 이러한 생각은 근대 초기의 계몽의 담론과 관련되는 것인데 이는 합리적인 사고에 의한 추상화 작용, 즉 이성에 의한 통일적 사고 방식이 세계를 이성적으로 조직할 것이라는 믿음과 서로 조응한다. 그러나 자본주의가 심화될수록 그것은 사용가치를 무화시킴으로써 사회 전체의 위계화된 가치질서를 교란시키는 기능을 한다.[6]

김기림의 문학적 담론은 시기상 대체로 세 부분으로 나뉘어지지만 질적 차이를 고려한다면 크게 두 부분으로 나눌 수 있다. 이 때 구분의 기점이 되는 것은 김기림이 보인 자기 반성의 시기이다. 김기림에 대한 연구는 대부분 이 시기에 이루어진 반성을 기점으로 그 전과 후를 구분하여 왔다. 그리고 그 요인으로 프로시 진영에 의한 비판과 일본의 군

---

6) 짐멜은 근대의 모든 생활 양식들과 문화가 '화폐'에 의해 성립된 것으로 보고 화폐와 관련된 근대성의 본질을 정교하게 설명하고 있다. 화폐는 스스로는 무특징적인 까닭에 다른 어떤 대상도 매개해 줄 수 있는 특성을 지니고 있다. 이러한 화폐의 매개 기능은 대상과 자아를 분리시켜 주는 계기이며 이는 결국 근대적 개인의 형성과 나아가 인식론상의 주관주의와 상대주의를 발생시키는 것으로도 작용한다고 한다.(안준섭 역),『돈의 철학』, 한길사, 1985, pp.538-545.

국주의화 그리고 서구의 파시즘 체제를 지적하고 이후 담론에 문명비판의 요소가 있는지 여부로 논리를 전개시켜 나갔다. 이러한 접근은 김기림 담론을 다분히 윤리적 기준에 의해 구분하는 것이다. 그러나 김기림의 변화는 무엇보다도 그의 주체적 거점이 가지고 있는 인식론상의 오류와 세계관의 모순에 관한 것으로 볼 수 있을 것이다. 즉 초기 담론이 근대적 자아의 성립을 목표로 하여 주체, 객체 분리에 의한 인식론을 보여주고 있다면 후기 담론은 이를 반성하고 타자 수용 양상을 통해 주체와 객체간의 변증법적 인식론을 보이고 있기 때문이다.

초기 김기림의 '이미지즘'도 이러한 맥락에서 살펴볼 수 있다. 김기림의 이미지즘이 촉각이나 청각이 배제된 단지 시각적 이미지에만 국한되어 있음은 대상과 자아 사이에 설정된 '거리'를 암시하는 것이다. 초기 담론에서 김기림은 대상과 인식의 주체 사이를 엄격하게 분리시키고 자신을 사물이 객관적으로 관찰될 수 있는 위치에 고정시킨다. 이것은 대상을 한눈에 통일적으로 인식할 수 있는 일점원리의 시각을 확보함을 뜻한다. 그리고 이러한 시각은 근대의 이성적이고 합리적인 주체의 형성을 의미한다.

그런데 1930년대 중반 김기림은 이러한 자신의 '시각'에 대해 문제의식을 갖게 된다. 이를 김기림은 「각도의 문제」(1935.6.4)에서 다루고 있는데 이 글에서 김기림은 '고정된 각도'에 집착하는 시인들을 비판하고 있다. 김기림은 자신의 이미지즘시가 이 원근법적 시각주의에서 비롯된 것임을 스스로 인정하고 있으며 이에 대한 극복을 입체파나 초현실주의 시에서 전개하고 있는 '다초점' 혹은 '시간성 구현'을 통해 도모하고 있다. 즉 김기림이 봉착했던 시각의 문제는 주체-객체간의 단절에 관한 것으로 이는 근대 인식론이 안고 있는 본질적인 부분에 속한다.

김기림이 말하는 '다초점'이나 '시간성의 구현' 혹은 '육체'는 모두 추상적인 지성이 배제했던 타자의 영역에 속하는 것들이다. 꿈이나 무의식, 희극적인 것, 성적인 것, 분열된 것, 추한 것, 우연 등 질서화되지 않는다는 이유로 합리적 자아가 의식적으로 도외시했던 것이 모두 여기에 속한다. 이 시기에 특히 「기상도」에서 김기림은 이러한 것들을 일관된 관계로 서술하지 않고 대립시키거나 병렬시켜 모순된 그대로 표현한다.

3. '형식'의 발견과 주관적 자아의 형성

김기림의 초기 모더니즘이 '지성'을 본질로 한다고 하였을 때 이때 '지성'은 두가지 측면에서 의미를 지닌다. 첫째 그 자체로 감상성에 대한 경계가 된다는 점과 둘째 시 창작에서의 도구가 된다는 점이 그것이다. 후자를 위해 김기림은 그 자체의 규범에 합당한 시를 창작한다. 시는 더 이상 내부로부터 우러나는 충동에 의해 창조되는 것이 아니고 시인의 의식적이고 합목적적인 의지에 의해 구성되고 '제작되는 것'이다. 이러한 태도는 김기림의 '기술주의'와도 무관하지 않다. 그가 상정한 '시의 규범', '제작원리', '진보된 양식' 등의 의미소들은 모두가 시의 자율성과 관련되는 것으로 '어떻게' 창작할 것인가의 질문을 내포하고 있다. 「시와 인식」에 의하면 김기림의 창작론은 편내용주의자들이 고정된 현실을 다루는 반면 그는 움직이는, 주관적 현실을 다룬다는 점과, 그들이 그것을 개념적으로 서술함에 비해 김기림은 주관성의 적절한 표현을 위해, 즉 그것을 객관화시키기 위해 형식을 고려한다는 점에서 그들의 것과 차별성을 지닌다. 김기림이 편내용주의자를 두고 자연주의자라 한 이유도 여기에 있다. 그들은 표현을 위한 어떠한 지적인 노력도 하지 않는다는 것이 김기림의 설명이다. 김기림은 이들과 달리 대상에 대한 주관성을 표현하기 위해 형식 탐구에 골몰하게 되는데 그의 초기시는 이러한 노력에 대한 결과라 할 수 있다.

오-나의 戀人이여

너는 한 개의 '슈-크림'이다.

너는 한 자의 '커피'다.

너는 어쩌면 地球에서 아지못하는 나라로

나를 끌고가는 무지개와 같은 김의 날개를 가지고 있느냐?

나의 어깨에서 하로 동안의 모-든 시끄러운 義務를

나려주는 짐푸는 人夫의 일을

너는 '칼리포-니아'의 어느 埠頭에서 배웠느냐?

「'커피'盞을 들고」 전문

　「'커피'盞을 들고」, 「汽車」, 「祈願」, 「꿈꾸는 眞珠여 바다로 가자」 등 김기림의 초기 시에는 하나의 고정된 사물에 대해 다양한 심상을 전하는 경우가 많다. 그러한 시들은 A=B,C,D...하는 식의 구조를 보인다. 이는 대상이 일으킨 주관적 정서를 객관화시키는 과정에서 발생하는 것으로 형식의 강화 양상을 나타낸다.

　위의 시에서 시적 대상인 '너'는 '나의 연인', '슈크림', '커피', '무지개', '김의 날개', '짐푸는 인부' 등 다수의 상관물로 형상화되고 있다. 하나의 대상인 '너'에 대해 이처럼 표현의 매개체들이 강화되어 나타나 있는 형상화 구조는 시적 자아의 주관적 의식을 객관화시키기 위한 방법으로 제시된 것이라 할 수 있다. 위 시에서처럼 대상에 대한 표현 매개를 강조했던 것은 의식적이든 무의식적이든 자아의 주관의 영역을 확고히 하고자 하는 김기림의 의지가 작용한 것이라 해석할 수 있다. 이는 김기림이 초기시론에서 밝힌 객체와 주체 사이의 관계, 즉 직면한 대상을 포착하기 위한 주관성의 발견과 그 주관성을 객관화하기 위한 지적인 형식들을 발견한다고 하는 초기 시의 방법론을 잘 보여주는 것이다.

　초기시의 주요한 부분을 차지하고 있는 이미지즘 시에 대해서도 이

모더니즘과 '주체 회복'의 의의 ▎173

와 같은 설명을 할 수 있다. 「봄은 電報도 안치고」를 비롯하여 풍경을 다루고 있는 '여행시', 「旗빨」, 「噴水」, 「바다의 아츰」, 「제비의 家族」 등 다수의 시가 이에 속하는데 이들 시에서처럼 외부의 사물이 시각적 인식의 대상으로 놓이는 경우 대상은 최대한 사실적으로 묘사되고 있 지만 그것은 시인이 지각한 대로의 모습에 불과하다는 사실을 간과해 서는 안 된다. 대상은 시인의 시선이 보고자 하는 곳에 있는 것이며 그런 점에서 대상의 인지된 내용은 주관적인 범주에 놓인다.

'형식'의 범주가 강조되는 것은 단순히 '기교주의자'들의 예술 중심주 의적인 발상에서 비롯되는 것이라기보다 하나의 제도 자체라는 편이 타당할 것이다. 즉 근대 자본주의적 생산 양식이 가져온 개인의 발생과 그에 따른 상대적이고 주관주의적 세계관이 예술의 분야에 투영되었을 때 '형식'이라는 문제가 발생하기 때문이다.

한편 김기림의 초기시를 가장 강하게 인상짓는 이미지가 있다면 그 것은 '태양' 이미지일 것이다. 그런데 '태양' 이미지를 근대 문명의 화려 함이나 명랑성, 진보에 대한 확신과 낙관의 의미로 구하는 것은 상당히 표면적인 접근이다. 김기림에게 '태양'은 가장 궁극적이고 초월적인 의 미를 지닌다. 그것은 현실의 부정성을 극복해야 한다는 당위성이 있되 그것을 극복하기 위한 매개가 결여되어 있는 지점에서 등장하기 마련 인 '힘'에 대한 추상적인 이미지이다. 김기림에게 궁극자로서의 '태양' 이미지가 없었다면 현실 극복의 의지를 찾지 못했을 정도로 '태양'은 가장 높은 수위에서 그를 추동한다.

> 太陽아
> 다만 한번이라도 좋다. 너를 부르기 위하야 나는 두루미의 목통을 비러
> 오마. 나의 마음의 문허진 터를 닦고 나는 그 우에 너를 위한 작은 宮殿을
> 세우련다. 그러면 너는 그 속에 와서 살어라. 나는 너를 나의 어머니 나의
> 故鄕 나의 사랑 나의 希望이라고 부르마. 그리고 너의 사라운 風俗을 쫓아

서 이 어둠을 깨물어 죽이련다

「太陽의 風俗」 부분

'태양'은 김기림의 첫시집『태양의 풍속』의 제목이 될 정도로 김기림 시에서 중요한 이미지이다. 초기의 김기림 시에서 '태양'은 당대의 부정적 상황을 극복할 수 있게 해주는 매개에 해당한다. '태양'은 초기 김기림 시에서 정서적 상태를 표현하는 '마음이 무너진 터', '어둠', '불결한 간밤의 서리', '병실', '설어온 나의 시', '밤' 등의 의미소들과 대립하여 건강하고 활기에 찬 정서를 유도하기 위해 마련된 이미지이기도 하다. 이는 「방」이나 「어둠 속의 노래」에서 볼 수 있듯 부정성 그 자체 속에 분열된 채 있기를 거부하는 자아를 나타내 주기도 한다. 초기시의 시적 자아는 당대의 상황으로부터 말미암은 정서의 부정적 상태를 기각하고 동일자로서 살아가길 바란다. 그 속에 태양의 이미지가 놓인다. 태양은 그로 하여금 건강하게 살 것을 요구한다. 건강한 자아는 분열을 겪는 자신을 응시하고 자신이 욕망하는 대상까지 인식하는 자아, 즉 세계를 인식할 수 있고 파악할 수 있다는 자신감을 가진 자아이다.

그런데 대상을 인식하기 위해서는 대상과 일정한 거리를 유지해야 한다. 이 거리가 소멸할 때 대상과 나는 일체가 되어 누가 누구이고 무엇이 무엇인지 서로 분간할 수 없게 되기 때문이다. 반면 일정한 거리에서 대상을 바라볼 때 주체는 대상을 완전히 소유할 수 있다고 생각한다. 이것이 곧 근대에 형성되기 시작한 원근법적 시선에 해당한다. 또한 이것이 곧 근대인의 자아 감각이며 근대적 주체를 형성하기 위한 과정이라 할 수 있다.

'모델'과 화가, '캔바스'와 화가 사이에는 적당한 공간적 거리가 필요한 것처럼 문학에 있어서도 대상과 작자와의 사이에는 충분한 관찰을, 작품과 작가 사이에는 충분한 구상화를 할 만한 거리를 필요로 한다. 그 거리라고 하는 것은 공간적인 것은 물론이오 시간적인 것까지도 의미한다. 단순히 감성의 감수만으로 되는 것이 아니고 거기에는 통일된 사고의 세계가 구성되지 아니하면 아니되는 까닭이다.[7]

미학에서 대상과 자아 사이의 '거리'는 미적 대상을 관조할 수 있는 조건이 된다. 관조란 보통 관찰작용을 의미하기도 하지만 미학에서는 자신에 대한 어떤 실제적인 관심에서 분리되어 그 대상을 향해 있는 태도, 즉 무관심성을 의미한다. 김기림이 말한 '거리'도 이러한 관점에서 생각해 볼 수 있다. 자신이 합리적인 이성의 주체로서 정립되는 것을 방해하는 부정적 대상을 그 자체로 거리화하여 '바라보기'로 하는 것이 그것이다. 김기림에게 이것은 대상에 대해 어떠한 주관적 정서나 가치를 배제하여 객관을 있는 그대로, 냉담하게 관찰하는 행위를 의미한다. '거리'에 의지하면 자연도, 고향도, 자신의 내면도 모두 하나의 관조의 대상일 뿐이므로 자아는 감정의 부대낌 없이 안전하게 대상과 만날 수 있게 된다.

그런데 사실상 미학에서 말하는 바 미적 대상을 관조할 수 있는 조건이 되는 '거리' 사이에 개재해 오는 심적 태도는 지적 정서적 복합체로서의 포괄적인 것이다. 그것이 김기림이 의도했듯이 냉담함으로만 채워질 수 없는 것임은 물론이다. 그런데 김기림은 그 거리를 대상과 작가 사이의 '관찰'로 규정함으로써 정서적 요인보다는 지적인 요소를 강화하는 경향으로 흐르게 된다. 초기의 그가 대상을 일정한 간격으로 고정시키고 그것을 그림을 그리듯이 시각화하는 기법을 수용하고 있던 것도 이 때문이다. 이에 따라 김기림의 초기시는 개인을 강화하는 과정에서 정서를 지나치게 억제하는 결과를 가져왔는데 이러한 상태의 주체는 대상을 본질적이고 총체적인 관계로까지 이끌어가지 못하는 불구적이고 매우 제한된 주체임을 알 수 있다. 김기림이 형식주의 비판을

---

7) 김기림, 「작품과 작가의 거리」, 조선일보, 1934.4.1.

매개로 하여 자신의 인식론적 구조를 수정하게 되는 계기도 여기에 있다.

4. '형식주의' 비판과 주체의 강화

김기림의 초기시에 대한 반성은 이른바 '형식주의'에 대한 비판에서 시작된다. 여기에서 김기림이 말하고 있는 '형식주의'는 '인생에서 멀어져 가는 경향을 의미하는 것으로 초기에 그가 시를 창작하는 과정에서 느꼈던 결핍감과 닿아있는 것이다. 즉 초기의 창작 방법이 되어 버리고만 대상과 주체 모두를 단자화시키고 고정시켰던 양상은 시를 하나의 규범으로 굳어가게 한 근본 요인에 해당되었던 것이다.

그런데 김기림이 '형식주의'를 부정한다고 해서 주관의 객관화를 위해 고려되어야 할 형식 범주 그 자체를 부정하는 것은 아니다. 어디까지나 그는 예술에서 형식을 고려하는 것이 주관주의적 경향을 띠는 예술을 보편화시켜줄 수 있는 방법이 된다고 생각했다. 이러한 관점에 설 때 '형식'이 시대성을 지닌다는 점을 이해할 수 있다. 예술가는 변화하는 시대에 따른 변화된 감수성에 따라 자신의 예술 형식을 고려해야 한다는 과제를 안게 되기 때문이다. 여기에서 우리는 1930년대 중반에 이루어진 형식주의 비판이 표면적인 말처럼 형식을 부정하는 것이 아니라 오히려 더 형식을 강조하는 것이라는 사실을 알 수가 있다. 이점을 고려하지 않으면 김기림의 '반성'은 형식논리적 종합에 불과하다. 형식은 예술 영역 내의 독자적 전문성과 관련되지만 예술이 동시대와 호흡을 같이하려고 할 때 더욱더 제련됨으로써 예술작품이 자기 영역 내에 고립되는 것을 극복할 수 있게 해준다. '형식'에 대한 이러한 생각은 초기부터 일관되게 지녀온 것임을 볼 때 김기림이 반성기에 비판하고자 했던 것은 '형식' 그 자체가 아니라 '편향된 형식주의'에 있었음을 알 수 있다. 결국 그의 문제는 초기시에서 결여되었던 '능동성'과 '인간성'을 어떻게 찾느냐에 집중된다. 이를 해결하기 위해 김기림은 과거의 시적 경향에서 도외시되었던 지성 외적인 영역을 복원하는 데에 관심을 갖게 된다.

이에 따라 후기시에서는 '다초점론', '무의식' 등을 도입하는 등 일점 근원의 원리에 대한 긍정을 포기하는 방향으로 나아가게 된다. 초기에 보였던 순차적 시간 질서 및 인과적 논리 구조, 주체와 객체의 일의적 관계는 이제 부정되고 풍자나 아이러니 역설 등 양가적이고 이중적인 수사가 전면화된다는 것을 알 수 있다. 이러한 관점에서 시도된 시가 곧 장시 「기상도」다.

> 넥타이를 한 흰 食人種은
> 니그로의 料理가 七面鳥보다도 좋답니다
> 살갈을 희게 하는 검은 고기의 偉力
> 醫師 '콜-베르'氏 의 處方입니다
> '헬매트'를 쓴 避暑客들은
> 亂雜한 戰爭競技에 熱中했습니다
> 숲은 獨唱家인 審判의 號角소리
> 너무 興奮하였으므로
> 內服만 입는 파씨스트
> 그러나 이태리에서는
> 泄瀉劑는 일체 禁物이랍니다
> 필경 양복 입는 법을 배워낸 宋美齡女士
> 아메리카에서는 女子들은 모두 海水浴을 갔으므로
> 빈 집에서는 望鄕歌를 불으는 니그로와 생쥐가 둘도 없는 동무가 되었
> 습니다.

「市民行列」 부분

장시 「기상도」는 최재서가 "현대 세계에 한 마디로써 부를 통일적 주제가 없는 것처럼 이시에도 단일한 주제는 없다"고 한 것처럼 다중 술화의 구조를 취하고 있다. 「기상도」에서 김기림이 주력했던 것은 초기시의 일의적인 구조와 대립되는 다중적인 구조를 구성하는 일이었다. 특히 「기상도」의 2부에서 나타나 있는 풍자, 빈정댐, 조롱, 냉소, 아이러니 등의 요소는 초기에서의 시가 그러했듯 대상을 시각화함으로써 사태를 일의적으로 환산시켰던 경향에 대비되는 양가적 글쓰기라 할 수 있다.

　　위의 인용 부분에서는 백인 우월주의 및 이성 중심주의에 대한 비판적 시각이 나타나 있다. '백인' 즉 유럽인은 '넥타이'를 맨 신사 차림을 하고 있지만 '흑인' 즉 식민지인들을 착취하는 '식인종'과 다를 바 없다. 물론 식민지인들을 착취하는 자들은 백인만 있는 것은 아니어서 여기엔 식민지 정복에 나선 모든 제국주의자가 포함된다. 제국주의자들이야말로 부패한 이기주의자들이자 위선자들이다. '의사 콜베르씨'는 노골적으로 인간을 착취하라고 '처방'을 내리고 있다. 이처럼 「기상도」의 2부에는 풍자 기법이 전면화되어 제시되거니와, 풍자는 독자의 웃음 및 멸시, 분노, 증오 등 여러 감정 상태를 유발하여 독자의 참여를 유도하는데 바로 이러한 점에서 풍자는 주관적 영역만을 강조하는 것이 아니라 독자와의 열린 대화를 추구하는 개방적 글쓰기 방식이 된다. 이는 주체중심적인 것이 아닌 객체와의 상호 주체적 관계를 보이는 것이라 할 수 있다. 즉 이 시기에 이르러 김기림의 시는 주체 일변도로 나아가는 것이 아니라 주체와 객체의 긴장관계로 이루어지고 있음을 알 수 있다.

> 颱風은 네거리와 公園과 市長에서
> 몬지와 休紙와 캐베지와 臟脂와
> 戀愛의 流行을 쫓아버렸다

헝크러진 거리를 이 구석 저 구석

헛바닥으로 뒤지며 다니는 밤바람

어둠에게 벌거벗은 등을 씻기우면서

말없이 우두커니 서있는 電信柱

(중략)

도시 十九世紀처럼 興奮할 수 없는 너

어둠이 잠긴 地平線 너머는

다른 하늘이 보이지 않는다

음악은 바다 밑에 파묻힌 오래인 옛말처럼 춤추지 않고

수풀 속에서는 傳說이 도무지 슬프지 않다

페이지를 번지건만 너멋장에는 결론이 없다

거츠른 발자취들이 구르고 지나갈 때에

담벼락에 달러붙는 나의 숨소리는

생쥐보다도 커본 일이 없다

강아지처럼 거리를 기웃거리다가도

강아지처럼 얻어맞고 발길에 채어 돌아왔다.

「올빼미의 주문」 부분

인용된 6부는 도시 한복판에서 태풍이 지나간 뒤의 상황을 그리고
있다. 근대의 회오리가 몰아치다 물러간 현재에 '나'가 느끼는 것은 환
멸이다. 위 시의 시적 자아는 근대의 화려함 뒤에 존재하는 불합리와
부조리에 직면하며 참담해 한다. 그는 이제 근대문명 앞에서 '흥분할
수 없는' 자가 되었고 '하늘이 보이지 않는다'고 한 데서 알 수 있듯
더 이상 희망을 가질 수 없게 되었다. 고백건대 지난 날의 자신이란
'생쥐보다도 더 숨죽여 지냈고 강아지처럼 비참했'던 자이다. 6부에서
제시되는 이러한 시적 자아의 성찰은 근대인으로서의 그가 앞만 보고
달려왔던 점에 비추어 볼 때 의미심장한 것이다. 지금까지 그는 근대가
약속하는 미래적 진보에만 의지해 왔었지만 '태풍'이 강타해 전세계를

파괴한 시점에서 더 이상 미래지향적이기만 할 수는 없던 것이다. 폐허가 된 자리에서 그는 비로소 근대문명의 본질과 식민지 지식인으로서의 자의식에 대해 뼈아프게 성찰하고 있다.

시적 자아에게 근대문명의 파괴적 본성과 식민지 근대인의 정체성에 대해 성찰하는 일은 매우 가혹한 것이었다. 그것은 그가 지금까지 이러한 문제에 대해 무지하리만큼 맹목이었다는 점에 기인한다. 당대의 패배주의를 극복해야 했던 김기림에게 근대의 이성주의는 전적으로 수용하고 절대적으로 맹신되어야 했던 것이다. 6부에서 보이는 성찰은 김기림 자신의 과거에 대한 후회와 반성으로 이루어지게 된다. 그러나 성찰 이후 6부에서 등장하는 자아는 절망의 나락으로 추락하는 자가 아니라 과거와 현재를 통합하고 또한 현재와 미래를 통합한 새롭고 강한 자아다. 그는 절망과 어둠을 딛고 세계를 바르게 인식하고자 하는 자로 현상한다. '부엉이'의 눈에서 상징을 찾는 그것은 세계를 본질 깊이 인식하겠다는 의지를 지니며 모든 파괴와 혼돈과 고통을 이겨내는 절대적인 자아를 의미한다. 이후의 담론은 이처럼 강화된 주체를 토대로 하여 전개된다.

이처럼 「기상도」에서는 보다 강화된 주체를 회복하고 있음을 볼 수 있다. 그 주체는 과거시에서 편향적으로 드러났던 소극적이고 추상화된 자아가 아닌 역사와 사회에 대한 비판 의식과 극복 의지를 지닌 적극적인 자아이다. 또한 그는 이미 합리성과 비합리성이라는 양면성을 포회하는 자아이다. 이는 근대의 이성중심적이고 주체중심적인 차원을 넘어서는 것으로서 합리성 이외의 타자가 수용되고 그것과의 대화를 이루는 상호주체적 성격을 지향하는 것이다. 이러한 세계관에 의하면 주체와 객체는 서로 대립적인 자리에서 서로를 대상화시키고 소외시키는 것이 아니라 주체는 객체 속에서 객체는 주체 속에서 실천적으로 의미화가 이루어지는 양상을 띠게 된다. 주체와 객체는 엄격한 간격하에 놓이는 대신 상호 침투하여 통일된 상태를 이루게 된다. 스스로를 드러내는 대상은 자아의 의식과 정서에 닿아있으므로 무엇이 주체이고 객체인지 구분하는 것이 무의미해지는 상태 속에 놓인다. 「共同墓地」나 「못」, 「바다와 나비」, 「療養院과」 등 이후 창작되는 김기림의 수준 높은 시들은 이러한 세계관 위에서 창작되는 것들이다.

김기림은 「기상도」 이후의 강화되고 심화된 주체성을 바탕으로 해방 이후 민족적 경험의 공동 영역을 구축하고 나아가 유토피아적 상상력을 내세움으로써 민족주의적 담론을 형성하기 시작한다. 근대의 의미망에서 볼 때 민족주의는 결코 긍정될 수 없는 것이다. 근대 국가의 형성과 병행하여 취해진 민족주의는 그것이 정치화되었을 때 소위 전체주의로 나타나기 때문이다. 1930년대 서구에서 지역적 민족주의를 표방하며 등장한 파시즘이 그것이고 당시 일제의 대동아 공영권 논리도 여기에서 벗어나지 않는다.

그렇다면 김기림의 민족주의는 어떠한 함의를 지니는가? 「시와 민족」(1947)에서 김기림은 '내셔널리즘'이라는 배타적 민족주의와 '세계주의'라는 자유주의적 민족주의를 구별함으로써 민족주의의 논의를 상호주체성의 관점에서 재정립하고 있음을 알 수 있다. 김기림에 의하면 민족적 주체는 각 민족의 대등한 권리를 상호 인정하고 존중하는 가운데 정당한 경쟁을 이루어낸다는 상호 공존의 논리를 견지해야 한다. 이것이 김기림이 제시하는 민족주의이자 세계주의이다. 즉 김기림의 관점에 의하면 세계주의의 조명을 받지 않는 민족주의는 침략자로 변질될 우려가 있는 반동적인 것이다.

김기림이 민족간 상호 존중의 태도를 주장한 것은 「기상도」 이후 전개되었던 객체 중심적 사유와 동궤에 놓인다. 후기에 주체의 강화를 이루어냈으되 그것을 바탕으로 객체를 일방적으로 복속시키기보다 객체의 본질을 이끌어냄으로써 자신을 객체에 동화시키는 태도는 근대를 형성해왔던 주체성의 원리와는 다른 위치에 놓이는 것이다. 주체성의 원리란 타자를 자기 자신에 동일시하고 그 이외의 요소는 배제해 버림으로써 타자의 본질을 부정하게 되는 자기중심적 세계관을 의미한다. 반면 객체에 의해 주체가 끊임없이 부정되는 가운데 주체는 반성적 사유를 지니게 되며 타자와의 대화적 관계에 놓이게 된다.

　김기림의 이러한 태도는 프로문학가들이 자신들과 계급적 주체를 동일시하고 그 이외의 타자를 적으로 여기는 것과 대립되는 태도이다. 김기림이 초지일관하게 자신의 문학적 실천을 객관화시키고 타자의 주체성 및 그들과의 소통 가능성을 염두에 두었다면 프로문학가들은 철저하게 자신들의 주관을 일방적으로 강요하는 전체주의적 태도를 보여왔던 것이다. 따라서『문학가 동맹』을 계기로 김기림이 사회주의자들과 같은 행동을 취할 수 있었던 시기는 그 양자가 민중성과 대중성을 공통분모로 취하고 있을 때에 한정된다.

5. 결론

　본고는 김기림의 문학적 담론을 총체적으로 고찰함으로써 김기림이 문학적 실천 과정에서 보였던 전 궤적을 살펴보고자 하였다. 그가 근대주의자나 이미지스트로 현상하였던 것이나 이에 대해 반성을 취했던 것, 그리고『문학가 동맹』에서의 활동들은 단절적이기보다는 내적인 연관성을 지니고 있었던 것이며 우연적인 계기와 피상적인 변모로 이루어진 것이라기보다는 필연적이고 인식론적인 것이었다. 이것은 김기림이 근대라는 주어진 환경에서 주체를 어떻게 구성하려 하였는가를 살펴봄으로써 드러날 수 있었다. 김기림은 근대의 미망에 사로잡혔던 피동적인 자아가 결코 아니었다. 대신 그는 근대를 본질적으로 이해한 후 식민지 문학인으로서 할 수 있는 최대한의 역할을 한 자이다. 그것이 외국문학의 적극적인 수용으로 나타났던 것은 물론 아니다. 그보다 더욱 본질적인 층위는 환경과 세계에 대응할 수 있는 주체를 구성하는 일이었다. 또한 근대가 그 원리로 포회하고 있던 주체성의 부조리와 불합리를 비판하고 새로운 주체성을 정립하는 일이었다. 그것은 객체 존중과 타자 지향의 자세를 견지함으로써 가능했으며 그 때의 주체는 강화된 동시에 제한된, 즉 동일자를 유지하나 타자를 억압하지 않는 상호 주체성을 긍정하는 자아이다.

— 김기림론

불온한 현실과 저항의 미학

－이육사론

1. 이육사 시의 출발

육사는 1904년 경북 안동에서 태어났으며, 본명은 원록이고 퇴계 이황의 14대 후손이다. 그는 투철한 독립운동가였고, 그것이 원인이 되어서 해방 일 년 전인 1944년 북경 감옥에서 옥사했다. 그는 독립운동을 하면서 틈틈이 시를 발표했는데, 처음 작품 활동을 시작한 것은 1933년 『신조선』에 시 「황혼」을 발표하면서부터이다. 길지 않은 생애였지만, 문학에 대한 관심도가 높아서 여러 편의 평론과 수필, 한시 등을 발표했다. 그의 작품은 시 34편, 평론 11편, 수필 13편 등을 남긴 것으로 알려져 있다. 길지 않은 삶에 비하면 적지도 많지도 않은, 적절한 수효의 작품을 남긴 것이라 할 수 있다.

식민지 시대를 살아간 문인치고 불온한 현실과 그에 대한 저항의 몸짓을 갖지 않은 경우는 없었을 것이다. 그럼에도 불구하고 많은 사람들은 육사를 저항문인으로 기억하고 그의 작품들에 대해서도 그에 준하는 수준을 보였다고 평가하고 있다. 그런데 이런 평가들은 어쩌면 매우 역설적인 상황이 아닐 수 없는데, 그만큼 일제 강점기 36년 동안 처절한 저항의 시선과 몸짓을 보낸 문인이 희소했다는 사실과 맞물려 있다. 실상 육사만큼 문학적 실천을 철두철미하게 보여준 사례도 찾아보기 힘든 것이 사실이다. 그는 한편으로는 문학으로 다른 한편으로는 실천으로 조국 독립에 온몸을 던졌던 것이다. 그리고는 감옥에서 생을 마감했다. 육사의 그러한 극적인 삶이 그를 저항문인의 가장 높은 위치에 올리게 한 계기였을 것이다.

기록상 육사가 문단활동을 활발히 했다는 증거는 뚜렷이 남아 있지 않다. 그의 삶에서 앞선 우선순위가 조국독립이었으니 문인들과의 어울림이나 문학 교류가 많지 않은 것은 당연한 수순이었을 것이다. 그가 문단활동을 한 것으로 알려진 것은 1935년 『자오선』과 『시학』 동인활동이 전부로 알려져 있다. 특히 『자오선』은 육사의 작품과 문학관 형성에 많은 시사점을 준 잡지이다. 그는 여기서 김광균, 신석초를 비롯한 모더니스트계 문인들을 만났고, 서정주 등과 같은 당대의 쟁쟁한 신인들과도 교류했다. 『자오선』은 창간과 동시에 종간이 되어버린 비운의 잡지이긴 하지만 육사의 작품 활동에 많은 영향을 주었던 것은 사실이다. 그것은 그가 모더니즘의 세례를 많이 받았고, 또 그것의 정신과 방법 등을 작품 창작에 적절히 이용했다는 점에서 바로 그러하다.

그가 문단활동을 활발히 하던 시기에 가장 관심을 가졌던 분야도 모더니즘의 사조였다. 그러한 특성들은 그의 데뷔작이었던 「황혼」에서 쉽게 확인된다.

> 내 골방의 커튼을 걷고
> 정성된 마음으로 황혼을 맞아들이노니
> 바다의 흰 갈매기들 같이도
> 인간은 얼마나 외로운 것이냐.
>
> 황혼아 네 부드러운 손을 힘껏 내밀라.
> 내 뜨거운 입술을 맘대로 맞추어 보련다.
> 그리고 네 품안에 안긴 모든 것에게/나의 입술을 보내게 해 다오.

저 십이성좌의 반짝이는 별들에게도.
종 소리 저문 삼림 속 그윽한 수녀들에게도,
시멘트 장판 위 그 많은 수인(囚人)들에게도,
의지할 가지없는 그들의 심장이 얼마나 떨고 있는가.

고비 사막을 걸어가는 낙타 탄 행상대(行商隊)에게나,
아프리카 녹음 속 활 쏘는 인디안들에게라도,
황혼아, 네 부드러운 품안에 안기는 동안이라도
지구의 반쪽만을 나의 타는 입술에 맡겨 다오.

내 오월의 골방이 아늑도 하니
황혼아, 내일도 또 저 푸른 커튼을 걷게 하겠지.
精精히 사라지는 시냇물 소리 같아서
한번 식어지면 다시는 돌아올 줄 모르나 보다.

「황혼」 전문

　인용시는 육사의 문단 데뷔작이다. 그러한 까닭에 이 작품 속에 나타난 시정신과 방법적 특성들은 그의 시세계의 방향을 일러주는 좋은 시금석이 된다고 하겠다. 우선 이 작품에서 드러나는 특색 가운데 하나는 엑조티시즘적인 경향이다. 가령, 커튼, 시멘트, 아프리카, 인디안 등등의 기표들이 그러한데, 이 작시법은 근대 초기 모더니스트를 자임했던 시인들에게서 일관되게 발견되는 사안들이다. 근대시의 개척자로 평가받는 정지용, 김기림의 작품에서 그러한 경향의 담론들이 일상화되어 나타나는 것이다. 이는 근대시는 무언가 새로워야한다는 강박관념이 빚어낸 의식의 소산이다. 그러나 이런 방법적 자각이 시의 근대화 작업에 그렇게 중요한 잣대로 기능하지 못했다. 그런데도 근대인을 자처하고 시의 근대성에 대해 갈급했던 시인들은 이런 의장들에 대해서 대단한 관심을 보여주었다. 그것이 낳은 결과가 우리 시단의 엑조티시즘적인 경향이었고, 전통지향적인 시의 흐름과는 대척점에 있는 것으로 이해되었다.

둘째는 그러한 경향의 연장선에서 논의될 수 있는 시의 감각화현상이다. 육사는 시의 서정화를 강화하는 방법으로 근대성의 문제를 풀어갔는바, 이미지즘의 수용이 바로 그 한 예에 속한다. 육사는 이런 수법을 자신의 시를 근대화시키는 방법적 새로움으로 인식했다. 이러한 의도에 걸맞게 이 작품은 시각과 촉각 등의 이미지들이 아주 현란하게 구사되고 있는 것이다.

육사 시에서 드러나는 엑조티시즘적 경향과 이미지즘 수법은 당시 문단 분위기와 무관하지 않은 것처럼 보인다. 특히 육사가 동인활동으로 참여했던 『자오선』이 주목의 대상이 되는데, 이 동인지는 모더니즘의 세례를 받은 시인들이 주류를 이루고 있었기 때문이다. 뿐만 아니라 1930년대부터 활성화되기 시작한 편내용주의에 대한 반발도 작품의 형식미에 관심을 갖게 한 계기가 되었을 것이다. 이런 영향으로 육사가 시의 서정화 방법으로 모더니즘의 수법을 적극적으로 수용했던 것이 아닌가 한다.

다음으로는 이 작품에 표출된 주제에 관한 것이다. 육사가 이 작품에서 의도하고자 했던 주제는 존재론적인 고독의 문제이다. 그런데 이런 주제는 육사의 시세계에 비춰볼 때 매우 이질적인 것으로 분류된다. 육사의 시들이 남성적인 울림을 바탕으로 미래에 대한 강한 희망과 의지로 구성된 것이 그 대부분을 차지하고 있기 때문이다. 미래로 나아가는 힘이 강하면 강할수록 존재론적 고독과 같은 내향적인 의식은 그 설자리를 찾는 것이 쉽지 않다. 그러나 육사가 어떤 의도에서 이 작품을 만들어내었든 간에 이 시의 중심 주제는 존재론적 고독이라는 인간의 본질적 조건을 문제삼고 있다. 육사는 그러한 인간의 고독을 자연과 교류하고 이를 자신의 내밀한 자의식으로 수용함으로써 극복하고자 하는 의도를 드러내고 있는 것이다. 이런 도정이야말로 이 시기 시인들의 시세계에서 보편적으로 드러나는 일반적인 주제 가운데 하나였다.

그러나 어떤 의도에 의해서 작품 「황혼」이 구성되었든 간에 이 시는 육사 시의 출발점이라는 점에서 그 의미가 있는 경우이다. 그의 시들이 불합리한 객관적 현실 인식과 이를 타개하려는 힘찬 의지로 진행된다는 점에서 「황혼」은 일종의 모색기에 해당하는 작품이라 할 수 있다. 그러나 그러한 모색이 이후의 시세계와 단절되는 일회성의 경우가 아니라 어느 정도 일관성을 갖고 계승된다는 점에서 그 의미가 있는 것이라 하겠다. 특히 그의 모색의 과정이 새로운 지대로 나아가는 건강한 자의식의 발현이라는 점에서 그러하다.

2. 유이민의 두가지 형태

우리 시사에서 일제 강점기는 일종의 원체험에 해당된다. 그것은 식민지 시대를 살아간 모든 사람들에게 동일하게 다가오는 아우라였기에 어느 시인이라고 예외로 인정받을 수 없는 것이었다. 어쩌면 자아와 세계의 화해할 수 없는 대결의식을 서정의 근간으로 삼고 있는 시인들에게 있어서 이 체험은 지워지지 않는 상처로 기능했을 것이다.

현재적 삶의 조건을 개선시키고 이를 지금 여기의 현실에 어떻게 적용할 것인가의 문제가 근대성의 과제라고 한다면, 육사시의 근대성은 어떤 것이 되어야 할 것인가. 물론 이 물음에는 표면적이고 형식적인 측면에서가 아니라 보다 근원적인 측면에서의 접근이 필요할 것이다. 이는 단순히 자의적인 판단의 문제를 넘어서는 것이다. 곧 일제 강점기라는 현실적 문제와 분리하기 어렵게 얽혀있는 것이기에 더욱 주목의 대상이 된다고 하겠다.

삶의 열악한 조건이 앞에 놓여있을 때, 이런 상황을 어떻게 풀어나갈 것인가 하는 것은 매우 어려운 문제가 아닐 수 없을 것이다. 그리고 그 힘의 실체가 개인의 노력과 판단에 의해 쉽게 무화될 성질의 것이 아니라면 문제는 더욱 복잡해지게 된다. 이런 상황에서 개인이 할 수 있는 선택의 수는 많지 않은 것처럼 보인다. 여기에는 자신이 처한 삶의 공간이 더 이상 유효적절한 생존 공간이 될 수 없다는 극한적인 사유가 자리하게 된다. 그것이 낳은 결과가 식민지 시대의 유이민들의 자화상이 아닐까 한다.

일제 강점기에 유이민이 되는 조건은 두 가지 행로에서 이루어졌다. 첫째는 이 상황에 대해서 적극적으로 대처하는 방식이다. 현재 진행형인 절대적 힘과 맞서 싸우는 것인데, 독립투사들의 경우가 이 범주에 속할 것이다. 이런 형태의 유이민은 자의적이며 능동적인 성격이 그 배음으로 깔리게 된다. 두 번째는 그 반대의 조건에서 이루어지는 경우이다. 이때 사람들은 저항하기 힘든 실체에 밀려 자신의 삶의 근거를 강압적으로 상실하게 된다. 따라서 이들은 최소한의 생존 환경을 만들어나가기 위해서 삶의 근거지를 이동한다. 그렇기에 이들의 선택은 타의적이며 수동적인 성격을 띠게 된다.

식민지 시대에 이루어진 뿌리 뽑힌 삶들은 모두 이런 조건 하에서 형성된 것이고, 그 대부분은 후자의 영역에서 만들어져 왔다. 육사의 전기적 삶도 이 조건으로부터 자유로운 것이 아니었다. 그가 겪은 삶의 편린들은 이 시대 유이민의 모습과 그 의식으로부터 형성된 것이기 때문이다. 그만큼 육사 시에서 드러나는 잃어버린 삶은 수동적이며 타율적인 힘에 의해서 이루어진 것이었다. 그러한 조건들이 육사 시를 만들어내는 또 다른 배경이었다.

> 목숨이란 마-치 깨어진 뱃쪼각
> 여기저기 흩어져 마을이 한구죽죽한 어촌보다 어설프고
> 삶의 티끌만 오래 묵은 布帆처럼 달아매었다.

남들은 기뻤다는 젊은날이었건만

밤마다 내 꿈은 서해를 밀항하는 짱크와 같애

소금에 절고 潮水에 부풀어올랐다.

(중략)

쫓기는 마음! 지친 몸이길래

그리운 지평선을 한숨에 기오르면

시궁치는 열대식물처럼 발목을 에워쌌다.

새벽 밀물에 밀려온 거미인 양

다 삭아빠진 소라 껍질에 나는 붙어왔다

머-ㄴ 항구의 路程에 흘러간 생활을 들여다보며

「路程記」 부분

이 작품을 지배하는 주조는 쫓기는 자의 파편화된 마음이다. 시인은
자신의 목숨을 "마치 깨어진 뱃쪼각"이라고 표현했다. 그나마 그 조각
마저 정주의 공간을 갖지 못하고 티끌이 되어 배의 깃대에 매달려 있는
존재일 뿐이다. 시인의 삶이 이렇게 조각난 것은 미래에 대한 꿈의 좌
절과 관련이 있지만, 그러한 꿈을 가로막은 근본 동인은 불온한 현실에
있다. 그것이 시적 자아로 하여금 "쫓기는 마음, 지친 몸"으로 만들어버
린다. 시인은 현실의 열악한 상황으로부터 쉽게 탈출하지 못한다. 그가
그런 시도를 해보지만 돌아오는 건 벗어날 수 없는 시궁창에 빠진 자신
의 존재를 발견하는 일 뿐이다.

이렇듯 삶의 근거지를 잃어버린 육사의 뿌리 뽑힌 생활은 자신의 선
택에 의해서 조건지어진 것이 아니었다. 그는 타율적인 힘에 의해서
황폐화된 극한의 땅으로 떠밀려진 것이다. 그가 그 불모의 땅에서 할
수 있는 것은 아무 것도 없는데, "다 삭아빠진 소라 껍질에 나는 붙어왔
다"는 인식에서 알 수 있듯이 그에게 부여된 적극적, 능동적 삶이란
존재하지 않은 까닭이다.

흐트러진 갈기

후줄근한 눈

밤송이 같은 털

오! 먼 길에 지친 말

채찍에 지친 말이여!

수굿한 목통

축 처-진 꼬리

서리에 번쩍이는 네 굽

오! 구름을 헤치려는 말

새해에 소리칠 흰말이여!

「말」 전문

　　인용시는 동물 상징을 통해서 자신의 처지를 인유한 작품이다. 육사의 시 가운데 인용시처럼 이런 상징을 내세운 것은 흔치 않은 경우이다. 따라서 이 작품은 그의 시세계에서 매우 예외적인 영역을 차지하고 있는바, 육사 시가 지향하는 방향과도 어느 정도 관련되어 있다는 점에서 주목의 대상이 된다. 육사의 시들이 남성적인 울림, 미래에 대한 강한 의지의 표명으로 구성되어 있기에 그런 강직한 사유를 직접적으로 표현해왔다. 신념이 강하고 미래에 대한 확신이 있었기에 자신의 사상을 돌려 말하거나 우회할 필요를 느끼지 못했다. 그런 특색을 감안하면 이 작품은 육사 시 가운데 매우 예외적인 영역에 속한다고 할 수 있을 것이다.

　　육사는 이 작품에서 자신의 처지를 말로 비유했다. 앞으로 뛰어나가는 역동적인 힘으로 표상되는 것이 말의 존재인 까닭에 그것은 원초적인 힘을 상징한다. 그러나 이 작품에서 말의 모습은 그런 생동감 있는 의미와는 거리가 먼 경우이다. 특히 1연과 2연 초반에서 보이는 말의 모습은 그러한 건강함이나 원초적 힘과는 거리가 있는 것이다. 갈기는 흐트러져 있고 눈은 후줄근하며 털은 밤송이처럼 쭈볏쭈볏 솟아나 있는 말로 형상화 되어 있는 것이다. 말이 그렇게 된 것은 "먼길에 지치고", "채찍에 지쳤"기 때문이다. 그러한 모습은 식민지 현실에서 쫓기고 지친 육사의 모습과 하등 다를 것이 없다.

그러나 타율적 힘에 의해 지친 말은 2연의 마지막에 이르면 큰 반전이 일어난다. 지금까지의 수동성에서 벗어나 불온한 현실을 타파하려는 적극적인 모습으로 전화하고 있는 것이다. 그 극복해야할 배경이 '서리'와 '구름'으로 인유된다. 그리고 그러한 상황들이 일제 강점기의 열악한 현실임은 두말할 필요도 없거니와 육사는 이런 현실인식을 바탕으로 능동적, 적극적 자세로 존재의 전환을 만들어내고자 한다. 그것이 "새벽에 소리칠 흰말"로의 의미변용이다. 따라서 여기서의 흰말은 부정적인 속성이나 수동적인 모습의 말이 아니라 불합리한 현실을 적극적으로 타개해나가는 능동적 주체로 거듭 태어나게 된다. 실상 말의 그러한 존재 전환은 「광야」의 백마와도 일맥상통한다는 점에서 주목된다고 하겠다. 이런 맥락에서 백마는 생명과 우주의 상징이며, 현재의 질곡을 뛰어넘게 하는 징검다리, 곧 희망의 매개로 구현된다고 하겠다.

3. 북방의 이미지와 그 선구자의식

앞서 살펴본 대로 육사 시에 나타난 주제 가운데 하나는 유이민 의식이다. 그것은 시인 자신이 선택한 것이 아니라 타율적 강요에 의해 이루어진 것이다. 식민지 시대의 대표적 삶의 형태였던 뿌리 뽑힌 삶의 모습들이 육사 시에 적나라하게 드러나 있기 때문이다.

고향이라는 삶의 안주 공간을 떠나서 시인이 내몰린 것은 황폐화된 땅, 시인의 표현에 의하면 북방이라는 장소이다. 일제 강점기에 북방의 정서는 낯설고, 힘겨운 배반의 땅으로 의미화된다. 그곳은 지금 여기의 삶의 조건들이 만들어낸 한계 상황이며, 극한의 지대이다. 30년대의 시인 이용악의 표현을 빌면, 그곳은 오랑캐에게 딸이 팔려간 배반의 장소이다. 또한 김동환에게는 밀수무역을 통해서 삶의 최소한의 생존 조건을 만들어가는 땅이기도 하다. 그렇기에 이 정서의 표명만으로도 북방은 생존조건이 극히 열악한 곳으로 드러나게 마련이다.

따라서 북방은 어느 누구에게도 자의적으로 선택되는 공간이 아니다. 이곳에 틈입해 들어가는 것은 오직 수동적 힘에 의해서, 타율적 강요에 의해서 가능할 뿐이다. 육사는 식민지 현실에 의해 능동적인 삶의 선택을 보장받지 못했다. 최소한의 생존 본능을 위해서 그가 할 수 있는 것은 그 강요된 힘에 의해 던져진 생존공간을 수동적으로 받아들이는 것뿐이다.

> 매운 계절의 채찍에 갈겨
> 마침내 북방으로 휩쓸려오다.
>
> 하늘도 그만 지쳐 끝난 고원
> 서릿발 칼날 진 그 위에 서다
>
> 어디다 무릎을 꿇어야 하나
> 한발 재겨 디딜 곳조차 없다.
>
> 이러매 눈감고 생각해 볼 밖에
> 겨울은 강철로 된 무지갠가 보다.
>
> 「절정」 전문

시적 자아가 북방에 온 것은 시의 표현대로 매운 계절의 채찍 때문이다. 따라서 그의 선택은 자율적인 것이 아니라 타율적인 것에서 이루어진 것이다. 이렇게 선택된 공간이 인간적 삶이 보장된 편안한 공간일 수는 없을 것이다. 시인이 이곳을 "하늘도 그만 지쳐 끝난 고원/서릿발 칼날 진 그 위"라고 한 것은 이런 이유 때문이다. 이런 공간이기에 북방은 무릎을 꿇어야 할 공간도 한발 재겨 디딜 공간조차 없을 정도로 협소하다. 오직 살아있다는 표징만 드러낼 수 있는 한계 상황만이 시인의 의지와는 상관없이 다가올 뿐이다. 현재의 삶과 미래의 생존 조건이 완전히 차단당한 채 생리적 몸부림만이 이루어지는 것이다.

그러나 서정적 자아는 그런 열악한 삶의 조건에서도 마지막 희망의 끈을 놓지 않는다. "눈을 감고" 새로운 반전을 모색해 보는 것이 그것이다. 어떤 경우라도 좌절의 늪으로 전락하지 않는 것, 어쩌면 그것이 육사의 시를 이끌어가는 힘일 것이다. 그리하여 그가 발견한 것은 "겨울은 강철로 된 무지개"라는 새로운 인식의 발견이다.

육사의 시에서 서정의 매력은 사물에 대한 새로운 조응에서 극적인 반전을 이끌어내는데 있는 바, 「절정」도 이 범주에서 크게 벗어나 있는 작품은 아니다. 겨울은 암흑의 계절이면서 모든 생명성이 정지된 세계이다. 이를 시대적 의미로 이해하면 일제 강점기의 열악한 현실일 것이다. 이렇게 암울하고 우울한 겨울의 이미지 속에서 무지개라는 희망적 요소를 이미지화 하는 것, 그것이 육사가 대상을 새롭게 사유하는 방식인데, 그는 이러한 도정을 통해서 시세계의 적극적인 반전을 이끌어낸다. 겨울을 암울한 상황의 감옥으로만 이해하는 것이 아니라 이로부터 새로운 희망의 불씨를 되살려내는 것이다. 그의 그러한 시작 수법은 그의 대표작 가운데 하나인 「광야」에서도 확인할 수 있다.

까마득한 날에
하늘이 처음 열리고
어디 닭 우는 소리 들렸으랴

모든 산맥들이

바다를 연모해 휘달릴 때도
차마 이곳을 범하던 못하였으리라

끊임없는 광음을
부지런한 계절이 피어선 지고
큰 강물이 비로소 길을 열었다

지금 눈 내리고
매화 향기 홀로 아득하니
내 여기 가난한 노래의 씨를 뿌려라

다시 천고(千古)의 뒤에
백마(白馬) 타고 오는 초인(超人)이 있어
이 광야에서 목놓아 부르게 하리라

「광야」 전문

이 작품에서 광야는 북방의 연속성에 놓인 공간이다. 그러나 북방의
경우처럼 이곳은 생존조건이 열악한 공간은 아니다. 미정형에 가까울
정도로 이곳은 새로움을 향해 나아가는 지역으로 그려져 있다. 그러나
그것이 어떤 상태에 놓여 있는 경우라고 하더라도 이곳을 억누르고 있
는 당대의 현실 조건을 쉽게 벗어날 수 있는 상태는 아니다. 그런 인식
에 대한 단적인 표현이 지금 여기를 "눈 내리는" 시절로 묘사한 부분이
다. 눈은 겨울을 대표하는 상징적 표현이기 때문에 현실의 열악성과
분리해서 논의하기 어려운 것이다.

육사는 이 작품에서도 「절정」의 경우처럼 대상에 대한 새로운 인식
을 통해서 상황의 반전을 이끌어낸다. 지금 여기는 눈이 내리는 식민의
공간이지만, 그 동토의 계절 속에서 매화 향기를 간취해내고 또 "내
가난한 노래의 씨"를 뿌릴 줄 아는 것이다. 눈과 매화 향기의 절묘한

병치에 의해 새로운 희망의 씨를 읽어내는 수법은 육사 시의 새로운 의장이었던 것이다. 그는 이런 대비법을 통해서 현재의 고통을 극대화시키면서도 다른 한편으로는 미래에 대한 희망이 결코 작거나 불가능한 것이 아님을 효과적으로 표현하고 있는 것이다. 사물에 대한 새로운 인식을 통해서 자신의 세계관을 적극적으로 표출시키는 것인데, 이는 육사가 서정화의 방법으로 빈번히 구사한 이미지즘의 의장과 무관한 것이 아니다. 여기서 알 수 있듯이 육사는 내용의 적절한 전개와 표현, 세계관의 표현을 위해서 이미지즘의 수법을 적절히 이용하고 있는 것이다.

> 내 고장 칠월은
> 청포도가 익어가는 시절
>
> 이 마을 전설이 주절이 주절이 열리고
> 먼 데 하늘이 꿈꾸며 알알이 들어와 박혀
>
> 하늘 밑 푸른 바다가 가슴을 열고,
> 흰 돛 단 배가 곱게 밀려서 오면
>
> 내가 바라는 손님은 고달픈 몸으로
> 靑袍를 입고 찾아온다고 했으니
>
> 내 그를 맞아 이 포도를 따먹으면
> 두 손은 함빡 적셔도 좋으련
>
> 아이야, 우리 식탁엔 은쟁반에
> 하이얀 모시 수건을 마련해 두렴
>
> 「청포도」 전문

극적인 이미지의 반전을 통해서 현실을 읽어내는 수법은 이 작품에서도 그대로 적용된다. "내가 바라는 손님은 고달픈 몸으로/청포를 입고 찾아온다고 했"다는 표현이 바로 그러하다. 현재의 과정이 고난이기에 반드시 도래해야할 손님이 '고달픈 모습'으로 형상화되어 있는 것이다. 그런 대비법 속에서 조국독립에 대한 열망이 더욱 상승하는 효과를 가져오는 것인데, 이렇듯 육사는 하나의 이미지 속에서 두 가지 이상의 의미를 내포시킴으로써 자신의 세계관을 표출시키는 수단으로 사용하고 있다.

4. 육사시의 시사적 의의

육사는 우리 시단에 여러 가지 측면에서 새로운 국면을 안겨준 시인이다. 시인치고 표현의 참신성을 시 작품의 기본 요건으로 생각하지 않는 시인은 없지만 육사의 경우는 그것이 큰 자장을 갖고 있는 예외적인 시인이라고 할 수 있을 것이다. 그것은 다음 몇 가지 측면에서 그러한데, 우선 그의 시에서 드러나는 목소리가 남성적이라는 점에서 찾을수 있다. 한국 현대시가 대부분 여성지향성을 보이고 있음에 비하여 육사의 시들은 남성적인 울림에 의해서 쓰여지고 있는 것이다. 이는 불합리한 현실에 대해 수동적으로 응시하는 것이 아니라 적극적으로 변혁하고자 하는 시적 자아의 의지에서 비롯된 것이다. 곧 과거 지향적이고 나약한 여성화자로는 현재의 열악한 현실을 헤쳐 나가는 것이 쉽지 않은 탓이었을 것이다.

그리고 둘째는 육사 시에서 드러나는 저항성이다. 자아와 현실의 화해할 수 없는 의식에 의해 쓰여지는 것이 서정시이다. 그렇기 때문에 인식의 완결성이나 유기적 삶이 보장되지 않은 일제 강점기에 저항의식을 내재하지 않고 시를 쓰는 것은 불가능한 일이었을 것이다. 그럼에도 그러한 현실에 대해 적극적으로 저항이라는 깃발을 든 경우는 많지 않았던 것으로 보인다. 그 이유는 의지의 문제에서 기인한 것일 수도 있고 자아의 힘에 기인한 것일 수도 있을 것이다. 어떻든 그러한 상황 속에서 육사는 여타의 시인들에 비해 저항의 깃발을 높이 든, 보기 드문 저항의 몸짓을 보여주었다. 가령, '백마'와 '손님'과 '초인'의 이미지를 통해서 현실의 벽에 대해 강력한 자기발언을 시도한 것이다. 이 시기에 이런 정도만의 발언이라도 시도한 경우가 매우 드물다는 점에서 육사 시가 갖는 의의의 수준을 충분히 이해할 수 있을 것이다.

셋째, 저항 시의 전개와 함께 이루어진 육사의 삶이다. 이 시인만큼 전기적인 삶이 극적인 경우는 없었다. 그는 여러 차례 독립운동 혐의로 체포되었다가 풀려났다. 그리고 결국에는 해방 1년을 남겨두고 옥사함으로써 파란만장한 삶을 마감하고 있는 것이다. 저항 시인의 요건 가운데 하나가 문학적 실천임을 염두에 둔다면, 육사는 다른 어떤 시인보다도 그러한 요소를 잘 갖춘 시인이라고 할 수 있을 것이다. 육사의 이런 전기적 삶이 그의 시와 더불어 더욱 극적인 저항의 영역으로 묶어두게 한 요인이 되었다.

한 민족이 식민지 상황에 놓여 있을 때, 이에 응전하는 다양한 삶의 양태들이 존재할 것이다. 그 가운데 가장 극적인 것은 그러한 현실에 대해 적극적으로 맞서고 대응하는 삶일 것이고, 또 그것만이 후대에 최고의 가치로 인정받을 수 있을 것이다. 육사나 그의 작품이 한국 현대시에서 저항의 측면에서 최고 위치에 올라설 수 있었던 것은 이런 맥락에서 가능한 일이었다. 아마도 그런 시사적 가치나 의의가 현재의 우리에게 일러주는 최대의 교훈이 아닐까 생각된다.

—이육사론

현실과 순수의 길항관계

-김영랑론

1. 순수의 근거

영랑은 1930년 「동백잎에 빛나는 마음」을 『시문학』지에 발표하면서 문단에 나온다. 이후 그는 이 잡지에 주로 시를 발표하여 1935년 『영랑시집』을 간행해 내었다. 이 시집 간행 이후 영랑은 단 한 권의 시집도 내지 않는다. 그가 죽은 것이 1950년이니까 근 20 여년의 긴 세월 동안 활발한 창작력을 보여주지 못한 것이다.

지나칠 정도로 적어 보이는 그의 창작 행위를 무엇으로 설명할 수 있을까. 그의 게으름 탓인가. 아니면 창작에 대한 열정이 부족해서 일까. 혹은 점점 열악해지는 시대의 억압 때문일까. 이에 대한 해답의 실마리를 찾는 것이 영랑 시의 본질을 밝히는 일차적인 열쇠가 된다는 것이 필자의 판단이다.

영랑과 박용철이 관여했던 『시문학』의 세계는 카프시의 편내용주의와 모더니즘 미학의 지나친 서정성 파괴에 대한 반발에 기초해 있는 것으로 알려져 왔다. 시를 내용의 하중으로부터 구하고, 그 형식의 아름다움 또한 회복해보자는 것이 시문학파의 성립근거라는 것이다. 즉 내용과 형식의 질이 보증되는, 서정시 본래의 영역으로 되돌아가자는 것이 시문학파의 거점이라 보는 것이다[1]. 하나의 유파나 사조가 등장하고 존립하기 위해서는 계승과 배제의 원리에 입각해야 한다는 문학사 일반의 관점에서 보면, 이러한 견해들은 일견 타당해 보인다. 질적인 차별성과 관념의 선택없이 문학의 새로운 길이란 열리지 않기 때문이다. 그러나 문학사는 선택과 배제라는 문학 내적인 논리에 의해서만 결정되지 않는다는 사실에 주목할 필요가 있다. 현실의 논리에 의해 추동되는 문학 외적인 요인 역시 문학의 질과 형식에 많은 영향을 끼치기 때문이다.

영랑은 1930년대 초에 등단했다. 그가 문단에 나온 30년대는 사회, 문화적으로 몇 가지 중요한 변화가 일어난 시기이다. 우선 문화적으로 보면, 진보의 깃발을 내세우고 전진하던 카프가 외적 압력에 의해 그 깃발을 내리게 되었다는 사실이다. 카프의 문학적 공과를 논하기 앞서 이 단체의 공식적인 소멸은 문학이 현실대응력을 잃게 되었다는 뜻과 같은 것이 된다. 즉 문학이 현실 정향성을 상실하고, 주체의 의지와는 상관없이 신비화되거나, 추상화의 길로 전락하게 된다는 사실과 맞물리는 것이다. 둘째는 사회적 변화이다. 물론 카프의 공식적인 해체는 객관적 상황의 열악성이라는 사회적 변화에서 기인하는 것이긴 하지만, 그러한 변화들이 카프와 같은 단체에만 국한된 것이 아니라 시인 개개인의 변화에까지 보이지 않는 그물망으로 작용했다는 점이다. 1930년대는 국권이 상실된 지 20여년이 지난 뒤이고, 식민지배 체제로의 동화정책을 더욱 강화하던 시기이다. 이런 상황 속에서 시인들은 식민 지배체제를 알게 모르게 인정해가면서 경우에 따라서는 거기에 무의식적으로 동화되어버리는 현상까지 나타나기 시작했다.

영랑은 진보적인 문학운동이 불가능해지고, 식민체제로의 동화현상이 자연스럽게 이루어지던 시기에 문단의 현장에 나왔다. 현실에 언어의 예민한 촉수를 드리댈 수도 없는 상황, 그리고 그러한 현실에 대해 무장 해제적인 자기 해체를 드러낼 수도 없는 상황에서 그가 등장한

---

1) 김영석, 『한국 현대시의 논리』. 삼경문화사, 1999, pp. 321 - 322.

것이다. 영랑을 비롯한 시문학파 시의 순수성의 의미는 우선, 이러한 시대적 여건에서 찾아야 할 것으로 보인다. 즉 그런 열악한 현실을 피하기 위해서 문학은 가능한 한 현실과 원거리에 있어야 했던 것이다. 게다가 이런 상황 속에서 언어는 저 깊은 미로 속에 들어가거나 왜소해지기 쉽다. 되도록이면 언어는 시인의 심연 속에서 숨어 있어야만 했다. 영랑이 오랜 시력(詩歷)의 기간에도 불구하고 많은 시를 쓰지 못한 것도 여기서 기인한다. 꼭 필요하고 절제된 언어만으로도 자기 정체성을 확보하는 데는 아무런 지장이 없었기 때문이다.

2. 현실과 유린된 '내 마음'의 사유

한 조사에 의하면, 영랑의 시에는 '마음'과 관련된 단어들이 많은 비중을 차지하고 있는 것으로 알려져 있다[2]. 실상 영랑의 시에는 '마음'을 비롯하여 '가슴'이라든가 '나' 혹은 '내'에 관한 것들이 그의 시 전편에서 발견할 수 있을 정도로 많은 것이 사실이다. 본래 서정시란 일인칭 화자의 독립적 표현으로 구현된다. 그러한 까닭에 대상에 대한 서정적 자아의 관념적 채색이 다른 어떤 장르보다도 심화되어 나타난다. 그러나 시의 이러한 장르적 특성을 감안하더라도 한 작가에게 '나'에 관한

---

[2] 정한모, 「김영랑론」, 『문학춘추』 1권 9호. 정한모 교수의 분석에 의하면, 영랑의 시에서 '내마음'과 관련된 단어는 56건, '나'와 관련된 단어는 61건이 나온다고 한다. "전 70편 중에서 '마음'이 51건, '마음'과 같은 뜻으로 쓰여진 가슴이 5건, 도합 56건의 '마음'이 등장한다. 또한 '나는', '나의', '내', '나'에 속하는 말들이 61건 나오고 있다. 이 밖에도 마음이나 '나'의 말을 쓰지 않고 그러한 뜻을 나타낸 것은 더 많다. 나타나 있는 건수로는 '내'와 '마음'이 거의 같은 비례로 전편에서 많은 비율을 차지하고 있는 것이다. 여기 비하여 '우리'는 일건의 해방의 감격을 노래한 「바다로 가자」에서 취급되었을 뿐이다. "자네 소리로 내 북을 잡지"로 시작된 「북」에서 '자네', '너'와 '나'를, 「불지암」과 「춘향」에서 '그'를 노래한 것이 있을 뿐 여타는 모두 '내 마음'을 노래하고 있는 것이다."

사유들이 이렇게 많이 나타나는 것은 예외적인 현상이라 할 수 있다.

일반적으로 주체는 대상이나 타자의 존재에 의해 스스로를 자기화시켜나간다. 만약 대상이나 타자에 의해 자기화되지 못하면, 그 주체는 대상 속의 비자립적 존재로 갇혀 있게 된다. 주체가 자기 정체성을 확보하려면, 대상으로부터 분리되어, 그것을 마주보아야 한다. 주체의 자기 의미화라든가 기호의 실천은 통상 이러한 분리를 통해서 가능해진다.

영랑시에서 두드러지게 나타나는 '마음'과 관련된 기표들은 외적 현실이라는 대상과 밀접한 관련이 있다. 1930년대는 식민지 통치체제가 더욱 강화되어 자신들의 논리 속으로 주체들을 흡입시키고 있던 시기이다. '내'가 아니라 '우리'가 되어야 하는 것, '내 마음'을 잃어버리고 '우리의 마음'으로 되는 것이 자연스러웠던 때이다. 그러나 '우리의 마음'이 되어야 한다는 것은 현실에 대한 고분고분한 순응을 의미하는 것과 같은 뜻이 되어버린다. 이런 현실에서 영랑에게 가장 절실했던 것은 아마도 그러한 동일성으로부터 벗어나는 일, 즉 타자와 구분되는 '자기'를 찾는 일이었을 것이다.

> 마당 앞
> 맑은 새암을 들여다본다
>
> 저 깊은 땅 밑에
> 사로잡힌 넋 있어
> 언제나 머─ㄴ하늘만
> 내어다보고 계심 같아
>
> 별이 총총한
> 맑은 새암을 들여다본다
>
> 저 깊은 땅속에

편히 누운 넋 있어

이 밤 그 눈 반짝이고

그의 겉몸 부르심 같아

마당 앞

맑은 새암은 내 영혼의 얼굴

「마당 앞 맑은 새암」

이 시는 영랑의 시혼(詩魂)이 어디에 가 있는가를 잘 보여준다. 영랑은 '맑은 새암'을 '내 영혼의 얼굴'로 은유화했다. 주지와 매체의 관계를 바꾸면 '내 영혼'은 '맑은 샘'이 된다. 이 샘은 별을 총총히 반사시킬 수 있을 뿐만 아니라 죽은 넋까지 읽어낼 수 있을 정도로 맑다. 그렇게 청정한 시인의 영혼은 죽은 자의 넋과 교감할 수 있을 정도로 순결하여 의식과 무의식의 경계를 자연스럽게 넘나들기에 이른다. 청정한 영혼이야말로 의식과 무의식의 경계를 넘나드는 가장 유효한 정신세계이기 때문이다. 영랑의 이러한 정신 세계는 그의 대표작 가운데 하나로 알려진 「돌담에 속삭이는 햇발」에서도 엿볼 수 있다.

돌담에 속삭이는 햇발같이

풀아래 웃음짓는 샘물같이

내 내음 고요히 고운 봄길 우에

오늘 하루 하늘을 우러르고 싶다

'내 마음'은 '돌담에 속삭이는 햇발'이나 '풀아래 웃음짓는 샘물'처럼 밝고 투명하다. 이런 청정한 마음의 상태를 유지한 채, 시적 화자는 '하늘을 우러르고' 싶은 욕망에 사로잡힌다. 영랑의 자아는 이렇듯 깨끗한 상태에서 정립된다. 현실 속에서 '나'를 단절시키고 고립시킨 채 '나'의 순수성을 탐색해 들어가고 있는 것이다. 이런 순수무의 상태 속에서

'나'는 세속의 늪이나 현실의 긴장과는 무관한 존재가 된다.

이렇듯 영랑의 시적 전략은 자아를 현실로부터 철저히 분리시키려는 데 있다. 식민지 지배 체제에 대한 암묵적 동의나 순응의 태도와는 어느 정도 거리를 두고 있는 것이다. 그런데 영랑 시의 이러한 맑은 시혼에 대하여 그 동안 여러 논자들은 부정적인 평가를 내려왔다. 지나치게 순수, 유미주의에 빠져들어 현실을 외면했다든가[3] 혹은 현실과 결부되어 오히려 그 현실에 순응했다[4]든가 하는 것이 그 비판의 요지였다. 특히 후자의 경우는 시문학파의 시가 식민지 치하 토착지주층의 이데올로기의 산물이며, 그에 따른 당연한 결과로 30년대 식민지 문화 해체라는 일본 제국주의 전략의 부산물이라고 냉소적으로 평가하고 있다. 그러나 이러한 평가는 기계주의적 오류에 불과할 뿐이다. 이데올로기가 건강성을 유지하고 있을 때에는 순수주의가 이념이 내재된 진보의 입장에서 비판받아 마땅할 것이다. 그러나 그렇지 못할 경우에는 그 반대의 이야기가 가능해진다. 이데올로기가 건강성을 상실한 시대에는 그 이념으로부터 떨어져나오는 것이 가장 진보일 수 있기 때문이다. 따라서 현실에 대한 비동일화 전략이야말로 현실에 물들지 않고 스스로를 지켜내는 가장 적극적인 방어전략의 하나일 수 있다는 점을 인정해야 한다. 즉 일제에 대한 순수의 맥락에서 고려되어야 한다는 것이다. 이와 관련하여 영랑의 시가 자아갈등이나 자아탐구가 없는 자기애적 상상력으로 일관되어 있다는 견해도 옳지 않다고 생각된다[5]. 현실에 대한 자기의식의 과정에서 '나'를 인식하는 행위야말로 자아갈등의 산물이며 가장 적극적인 자아탐구이기 때문이다.

영랑은 30년대 시인들에게서 찾아보기 힘든 내 마음의 실체를 찾아내고 인식하기 위해 깊은 심연의 미로 속으로 빠져 들어간 시인이다.

3) 김흥규, 「영랑의 시와 세계인식」, 『세계의 문학』 가을호, 1977.
4) 김윤식, 「영랑론의 행방」, 『심상』, 1974, 12.
5) 김준오, 「김영랑과 순수·유미의 자아」, 『한국현대시사연구』, 일지사, 1983.

올곧은 나에 대한 확인이야말로 안정되어만 가는 식민 체제로부터 자신을 분리시키고 지켜내는 마지막 보루라고 판단한 것이다. 영랑 시의 자기 정체성은 맑고 깨끗한 것, 혹은 순수한 것들에 대한 은유의 형태로 발견된다. '맑은 강물'이나 '별', '하늘', '이슬', '풀' 등이 그 본보기들이다. 이런 은유들은 많은 연구자들이 지적한 것처럼, 자연으로 표상되는 것들이다. 실상 영랑 시의 주된 소재는 자연이다. 이러한 소재들은 현실에 대한 비동일화 전략과 무관하지 않다. 일상의 현실과 대비되는 것이 자연이기도 하지만, 자연이야말로 문명 이전의 모든 것, 현실 이전의 모든 것을 대표하는 상징적 관념이기 때문이다.

> 풀 우에 맺혀지는 이슬을 본다
> 눈썹에 아롱지는 눈물을 본다
> 풀 우엔 정기가 꿈같이 오르고
> 가슴은 간곡히 입을 벌린다

인용시에서 화자는 풀 위에 맺혀지는 이슬을 가만히 응시한다. 그러면서 시인은 그 자연의 영롱한 물방울을 눈물로 치환하면서 현실의 아픔이라는 본질 또한 읽어낸다. 영랑의 시를 순수의 세계로만 볼 수 없는 근거가 바로 여기에 있다. 범상한 자연 속에서도 현실에 반향하는 몸부림이 그의 시에 내재하고 있는 것이다. 게다가 시인은 자연을 정기가 서려있는 꿈으로까지 인식한다. 이는 영랑이 비극적 인식 속에서도 그냥 그곳에 주저앉아 있는 것이 아니라 그것을 다시 상승의 힘으로 바꾸어 놓을 줄도 알았다는 사실을 말해준다. 영랑의 시는 이렇듯 현실에 대해 문을 걸어두고, 폐쇄된 밀실의 미로 속에 갇혀 있지 않다. 맑고 순정한 세계 속으로 입을 벌리고 가슴까지 열어제치기 때문이다. 즉 정기가 가득한 풀 위의 꿈 속에 "가슴은 간곡히 입을 벌리는" 상태에 이르는 것이다.

3. '내마음'의 극점인 모란의 찬란함

영랑 시에서의 자연은 시적 화자의, 더 정확하게 말하면 '내 마음'과
의 조응 속에서만 의미를 갖는다. 시적 자아의 인식 속에 녹아들어간
자연만이 존립할 뿐 그것과 분리된 자연은 아무런 의미가 없는 까닭이
다. 그렇기 때문에 영랑 시의 자연은 막연한 추상화, 혹은 신비화와의
경향과는 거리가 멀다. 자연이 신비화될 때, 흔히 일어나는 현상 가운
데 하나가 즉물주의적 성향이다. 거기에는 시인의 시선에서 거리화된
사물들만이 뿌리없는 흔들림으로 나부낄 뿐이다. 그러나 영랑의 자연
은 시인의 마음을 열어주는 통로 역할을 한다. 시인의 의식이 중심추로
작용하면서 자연의 실타래를 붙들고 있는 것이다. 그러므로 영랑에게
있어 자연은 곧 시인 자신이 된다.

이러한 관점에서 영랑 시의 변화는 '내마음'의 은유가 어떻게 바뀌어
가는가를 탐색해 들어가면 쉽게 알아낼 수 있다. 영랑이 자아를 확인하
고 정체성을 정립하는 과정에서 시적 의장으로 사용했던 은유는 움직
임이 없는 고요한 것들이었다. 가령 맑은 물이나 이슬 혹은 풀과 같은
것이었는바, 이 은유들은 그 속성상 정태적인 것에 해당된다. 경우에
따라서 유동적인 물 등이 시의 의장이 되는 경우도 있긴 하지만 흔들림
이 아니라 대개는 잔잔하고 조용한 속성에 기대는 편이었다. 그러나
자아를 인식하고 그 위치를 확인한 영랑에게 새로운 은유가 자리잡으
면서 시적인 변화가 일어난다. 즉 역동적인 은유가 새롭게 자리잡으면
서 상당한 변화가 생기는바, 그것은 곧 모란꽃의 찬란함이다.

> 모란이 피기까지는
> 나는 아직 나의 봄을 기둘리고 있을 테요
> 모란이 뚝뚝 떨어져버린 날
> 나는 비로소 봄을 여읜 설움에 잠길 테요

오월 어느날 그 하루 무덥던 날

떨어져 누운 꽃잎마저 시들어버리고는

천지에 모란은 자취도 없어지고

뻗쳐오르던 내 보람 서운케 무너졌느니

모란이 지고 말면 그뿐 내 한해는 다 가고 말아

삼백 예순날 하냥 섭섭해 우옵네다

모란이 피기까지는

나는 아직 기둘리고 있을 테요 찬란한 슬픔의 봄을

「모란이 피기까지는」

모란의 찬란한 개화를 자연의 법칙이라 해도 좋고 조국의 독립이라고 해도 좋을 것이다. 그것이 어떤 것이든 간에 모란 꽃의 개화는 영랑시의 새로운 변화라 할 수 있다. 꽃의 개화는 역동과 상승의 모멘트이다. 이러한 역동성에 주목하게 되면, 자아확인이나 정체성 확보의 단계에서 보던 영랑 시의 정태적인 모습은 찾아보기 어려워진다. 이와 더불어 초기시에서 흔히 볼 수 있었던 영랑 시의 짧은 호흡들 역시 긴 호흡으로 바뀌어가고 있음을 알 수 있다.

현실과의 동화를 끊임없이 거부했던 영랑이 지향하고자 했던 곳은 모란 꽃이 찬란히 피어 있는 세계이다. 이 세계는 지금까지 탐색해왔던 자신의 "뻗쳐오르던 보람"이며, "내 한해"의 전부를 차지하는 안식처이다. 만약 이 세계가 없다면 "삼백 예순날 하냥 섭섭해 울" 정도로 그에게 절대적인 비중을 차지한다. 영랑이 초기부터 탐색해왔던 지난한 자기 탐색의 끝은 여기였을지도 모른다. 그만큼 이 세계는 그의 온몸으로 육박해 들어오는 구경의 경지이다. 그러나 이 극치의 절정감은 순간뿐이라는 데에서 영랑의 우울증이 묻어난다.

실상 인용시는 모란 꽃의 개화 과정이나 그 현란한 모습을 표면적으로 제시하고 있지는 않다. 다만 그러한 모습들은 시인의 정서 속에 찬찬한 배음으로 깔려 있을 뿐이다. 이 시는 꽃의 개화개정이라는 측면에서 보면 미래, 과거, 미래로 짜여져 있다. 피어날 꽃, 이미 진 꽃, 또 피어날 꽃이다. 그리고 모란 꽃을 직관하는 시적 화자의 시간 감각도 이와 비슷한 양상을 보인다. 그러나 앞의 1-2행의 미래와 마지막 2행의 미래는 같은 시제라고 하더라도 그 내용은 다르다. 전자가 경험하지 않은 것의 기다림이라면 후자는 경험한 것의 기다림이다. 게다가 이 연은 모란의 찬란함에 대한 희열은 없고 흩어진 꽃들 속에서 얻어진 시인의 허무한 감상만이 과거의 기억 속에서 재구성된다.

「모란이 피기까지는」에서 현재의 찬란함이 직조되지 않는 것은 무엇을 말하는 것인가. 그것은 자의식적 해방이 순간의 차원에서 이루어지고 또 끝난다는 사실과 밀접한 관련이 있다. 영랑의 역동적 상상력은 대각선으로 뻗어나가는 것이 아니라 포물선을 그리면서 떨어진다. 물론 그 정점엔 영랑의 시적 순간이 자리한다. 마지막 행은 시인의 황홀경에 대한 그리움이 얼마나 길게 그려져 있는가를 여실히 보여준다. "찬란한 슬픔의 봄"은 역설이면서 영랑의 포물선적인 정서를 잘 드러내주는 바, 찬란의 상승이 슬픔의 하강으로 곧바로 연결되고 있기 때문이다.

영랑에게 모란의 세계는 순간에 불과할 뿐, 그것이 지속되는 영원의 상태는 되지 못한다. 그런 아쉬움이 있기에 영랑은 순간 순간마다 모란의 찬란함이나 영원의 세계를 꿈꾸어본다. "새벽 잠결에 언뜻 깨어나/ 저 은하만년의 현실을 헤아려보는 것"이다. 그러나 그러한 해방감은 너무 순간에 이루어질 뿐, 지속력을 유지하지 못하고 있다는 데에서 영랑 시의 비극성이 내재한다. 모란이 피어나고 지는, 그 낙하의 속도는 너무 빠른 것이어서 시적 자아는 이를 감내하기가 쉽지 않았던 것이다.

4. 역사에 의해 재구성된 '내마음'

영랑의 시가 지나치게 순수 혹은 유미주의에 빠져들었다고 비판하는 연구자들도 그의 시에서 드러나는 역사의식에 대해서는 긍정하는 편이다. 즉 영랑이 자연으로부터 안식처를 얻지 못하고 인생과 현실에 눈을 돌렸다는 것이 이들의 공통된 평가이다[6]. 실제로 영랑의 시적 지평이 후기에 접어들면서 사회적 의미망을 획득해 가는 것은 잘 알려진 사실이다. 초지일관하게 그의 시 전편을 물들여가던 자연이라는 소재보다는 역사라든가 현실에 관한 소재들이 들어오기 때문이다. 그러나 영랑의 시선이 대사회적 관심으로 돌려졌다고 해서 그것이 사회 변혁에 대한 의지나 현실에 대한 모순에 맞춰져 있는 것은 아니다.

영랑은 찬란한 모란의 세계처럼 밝은 세상을 추구한 시인이다. 모란꽃이 피어날 때 영랑 자신의 희망과 보람 역시 함께 뻗쳐오른 경우였다. 그러나 그 황홀은 순간에 불과했고 자신의 희망과 보람 역시 순간에 지나지 않는 것이었다. 이러한 공허감은 시인으로 하여금 허무의식의 유혹으로부터 자유롭지 못하게 했다. 허무주의는 욕망이 실상과 괴리되어 부풀려질 때, 더욱 크게 깊어진다. 게다가 이 의식은 곧바로 자아의 해체와 연결될 가능성이 매우 큰 것이 할 수 있다. 영랑은 이미 현실과의 비동일성 전략의 일환으로 자아를 탐색하고 이를 확인해 온 터였다. 그에게 자아의 해체란 모란의 황홀에서 맛본 허무보다 더 견디기 어려운 일이었을 것이다. 그리하여 시인은 자신을 다시 환기하고 자기 정체성을 확보할 필연성을 느끼게 된다. 그 대안으로 떠오른 것이 영랑에게는 역사였다.

> 큰칼 쓰고 옥에 든 춘향이는
> 제 마음이 그리도 독했던가 놀래었다
> 성문이 부서져도 이 악물고
> 사또를 노려보던 교만한 눈
> 그는 옛날 성학사 박팽년이

---

6) 이숭원, 『20세기 한국 시인론』, 국학자료원, 1997, pp. 96 - 116.

불지짐에도 태연하였음을 알았었니라
오! 일편단심

원통코 독한 마음 잠과 꿈을 이뤘으랴
옥방 첫날밤은 길고도 무서워라
설움이 사모치고 지쳐 쓰러지면
남강의 외론 혼은 불리어 나왔느니
논개! 어린 춘향을 꼭 안아
밤새워 마음과 살을 어루만지다
오! 일편단심
(중략)
모진 춘향이 그 밤 새벽에 또 까무러쳐서는
영 다시 깨어나진 못했었다 두견은 울었건만
도련님 다시 뵈어 한을 풀었으나 살아날 가망은 아주 끊기고
온몸 푸른 맥도 확 풀려버렸을 법
출도 끝에 어사는 춘향이 몸을 거두며 울다
「내 卞扂보다 잔인무지하여 춘향을 죽였구나」
오 일편단심!

「춘향」

　이 작품은 춘향과 이도령의 애끓는 사랑과 그 변함없는 수절을 다룬, 춘향전을 소재로 한 시이다. 그런데 이 시의 서사구조는 춘향과 이도령의 아름다운 해후나 고통 속의 행복이라는 전통적인 해피엔딩의 결말과는 무관하다. 원작의 구성과 다른 춘향의 사망 모티프가 개입되었기 때문이다.

　이 작품은 김영랑의 자기확인이라는 관점에서 다음 두 가지 사실에 주목할 필요가 있다. 하나는 원작과 다른 춘향의 죽음 모티프이고 다른 하나는 연마다 되풀이되는 '오 일편단심'이라는 반복구이다. 이 작품을 꼼꼼히 들여다보면, 우리 역사에서 소위 지조와 절개의 화신이라 불리

는 인물들이 각 연마다 나온다. 성학사, 박팽년, 논개, 춘향 등이 그들이다. 이 시의 짜임은 이들의 정절을 열거해 놓고, 각 연의 마지막에 "오 일편단심"이라는 구절로 부연시킨다는 데 있다. 즉 그들의 지조들을 열거한 다음 이를 다시 한번 확인시키는 구조로 되어 있는 것이다. 잘 알려진 것처럼 "오 일편단심"은 시의 리듬상 반복구에 해당된다. 시에서 반복구가 갖는 기능은 작품의 질서와 조화감을 주는 것 외에도 내용을 집약, 집중시키는 기능 역시 가지고 있다. 영랑의 인식적 사유에 비추어보면 이 반복구의 사용은 적절해 보인다. 그러나 "오 일편단심"은 이 시의 구성을 산만하게 하는 요인으로 작용하고 있는 것도 사실이다. 필요 이상으로 중복되는 기능을 하고 있기 때문이다. 그럼에도 영랑은 이 구절을 각 연마다 계속 사용하고 있다. 여기서 영랑의 숨겨진 의도의 한 단면이 드러난다. 실상, "오 일편단심"에는 그러한 지조들에 대한 찬양과 원망(願望)의 뜻이 담겨 있다. 그러나 이 뜻은 그러한 존재들에 대한 객관적 거리, 막연한 거리에서 그치는 것이 아니라 영랑자신의 심연 속에서도 일어난다는 점이다. 그들만의 지조가 아니라 나의 지조 역시 마찬가지라는 원망 표현의 의미로 읽히는 것이다.

이와 관련하여 영랑의 심연을 가장 극적으로 만들어주는 것이 바로 춘향의 절개이다. 아마도 독자들은 이 시를 읽어나가면서 이도령과 춘향의 아름다운 해후와 행복한 결말을 기대했을 것이다. 그러나 독자들의 그러한 그대는 춘향이 죽어버림으로써 전복되어버린다. 그런데 문제는 전혀 다른 곳에 있다. 춘향이 죽어버림으로써 그의 절개는 더욱 극적인 것이 되어버린다는 사실이다. 영랑의 근본 의도는 바로 여기에 있었다고 할 수 있다. 그는 이미 모란의 찬란함과 그 세계로부터 브레이크 없는 추락을 경험한 바 있다. 이러한 공허감은 시인을 중심없는 유동성의 상태로 만들어버리기에 충분한 것이었다. 따라서 시인은 이러한 흔들림으로부터 빨리 벗어나야 했다. 자연과의 동일화 전략으로 자기 확인을 했을 때보다도 더욱 격정적으로 재무장해야할 필요성을

느꼈던 것이다. 그리하여 춘향의 지조를 더욱 극적인 것으로 만들어야
했고, 그러한 그의 절실한 욕망이 춘향을 원작과 다른 죽음으로 처리한
것이다.

> 내 가슴에 독을 찬 지 오래로다
> 아직 아무도 해한 일 없는 새로 뽑은 독
> 벗은 그 무서운 독 그만 흩어버리라 한다
> 나는 그 독이 선뜻 벗도 해할지 모른다 위협하고
>
> 독 안 차고 살아도 머지않아 너 나 마주 가버리면
> 억만세대가 그 뒤로 잠자코 흘러가고
> 나중에 땅덩이 모지라져 모래알이 될 것임을
> 「허무한디!」 독은 차서 무엇 하느냐고?
>
> 아! 내 세상에 태어났음을 원망 않고 보낸
> 어느 하루가 있었던가 「허무한디!」 허나
> 앞뒤로 덤비는 이리 승냥이 바야흐로 내 마음을 노리매
> 내 산 채 짐승의 밥이 되어 찢기우고 할퀴우라 내맡긴 신세임을
>
> 나는 독을 차고 선선히 가리라
> 마금날 내 외로운 혼 건지기 위하여
>
> 「독을 차고」

영랑이 역사에서 체득한 것은 지조라든가 절개 등이었다. 그것은 자
연에서가 아니라 역사에서 확인한 자기정체성이다. 이 정체성은 자연
에서 얻은 것보다도 더 혹독한 시련을 통해서 얻은 것이다. 그렇기 때
문에 이 때의 자아는 더욱 폐쇄되고 견고한 모양으로 나타날 수밖에
없다. 그 결과 영랑이 추구한 자기확인의 결정체는 인용시에서 보듯
'독'이다. 독은 시련과 그 반응의 폐쇄가 가져오는 내적 감정으로, 그

폐쇄가 어느 방향을 취하는가에 따라 다음 두가지 의미망을 갖는다. 시련에 대한 물리적 저항의 수단과 내적 저항의 수단이 바로 그러하다. 영랑은 역사를 현실에 대한 저항이나 갈등으로 받아들이지 않았던 까닭에 독은 어떤 변혁을 위한 도구나 남을 해치기 위한 수단으로 기능하지 않는다. 외부지향적인 어떤 실천의 매개가 아니라 내마음을 다지기 위한 자기 확인의 매개일 뿐이라는 점이다. 즉 독은 "앞뒤로 덤비는 이리 승냥이 바야흐로 내 마음을 노리는" 열악한 현실에서 "내 외로운 혼을 건지기 위한" 자기 조정의 심적 응결체인 것이다.

요컨대 순수, 유미만를 추구했다고 비난 받는 영랑의 시에서 역사의식을 읽어내는 것은 어렵지 않다. 그렇다고 영랑이 역사를 통해서 현실의 모순이나 갈등을 예리하게 짚어내는 것도 아니다. 영랑이 시에 역사를 끌어들인 것은 실천으로서의 문학이나 운동으로서의 문학과는 무관하다. 그는 역사를 자기인식이나 자기 정체성 확인에 대한 매개로 끌어들이고 있을 뿐이다. 초기부터 일관되어온 현실과의 비동일화 전략, 곧 현실과 거리를 둔 지사적 자세 바로 그것이다.

5. 결론

영랑은 1930년대 초반 카프가 해산되고 문학의 자율성이 심하게 위협받던 시기에 등장했다. 이 때는 현실이 문학이 되고 문학이 현실이 되는, 일원론적인 문학관이 강요되던 시기였다. 그리하여 그의 순수문학은 한편으로는 현실과의 타협이라는 오해를 받기도 했고 자아 의 발전이 없이 고립된 세계에 갇혀 있었다는 평가도 받았다.

그러나 그의 순수는 일제에 대한 순수라는 사실에 주목을 해야 한다. 영랑은 현실을 냉정히 응시하면서 거기서 일정한 거리를 두려 했다. 현실과의 동화란 바로 식민지배 체제의 승인이나 암묵적 동조로 비춰

졌기 때문이다. 이런 위험으로부터 벗어나기 위해서 영랑은 자기의 위치가 어디인가 확인해야 하고 자기의 정체성을 뚜렷이 자각해야 했다. 그것이 '내 마음'으로 표상되는 자기동일성에 대한 인식이다. 영랑은 '내 마음'의 확인을 자연에서 시작하여 모란의 세계에 이르러 그 극점에 오른다. 현실에 대한 막연한 추수 행위마저도 일제에 대한 암묵적 동조로 비춰지던 시기에 현실과 구분된 자아에 대한 확인이야말로 영랑에게는 가장 적극적인 현실인식 태도였던 것이다. 영랑은 현실에 대한 비동일화 전략의 일환으로 끊임없는 자기 변신의 몸부림을 보여주었다. 그리하여 그가 역사를 통해서 얻은 지조의식은, '내 마음'의 최종 귀착지이면서 그 결정체였다. 잘 알려진 것처럼 영랑은 창씨개명을 하지 않고 자신과 민족의 혼을 일구어내었다. 그가 현실에 대해 타협하지 않고 끝까지 자신을 지켜내었던 것은 흔들리지 않는 '내 마음'을 이렇게 올곧게 간직하고 있었기 때문이다.

―김영랑론

일상성과 영원성의 관계

-서정주론

1. 근대인의 초상

　근대가 무엇이고, 근대인은 또 무엇인가에 대한 질문은 끊임없이 제기되어 왔고, 아직도 계속 진행형인 채 남아 있다. 물론 문학을 포함한 인문학의 경계에서 수학과 같은 정확한 정식을 찾는 것은 쉬운 일이 아니다. 게다가 다양한 얼굴과 질적 함량을 내포하고 있는 근대의 제반 문제가 포개진 이 분야에서 근대성의 양상을 꼭 짚어서 이야기하기란 더더욱 어려운 일이 아닐 수 없다. 대개 이러한 문제에 봉착할 때마다 우리는 어떤 하나의 준거점을 찾아서 이전과 이후를 비교하면서 여기서 차질되는 문제점을 새로운 인식성의 단위로 사유해 오곤 했다. 이런 틀과 사유방식이 유효하다면, 근대와 전근대의 질적 차이란 무엇일까 하는 그 나름의 독특한 자기인식에 이르게 된다.

　시기구분에 대한 많은 논란에도 불구하고 한국의 근대는 차분히 진행되어 왔다. 강요된 것이든 불구화된 것이든 한국에서의 근대는 서구 혹은 동양 사회와 더불어 똑같은 질을 내포한 채 진행되어 왔다. 뿐만 아니라 동일한 권역 내에서도 그 나름의 사유방식대로 언표화하면서 근대를 읽어내고 이를 작품화했다. 역사의 객관적 필연성을 근대로 내세운 경우가 있는가 하면, 지식인의 우울이나 자의식의 팽창에서 그 특색을 탐색해 낸 경우도 있다. 뿐만 아니라 근대의 빛에서 그것의 가능성을 타진한 경우도 있고, 그 그늘에서 그것의 특징적 모습을 이해한 경우도 있다. 그러나 어떤 동기와 사유에서 진행되었든 간에 그것은 근대의 한 모습이었고, 그 특징이라는 데에는 별반 이의가 없을 것이다.

근대와 전근대 사이에 내재하는 차이가 무엇인가하는 질문을 던질 때, 이에 대해서 대답하는 것은 쉬운 일이 아니지만, 우선 정신과 비정신의 간극에서 찾아 볼 수 있을 것이다. 가령, 금욕주의의 유무 같은 것이다[1]. 근대 이전의 사유체계에서 금욕주의는 신과 연결된 것이면서 또한 초월적인 어떤 것이기도 했다. 신과 연결된 어떤 초월주의는 인간의 영역과는 저멀리 동떨어진 것인데, 이런 사유의 토대는 동서양 사유체계 모두에서 흔히 발견된다. 주자학적 질서에 의해 통어되던 조선시대의 사회구조도 엄밀히 따져보면 이런 금욕주의와 무관한 것이 아니기 때문이다. 따라서 금욕주의야말로 근대와 전근대를 구분짓는, 보편적인 특색이라 해도 틀린 말은 아니다.

다소 서구적인 배움이 깔린 금욕주의란 용어와 그 상대적 관점에서 근대인의 초상이랄까 하는 사유를 한국 근대 시사에서 읽어내는 것은 매우 낯설어보인다. 주자학이 내뿜는 엄격주의나 보수주의라 할 만한 것은 있었을망정 육체라든가 욕망, 혹은 본능을 억압하는 서구식 금욕주의를 찾아보기란 매우 어려운 까닭이다. 그러나 중요한 것은 문화적 전통과 역사적 흐름보다는 당대의 현상 속에서 산견되는 내면이나 풍경일 것이다. 엄연히 존재하는 현상을 두고 허위나 가식으로 접근할

---

*대전대학교 국어국문학과
1) 서구에서 이러한 금욕주의를 대표하는 종교는 기독교이다. 따라서 그것은 영원을 추구한다. 그러나 영원으로부터 떨어져 나온 인간이 더 이상 금욕주의를 자신의 삶의 실천매개로 삼을 수는 없는 것이다. 근대에 들어 종교적 금욕주의가 더 이상 자리를 잡을 수 없는 이유이다. 이를 근대인이 되는 하나의 단초라 하는 이유도 이와 밀접한 관련이 있다. 정신의 영역이 아니라 실생활에서 근검절약등 현실생활에의 충실을 내세웠던 종교개혁론자들도 범박하게 보면, 반금욕주의, 곧 반정신주의의 연장선에 놓인 것이라 할 수 있다. 이에 관한 논의들은 김성은, 『근대인의 탄생』, 아이세움, 2011을 참조할 것.

수는 없기 때문이다.

한국의 대표시인 가운데 하나인 서정주의 시를 해석하고 자리매김할 때에 부딪히는 문제도 이와 무관하지 않다. 서정주가 등단한 것은 1936년 전후인데, 이때는 이미 근대시의 모습과 근대인의 초상이라하는 것이 어느 정도 자리잡고 있던 시기이다. 그는 시인의 시선으로, 어쩌면 근대인의 시선으로 근대에 대한 시단의 제반 논쟁과 시사적 흐름들에 대해 익숙히 경험했을 것으로 이해된다. 이런 흐름이란 서정주의 시세계를 이해하는 단초가 될 뿐만 아니라 근대에 대한 그의 사유를 판단해내기 위한 좋은 근거가 될 수 있을 것이다.

서정주가 『화사』[2]집을 상재했을 때 보여주었던 이 시집의 삽화는 매우 충격적인 것이었다. 당시 시집의 표지가 아름다운 풍경화나 서정적 판화 그림이 대부분이었던 것을 감안하면, 『화사』에 그려졌던 꽃뱀은 매우 이례적인 경우가 아닐 수 없다. 『화사』집의 예외성은 비단 시집 속의 그림뿐만 아니라 작품의 내용에 있어서도 파격이었다. 이전에 발표되었던 여타의 작품들에서 볼 수 없었던 본능의 언어들이 적나라하게 노출되어 있기 때문이다. 이는 본능의 영역에서 직조되는 직정언어(直情 言語)[3]라는 말로 설명할 수 있는데, 이 영역은 정신보다는 주로 육체와 깊은 관련을 맺고 있다.

정신을 최우선의 가치로 두는 금욕주의는 육체를 억제하고 그것의 자유로운 발산을 금기시한다. 육체는 단지 정신의 부속물일 뿐이다. 그러나 중세의 금욕주의로부터 탈출코자 하는 근대적 사유방식에 이르

---

2) 『화사』가 나온 것은 1941년 남만서고에서였다. 이 시집이 나올 수 있었던 것은 『시인부락』 동인이자 남대문 약국의 주인있던 김상원이 당시 돈으로 500원을 내놓은 덕분이었다고 한다. 이에 대한 자세한 이야기는 박호영, 『서정주: 영원주의와 떠돌이의식』, 건국대 출판부, 2003, p.41. 참조.
3) 김용직, 『한국현대시사』(2), 한국문연, 1996. p.70. 김용직은 서정주의 말을 빌어, 인간의 언어에 밀착한 언어를 직정언어라 했으며, 서정주 이전에 한국시에서는 이런 언어 사용이 거의 일어나지 않았다고 했다.

면 이들의 관계는 정반대의 위치에 서게 된다. 육체의 발견 혹은 육체로의 복권이 정당화되기 때문이다[4]. 근대적 사유에서는 육체가 정신을 대신해서 그것이 곧 시대의 좌표로 인식되는 상황이 자연스럽게 된다. 이런 맥락에서 보면 서정주는 근대 시인 가운데 육체를 처음 발견하고 그것을 의미화한 시인이라 해도 과언이 아니라 할 수 있다. 그는 육체를 집요하게 탐구했고 거기서 의미화되는 다양한 양상들에 대해 시적 작업을 해왔다. 그러한 그의 작업 가운데 우리의 주목을 끄는 것이 그의 시에서 빈번히 나타나는 '피'의 현상학이다. 그것은 그의 시에서 육체성을 확인하고 복원시키는 중요한 매개이다. 그동안 '피'는 상징과 이미지의 차원에서 고찰된 바 있다.[5] 그러나 그것이 영원의식의 붕괴와 근대인으로 전이되는 과정의 중심 매개라는 것, 곧 근대의 역사철학적 의미망에서는 제대로 고찰되지 않았다. 그것이 단순한 본능이라든가 열정, 혹은 관능이라는 의미는 표면적인 해석에 지나지 않는 것이다. '피'는 육체와 깊은 관련이 있는 것이고 그러한 육체는 근대인으로 전이되는 과정에서 발견된 역사철학적 의미를 담고 있는 대상이다. 서정주에게 있어 '피'는 영원의 상실이며 또한 그 배출을 통해서 코스모스(질서)를 창조하는 과정으로 이해되어야 한다[6].

2. 육체의 발견 혹은 복원

인간을 정신과 육체로 나누는 것은 지극히 뻔한 상식이지만, 어느

---

4) M, Bakhtin, 『프랑수아 라블레의 작품과 중세 및 르네상스의 민중문화』(이덕형외역), 아카넷, 2001, p.46.
5) 김영수, 「피의 상징성과 그 기능」, 『안동대 논문집』, 1984.12.
   이어령, 「피의 순환과정」, 『문학사상』, 1987.1.
   김정신, 「미당 시에 나타난 피의 심상 연구」, 경북대 석사, 1993.
6) M., Eliade, 『성과 속』(이동하역), 학민사, 1990, p. 78.

특정한 부분을 표나게 강조하는 것은 어떤 철학적 의미망과 밀접한 관련이 있을 것이다. 금욕주의가 압도하던 중세 유럽 사회에서 관능적 육체를 앞세우는 것은 당시의 윤리의식에서 용납될 수 있는 것이 아니었다. 육체는 정신보다 하급의 영역에 속한 것이면서 유한성을 표상하는 것이기에 기독교적 영원성의 윤리와는 정반대의 위치에 있었기 때문이다. 따라서 인간은 영적인 희망이나 숭고한 포부와 배치되는 관능적 또는 육체적인 저급한 욕망들을 타부시했다. 그러나 근대성의 경험이 시작되는 시점에 이르러서는 이런 중세적 윤리의식은 상당한 타격을 받게 된다. 신으로부터 떨어져나오는 지점, 곧 영원의 영역으로부터 벗어나는 지점에 유한의 의미가 자리잡게 되고, 그 중심에는 육체가 있기 때문이다.

근대성이 구조화되는 지점에서 육체의 발견이랄까 그것의 경험성이 중요시되는 것은 그것이 근대의 철학적 맥락으로부터 자유롭지 않다는 데에 있다. 익히 알려진 것처럼 근대란 유한성이고 일시성이 지배하는 세계이다. 이런 순간의 사유가 지배하는 곳에서 정신이랄까 영원의 감각을 언표하는 것은 매우 이질적인 일일 뿐만 아니라 반근대적인 윤리의식에 해당한다. 윤리란 고정불변의 것도 아니고 시대의 요구에 의해 언제든 변하기 마련이다. 중세와 근대가 차질되는 가장 중요한 근거 가운데 하나를 영원성과 유한성의 대립에서 찾을 수 있는데, 이를 인간의 영역에 좁혀 이야기하면 정신과 육체의 이분법적 대립으로 이해할 수 있을 것이다. 그러나 다양하게 변화하는 근대의 제반 현상을 이 두 가지 대립구도로 모두 설명할 수 있는 것은 아니다. 그럼에도 이런 분류내지 전제가 가능한 것은 영원과 대비하여 인간이라는 유한성을 이해하고 분석하는 데 있어 육체의 기능적 탐색만큼 좋은 대상도 없을 것이다. 근대적 맥락에서 보면 육체는 유한성의 상징이면서 중세적 영원주의의 상대편에 있는 가장 적절한 안티테제이다.

근대란 인간으로 하여금 스스로를 조율해나가도록 하는 인간형을 요구한다7). 자율적 인간형이란 중세의 영원성을 상실한 인간이 근대를 딛고 나아가야만 하는 주체의 운명을 설명한 말이다. 이렇듯 근대가 자율적 인간형을 요구한다고 할 때, 이를 체험한 주체가 어느 부면에 그 초점을 맞추어나갈까 하는 것은 전적으로 인식의 경계와 근대를 인식하는 방식에 따라 달라질 것이다.

그렇게 얻어진 체험의 방식들이 다양성을 갖는 것은 당연한 일일 것이고, 실제로 한국 근대시사에서 근대를 구현하는 방식은 작가마다 여러 모양새를 보여주었다. 문학원론적인 스타일의 방식에서 이를 체현해주었는가 하면, 주제론적 방향에서 보여주기도 했다. 뿐만 아니라 집단의 '이즘'형태로 구현하기도 했고 개인의 취향에 따라서 만들어내기도 했다. 근대를 인식하고 기호화하는 이런 모양새를 '근대인되기' 혹은 '근대체험하기'로 규정지을 수 있다면, 그것은 각자의 시인마다 가질 수 있는 독자성내지 고유성과 관련되는 문제일 것이다. 이를 토대로 우울과 자의식의 확장 속에서 근대를 체험한 시인도 있고, 과학의 명랑한 국면 속에서 근대를 읽어낸 시인도 있다. 또 경우에 따라서는 엑조티시즘과 같은 지극히 표피적인 측면에서 이해한 경우도 있다. 이러한 여러 독자성들 가운데 하나가 육체의 발견을 통해서 근대를 인식한 경우이다. 이들과 달리 서정주는 근대의 체험을 매우 독특한 영역에서 이해한 시인이다.

> 사향 박하의 뒤안길이다./아름다운 배암---/ 을마나 크다란 슬픔으로 태여났기에, 저리도 징그라운 몸둥아리냐//꽃다님 같다./너의 할아버지가 이브를 꼬여내든 달변의 혓바닥이/소리잃은채 낼룽그리는 붉은 아가리로/푸른 하눌이다. ---물어뜯어라, 원통히무러뜯어// 다라나거라. 저놈의 대가리!//돌 팔매를 쏘면서, 쏘면서, 사향 방초ㅅ길/저놈의 뒤를 따르는

7) 이러한 관점은 하버마스가 적절하게 설명한 바 있다. 자세한 것은 Habermas, J., *The philosophical discourse of modernity*, polity press, 1987. 참조.

것은/우리 할아버지의안해가 이브라서 그러는게 아니라/석유 먹은듯---
석유 먹은듯---가쁜 숨결이야//바눌에 꼬여 두를까부다. 꽃다님보단도
아름다운 빛---//크레오파투라의 피먹은양 붉게 타오르는 고흔 입설이다
---슴여라! 배암.//우리순네는 스믈난 색시, 고양이같이 고흔 입설---슴
여라! 배암.

「화사」전문

　인용시는 서정주의 대표작이자 그의 첫시집의 표제가 「화사」이다.
이 작품에서 근대를 체험하는, 혹은 근대인이 되어가는 시인의 모습은
우선, 신화의 의미에서 찾아진다. 신화란 순동시적으로 살아있는 초월
적인 어떤 것이면서, 시간구성상 영원의 감각에 해당한다. 또한 그것은
분열적 주체가 통합의 완결성을 일구어내는 중요한 매개적 장치이기도
하다. 신화가 갖는 이런 함의에 주목하게 되면, 그것은 분열된 주체
혹은 근대인에게 인식의 완결성과 총체성을 부여해주는 긍정적인 의장
이라 할 수 있다. 그러나 서정주의 경우는 신화가 갖고 있는 통상의
의미를 초월해서 그것을 의미화하는, 매우 이례적인 사례를 제시한다.
시인에게 신화는 인식의 통일성이 아니라 인식의 분열성을 증거하는
매개로 기능하고 있기 때문이다. 이는 신화가 갖는 통상적인 의미와는
거리가 있는 것이다.
　인간이라는 존재를 어떻게 규정할 것인가 하는 문제는 지극히 철학
적이고 형이상학적인 문제에 속한다. 어떤 자기규정에 의해 존재가 결
정되는 것은 아닌데, 만약 그러한 직접적 매개가 가능하다면 그것은
근거없는 주관주의에 불과할 뿐이다. 따라서 어떤 객관적 근거에 의해
존재를 규정할 것인가하는 것은 인식주체에게는 매우 중요한 문제가
아닐 수 없다. 다양한 가능성과 여러 지향성이 혼성된 근대의 세례 앞
에 주체가 선택할 수 있는 대상은 그리 많아 보이진 않는다. 그 올바른
잣대를 찾아내고 이를 적절히 객관화할 때, 근대인으로 거듭 태어나는

올바른 길을 확보하게 될 것이다.

「화사」의 시적 주체는 지극히 인간적인 모습을 갖고 있다. 여기서 인간적이라는 말은 반영원성의 감각과 관련된다. 근대적 인간은 정신의 높이와 깊이에서 형성되지 않는다. 오직 유한성을 특징으로 하는 육체로만 감각된다. 이런 감각이 유효한 것은 근대가 바로 영원을 요구하지 않기 때문이다. 시적 주체는 중세적 금욕주의로부터 멀어져 있고 신화의 인식적 완결성으로부터 분리되어 있다. 시적 주체가 느끼고 향유하는 것은 지금 여기의 직관적인 감각뿐이다.

육체에 대한 서정주의 「화사」적 인식은 매우 신선하고 놀라운 경우이다. 육체는 본능을 즐긴다. 본능은 일차적 감각만을 끌어들이고 즐긴다. '꽃다님 같은 뱀', '클레오파트라의 붉은 입술'과 같은 시각적 이미지, '사향박하'와 '석유'와 같은 후각적 이미지들은 모두 감각에 호소하는 일차적 이미저리들인데, 이런 감각들이야말로 인간의 육체로부터 분리하기 어려운 것들이다. 서정주는 근대를 이렇듯 감각작용에서 느끼고 그것을 육체속으로 이끌어들인다. 그는 그러한 육체적 실천을 신화라는 매개, 즉 아담과 이브의 성서적 신화를 통해 이루어내고 있다. 마치 '파우스트'가 '메피스토펠레스'를 매개로 근대적 자아 발전을 이룬 것처럼[8] 그는 성서의 신화를 통해서 근대를 체험하고 있는 것이다.

> 古代 그리이스적 肉體性---그것도 그리이스 神話的 肉體性의 重視, 古代 그리이스·로마의 皇帝들이 흔히 느끼고 살았던 바의, 최고로 精選된 사람에서 神을 보는 바로 그 人神主義的 肉身現生의 重視. 아폴로的인, 디오니소스的인, 에로스的인, 그리이스 神話的 存在意識. 또, 그런 存在意識을 기초로하는 르네상스 휴머니즘.---그러자니 자연 基督敎的 神本主義와는 영 對立하는 그런 意味의 르네상스 휴머니즘.(중략) 그러나 이런 神話的 헬레니즘만이 當時의 내 精神을 추진하고 있는 힘의 全部는 아니었다. 샤를르

---

8) M., Berman, 『현대성의 경험』(윤호병외 역), 현대미학사, 1994, pp.41-104.

보오들레르의 影響을 주로 해서 이루어졌던 '現實의 밑바닥 參與'의 意圖가
있었다.9)

시인 자신의 초기시와 정신세계에 대해 언급하고 있는 인용글은 대략 두 가지로 요약된다. 우선, 서정주가 기독교적 신본주의보다는 고대 그리이스적 육체성, 곧 신화적 헬레니즘을 택했다는 것이 하나이고, 다른 하나는 보들레르적인 현실의 밑바닥에 대한 관심의 표명이다. 전자의 경우는 「화사」에서 본 것처럼 자아의 통일과 연속성의 상징으로서의 신화 본래의 의미에 대한 부정의식에서 온 것이고, 후자의 경우는 보들레르가 근대 예술의 속성 가운데 하나로 인식했던 일시적인 것, 순간적인 것에 대한 지향을 뜻한다. 그런 의미에서 이 두 가지는 모두 영원의 중세적 의미를 부정한 것이라 할 수 있다. 뿐만 아니라 인식의 완결성에 대한 신화 본래의 의미를 사상하고 자기 나름의 고유한 신화의 의미를 직조해내고 있는 경우이다.

'근대인되기' 혹은 '근대'를 체험하는 서정주만의 방식은 이렇듯 육체의 발견에 있었다. 그의 시에서 육체란 정신의 건너편에 있는 것이면서 근대의 유한한 시간성을 체현하는 중요한 계기였다. 그는 신화를 대타적으로 의식하면서 자신만의 근대체험을 육체의 복권에 두었던 것이다. 서정주는 신화를 통해 육체를 발견하고, 그 육체 속에서 근대인의 초상을 읽어낸 경우이다. 실상 근대인의 초상으로 육체를 발견하고 복원했다는 것은 매우 이례적인 근대 체험이 아닐 수 없다. 이는 관념적인 어떤 모형을 제시하면서 근대를 이해하는 방식과는 전연 다른 사례이기 때문이다.

육체가 무엇인가에 대해 정확히 말하는 것은 불가능하지만, 영원의 감각과 비교해보면, 그것은 유한한 것이며 삶의 직접적 기능이 작용하

---

9) 『서정주문학전집』 5권, 1972, 일지사, p. 266.

는 저장소에 해당한다고 할 수 있다. 또한 전일성이 파괴된 생태의 관점에서 보면, 그것은 건강성의 한 부면으로 이해할 수도 있을 것이다. 그러나 그것이 어떤 모양새로 이해되든 간에 인간의 생명과 분리할 수 없다는 것이고, 지금 여기의 생기있는 삶의 호흡으로부터 멀어질 수 없다는 데에 있다. 그것은 생의 무대이며 온갖 욕망이 갈등하는 싸움터이다. 그리고 육체가 무한의 영역과 분리하기 어려운 것이라면, 그것은 정신이 갖는 완전성과는 반대의 편에 놓이게 된다. 신성한 것과 귀족적인 것이 중세의 영원주의과 관련이 있다면, 소위 비완결적인 적인 것들은 근대와 관련되어 있기 때문이다[10]. 그러한 육체의 갈등이 치열하게 드러나는 것이 그의 작품세계에서 흔히 발견되는 '피'의 다양한 의미화에서이다. '피'는 삶의 열정 혹은 살인, 죄악과 같은 보편적 의미를 넘어서서 서정주의 시에서는 정신과 육체 사이에 놓여있는 경계를 허무는 중요한 의장으로 등장한다. 그에게 '피'는 곧 육체의 발견에 따른 당연한 부수물이면서, 또 근대를 이해하고 읽어가는 주요한 수단이 되기도 한다.

3. '피'의 약동과 그 근대적 의미구현

1) 금기의 위반과 영원의 상실

근대를 체험한다는 것은 중세의 엄격한 금욕주의나 윤리의식으로부터 거리를 두는 일이다. 근대의 질서 속에서 자아를 발견하고 여기에 맞게 발전하는 일이야말로 근대인이 되는 요체라고 할 수 있을 것이다. 근대를 이해하고 체험하는 것은 금욕주의적 윤리의식을 초월하는 것이

---

10) 서정주 시에서 발견하는 문둥이의식, 정신병, 징역과 같은 용어들은 모두 그러한 비완전성, 비종결된 근대인의 초상을 의미하는 테마들이다.

다. 정신적인 것보다는 육체적인 것에 무게를 두었던 서정주의 자아발전은 이런 맥락에서 의미있는 것이라 할 수 있다. 시인에게 있어 육체의 복원은 근대로 편입된 자아의 또다른 모습이었기 때문이다.

육체를 복원하고 이를 의미화하는 과정을 가장 잘 보여준 작품은 「화사」이다. 이 작품의 중심 테마 가운데 하나인 성서 신화는 초월적인 영역으로부터 지상적인 세계로 하락하는 과정을 다룬 작품이기 때문이다. 소비충동을 억제한 금기의 원칙이 에덴동산의 규율이었다고 한다면 이를 위반하고 소비충동을 충족시키는 것은 영원성의 상실이다. 그 상실 속에서 육체가 탄생한다. 즉 신의 금지원칙이 깨질 때마다 육체에 대한 뚜렷한 발견과 쾌락이 시작하는 것이다. 그런데 그의 시에서 이런 쾌락의 중심에 '피'의 약동성이 존재하고, 쾌락원칙에 충실한 육체 속에 피가 꿈틀거린다.

육체의 쾌락을 증거하고 이를 배가시키는 '피'는 실상 신의 계율을 어긴 댓가로 얻어진 것이다. 따라서 '피'는 욕망하는 육체의 또 다른 국면이면서 신이 내린 엄숙한 계율을 파괴한 증표가 되기도 한다. 서정주의 시에서 육체와 피가 불가분의 관계에 놓이는 것은 이런 이유 때문이다.

> 샛길로 샛길로만 쪼껴 가다가/한바탕 가시밭을 휘젓고 나서면/다리는 훌쳐 肉膾 처노흔듯,/ 피ㅅ방울이 내려져 바윗돌을 적시고---//아무도 없는 곳이기에 고이는 눈물이면/손아귀에 닷는대로 떱고 씨거운 山열매를 따먹으며/나는 함부로 줄다름질 친다.//山새 우는 세월속에 붉게 물든 山열매는,/먹고 가며 해 보면/눈이 금시 밝어 오드라./(중략)/그어디 한포기 큰악한 꽃 그늘,/부즐없이 푸르른 바람결에 씻기우는 한낱 해골로 노일지라도 나의 염원은 언제나 끝가는 悅樂이어야 한다.
>
> 「逆旅」 부분

인용시는 시적 주체가 나아갈 방향을 잃고 질주하는 육체의 쾌락을 묘사한 작품이다. 곧 '피'의 흔적을 바윗돌에 적시며 돌진하는 육체의 탐욕을 형상화하고 있는 것이다. 시의 화자는 끊없는 열락을 위해서 "샛길로 샛길로만 쪼겨 가는" 어수선한 상황을 맞이하기도 하고, "한바탕 가시밭길을 휘젓어 나아가기도" 한다. 그 결과 시적 화자에게 남겨진 것은 바윗돌에 적셔진 핏방울 뿐이다. 또한 진한 피의 내음속에 얻어진 것은 눈이 밝아지는 산열매이다. 아무런 거리낌없이 '함부로 줄다 음질'을 치면서, '손에 닿는대로' 우연히 다가오는 '산열매'를 따먹는 행위는 성서의 신화를 떠나서는 그 설명이 불가능한 부분이다[11]. 이 열매는 에덴동산의 금지의 열매인 선악과나무라는 것이 필자의 판단이다. 신과 같이 밝은 눈을 가져서는 안된다는 계율, 그러나 신처럼 밝은 눈을 가지려는 인간의 욕망은 사과를 먹음으로써 그러한 금기를 위반하게 된다. 그결과 인간은 신처럼 밝은 눈을 갖게 되고, 부끄러움의 정서를 갖게 된다. 태초에 부끄러움이 있었다[12].

근대인의 자아발전을 성취해내는 서정주의 이같은 상상력은 그의 초기 시세계를 지배하는 주요한 동인이다. 아담과 이브로 표상되는 에덴동산의 신화를 모티브로 하는 「화사」의 세계도 여기서 벗어나지 않는다. 서정주는 근대인이 되어 가는 과정을 이렇듯 성서의 신화를 인유하고 있는 것이다. 그것이 그가 말한 "基督敎的 神本主義와는 영 對立하는 그런 意味의 르네상스 휴머니즘"이 아니겠는가.

---

11) 송기한, 『한국 전후시와 시간의식』, 태학사, 1996, p. 113.
12) 성서에서는 인간의 눈이 밝아지는 과정과 부끄러움의 형성되는 과정을 다음과 같이 설명해놓고 있다. "여자가 그 나무를 본즉 먹음직도 하고 보암직도 하고 지혜롭게 할 만큼 탐스럽기도 한 나무인지라 여자가 그 열래를 따먹고 자기와 함께 있는 남편에게도 주매 그도 먹은 지라. 이에 그들의 눈이 밝아져 자기들이 벗은 줄을 알고 무화과나무 잎을 엮어 치마로 삼았더라."(창세기 3장 6-7절). 성서에서 보이는 과일과 이를 먹고 눈이 밝아졌다는 내용은 서정주의 「逆旅」에서 그대로 재현되는 바, 이는 시인이 성서로부터 많은 영향을 받았음을 말해주는 증거가 아닐 수 없다.

그러나 그러한 자아발전은 '산열매는/먹고 가며 해 보면/눈이 금시 밝어 오드라'에서 보듯, 생명의 나무, 지혜의 나무를 먹으면 안된다는 금기의 위반에 따른 결과이다. 즉 신만이 소유하고 조정되는 금지의 나무에 손을 대서는 안된다는 금기를 위반하고 취해진 것이기 때문이다. 따라서 이 작품은 낙원에서 추방되는 과정에서 얻어진 태초의 죄[13]를 다룬 시라 할 수 있다. 여기서의 죄는 에덴 동산에서 영원을 누리던 낙원적 인간이 '사과'라는 음식의 소비적 욕망을 이기지 못해서 저지른 행위에서 기인한다. 그러므로 「逆旅」에서의 '피'의 이미지는 신과 같이 '밝은 눈'을 가지려는 인간의 욕망에서 비롯된, 곧 신의 계율을 어긴 죄의 문제와 관련되어 있다고 하겠다.

근대를 체험하고 근대인으로 거듭나기 위한 서정주의 자아 발전은 신으로부터의 탈피과정없이는 불가능한 것이었다. 그런 거대한 윤리의식으로부터 독립하여 하나의 작은 윤리를 만들어가는 시인의 직정적인 작업들은 우리 근대시사에서 매우 예외적인 국면에 속한다. 그 윤리가 정당한 것인가 혹은 사회적 질서에 유효한 것인가의 여부는 별개의 문제이다. 중요한 것은 어떻게 근대를 체험하고 이를 자신만의 고유한 것으로 인식했는가 하는 것이 중요할 뿐이다. 이런 체계적이고 정당한 자아확인과 발전이야말로 서정주 문학의 정점이라 할 만하다. 기독교적 신본주의가 아니라 르네상스의 휴머니즘을 추구하는 서정주의 시의 요체는 이처럼 엄격한 윤리주의로부터 벗어난 반금욕주의적인 것에서 찾아진다.

> 어찌하야 나는 사랑하는자의 피가 먹고 싶습니까/「雲母石棺속에 막다아레에나!」//닭의 벼슬은 심장우에 피인 꽃이라/구름이 왼통 젖어 흐르나/막다아레에나의 장미 꽃다발//(중략)// 해바래기 줄거리로 십자가를 엮어/죽이리로다. 고요히 침묵하는 내닭을 죽여---//카인의 쌔빩안 囚衣를

---

13) J. Kristeva, Powers of Horror, Columbia univ. press, 1976, p. 127.

입고/내 이제 호을로 열손가락이 오도도떤다.//愛鷄의 生肝으로 매워오는
頭蓋骨에/맨드램이만한 벼슬이 하나 그윽히 솟아올라---

「雄鷄」(下) 부분

「웅계」는 닭을 죽이는 행위를 통해서 인간이 가지고 있는 근원적
죄 가운데 하나인 살인의 문제를 다루고 있는 시이다. 인류 최초의 살
인 사건이 카인에 의한 아벨의 살해행위임은 잘 알려진 일이다. 시인은
그러한 범죄행위를 자신의 환상으로 스크린화함으로써 대리살해충동
의식을 만족시킨다. 그리하여 "해바래기 줄거리로 십자가를엮어/죽이
리로다, 고요히 침묵하는 내닭을 죽여"버리는 실천행위로 계승시킨다.
그리고 닭을 죽일 때, 십자가를 수단으로 한다는 것은 매우 이례적인
상상력이 아닐 수 없다. 십자가가 구원과 사랑, 혹은 희생의 상징임을
감안하면, 이는 매우 전도된 가치관이기 때문이다. 그러한 위반의 상상
력이 어쩌면 근대를 체험하는 시인의 반윤리 의식을 잘 보여주는 것이
아닐까한다.

그리고 이 작품에서의 피의 구경적 의미는 「화사」 등의 경우보다
좀더 구체적이라는 점에서 찾을 수 있다. 여기서의 피는 보다 직접적인
행위를 요구하기 때문이다. 지상에서 신이 부재할 때, 다가오는 성서적
죄 가운데 하나가 살해충동인데, 앞서 언급처럼, 카인의 아벨에 대한
살인행위는 인간이 지상에서 저지른 최초의 죄에 해당한다. 살해란 '피'
의 동반없이는 불가능하다. 살인에서의 '피'의 배출은 욕망의 차원에서
풀이되는 문제가 아니라 인간들 사이에 놓여진 신의 부재에서 이해될
사안이다.

중세의 영원을 딛고 탄생한 육체는 기독교의 죄의식으로부터 자유롭
지 못하다. 죄가 근대적 의미에서 중요한 것은 그것이 금욕주의라든가
기독교적 영원성의 문제와 불가분의 관계에 놓여 있기 때문이다. 인간
에게 죄가 있다는 것, 그것도 모든 인간에게 조직적으로 내재되어 있다

는 원죄의식이야말로 근대인의 대표적인 초상이 아닐 수 없다. 서정주에게 있어 죄란 근대인으로서 거듭나는 과정이었고, 그 중심에는 '피'에 의해 추동되는 육체가 존재하고 있었다.

2) 약동하는 에네르기로서의 욕망

쾌락원칙에 충실한 육체는 욕망과 불가분의 관계에 있다. 육체를 지배하는 것이 욕망임은 잘 알려진 일이다. 따라서 욕망이 없는 육체란 생각할 수 없으며 그 반대 경우도 참이다. 서정주가 근대를 체험하는 과정에서 얻은 사유 가운데 또 중요한 것이 바로 욕망의 문제이다. 인간이란 무엇이고, 또 어떤 동인에 의해 그것이 규정되는 것인가 하는 점은 지극히 윤리의 영역에 속하는 문제이다. 더구나 영원주의와 같은 초월적인 영역에서만 규정되던 인간이 근대의 늪에서는 어떤 모양새를 갖고 태어나는가 하는 것은 더더욱 어려운 문제가 아닐 수 없었다. 이럴 경우 하나의 지렛대가 있다면, 그것은 존재를 규정하는 좋은 기준이 될 수 있을 것이다.

그런 면에서 신화는 인간의 존재규정을 판단하는 좋은 단서가 될 지도 모른다. 그것은 인류의 기원이자 뿌리라는 역사적 관계를 넘어서서 어떤 집단이나 개인에게 내재하는 준거틀로 기능하기 때문이다. 그렇기에 신화는 여러 이질적인 요인들을 하나로 묶어내는 역할을 한다. 어떤 분열된 주체가 신화체험을 통해 인식의 완결을 이루어내는 것은 모두 신화의 그러한 정신적 역할 때문이다.

서정주가 신화체험을 통해 근대인으로 거듭 태어난 것은 앞서 보아 온 터이다. 그는 육체를 통해서 근대를 읽어내고, 그것의 배음에 깔려 있던 '피'의 현상학적 의미를 읽어냈다. 서정주의 전시기의 시를 통해서 많이 그리고 꾸준히 발견되는 '피'는 여러 가지로 의미화된다. 그 가운데 하나가 소위 욕망이다. 욕망이란 인간을 신으로부터 차별짓는 중요한 동인 가운데 하나로서 그것은 집단과 배치되는 개인적이 것이고, 신의 영역과는 너무나 다른 질에 속하는 것이다.

인간이 욕망하는 존재라는 것이야말로 아주 단순한 상식에 불과한 것이지만, 서정주가 이를 신화속에서 규정짓고 정의한 것은 매우 의미 있는 일이었다. 어떤 작품이, 혹은 어떤 시인이 인간의 존재문제를 말할 경우 그 적절한 준거틀을 제시한 경우는 지극히 드문 사례에 속하기 때문이다. 뿐만 아니라 하나의 정의방식이 타당성을 얻기 위해서는 적절한 근거 또한 필요하다. 아무리 좋은 전제라해도 그것을 뒷받침할 수 있는 기준이 미약하다면, 설득력이 반감될 수밖에 없기 때문이다.

서정주는 인간을 욕망하는 존재로 풀이했다. 「화사」에서 뱀의 유혹에 넘어가는 존재, 뱀으로부터 사과라는 과일을 먹는 존재, 또 이브로부터 그것을 받아먹는 존재 등등으로 인간을 규정했다. 따라서 태초에 인간에게 욕망이 있었다는 전제가 성립된다. 그것을 「화사」는 신화적 상상력으로 풀이해냈다.

신화적 상상력에 의해 이끌려진, 그리하여 인간이 욕망하는 존재라는 사실은 서정주의 시에서 먹는 행위, 곧 소비충동에 의해 발현된다. 유혹에 의해 소비충동이 발동된 것이긴 하지만, 그 경계가 무너진 이후에 이 충동은 서정주의 초기시를 지배하는 근본동인이 된다. 「雄鷄」의 "어찌하야 나는 사랑하는자의 피가 먹고 싶습니까"에서 보듯 시적 주체는 먹는 행위의 실천을 통해서 욕망에 충실한 자신의 육체를 발견하게 된다. 이 육체를 지배하는 것이 '피'임은 물론이거니와 그것은 그의 작품에서 또다른 욕망의 상징이 된다. '피'와 관련된 붉은 색들이 소비충동과 일정정도 상관관계가 있음은 이런 이유 때문이다.

> 눈물이 나서 눈물이 나서/머리깜어 느리여도 능금만 먹곺어서/어쩌나
> ---하늬바람 울타리한 달밤에/한집웅 박아지꽃 허이여케 피었네/머언 나
> 무 닢닢의 솟작새며, 벌레며, 피릿소리며./노루우는 달빛에 기인 댕기를,/

山 봐도 山보아도 눈물이 넘쳐나는/연순이는 어쩌나---입술이 붉어 온다.

「가시내」 전문

육체와 피는 불가분의 관계에 놓이는데, 이는 서정주의 시에서도 그대로 적용된다. 육체는 피의 보족없이는 성립불가능하기 때문이다. 「가시내」에서 시적 자아는 주체할 수 없을 정도로 능금을 먹고 싶어한다. 능금이란 무엇인가. 일반적으로 사과란 지상적 욕망, 혹은 그런 욕망에 탐닉하는 심리적 세계를 상징한다[14]. 아담과 이브가 에덴동산에서 추방될 때, 기능적으로 작용한 것이 바로 이 과일이다. 그것은 에덴이라는 경계를, 신의 경계를 위반한 금지의 대상물이자 인간이게끔 경계지은 것이기도 하다. 즉 그것은 금지의 원칙을 깬 위반의 매개물이다. 그런 사물을 계속 먹고 싶어한다는 것은, 인간이라는 존재를 더욱 경계짓고자 하는 충동이라 할 수 있다. 인간이 된다는 것은 비신격화된다는 것이고 에덴동산으로부터 점점 멀어진다는 뜻이다. 그러한 거리감은 신과 인간의 반비례 관계를 형성하는 것이고 인간적 욕망을 기계적으로 작동시킨다.

「가시내」에서 욕망은 육체 밑에 숨어 있는 '피'와 연결되어 있다. '피'는 신의 경계를 허물어서 인간으로 향하게끔 한다. 유토피아를 상실한 인간은 더 이상 '피' 이전의 세계, 곧 상상계를 경험하는 것은 불가능하게 되었다. 인용시의 인간은 지극히 인간화되어 있다. 무매개적인 상태에서 "눈물이 나"고 또 아름다운 사물을 봐도 "눈물이 넘쳐나는", 존재론적 고민의 늪을 허우적대는 틀림없는 인간이 된 것이다. 여기서 인간이 되었다는 것은 신의 영역을 상실한, 유토피아의 영역을 상실한 지상화된 인간이 되었음을 의미한다. 이 시에서 이런 인간을 표상하는 것이 '연순이'이다. 이 인물은 화사의 '순네'와 똑같은 경우로서 보편화된 인

---

14) 이승훈, 『문학상징사전』, 고려원, 1996, p. 257.

간, 평범화된 지상적 인간을 대표한다. 그런데 이 전형적 인물의 입술이 붉어온다. 그것이 붉게 변색된다는 뜻은 육체의 내부에서 피의 격렬한 움직임이 시작되었다는 것이고, 그것은 쾌락원칙에 충실한 자아를 발견했다는 의미이다. 뿐만 아니라 입술의 붉어짐은 채워진다는 측면에서 결핍의 공간을 메우는 행위이기도 하다. 그러나 그것을 메우는 것은 이성의 영역을 초월한 본능의 영역, 무의식의 영역에서 시작된다. 입술이 붉어진 '연순이'는 그 스스로를 충족시킬 대상을 찾아서 자신의 촉수를 드리우는 것이다.

> 보지마라 너 눈물어린 눈으로는---/소란한 哄笑의 正午 天心에/다붉은 내입설의 피묻은 입마춤과/無限 慾望의 그윽한 이戰慄을---//아---어찌 참을것이냐!/슬픈이는 모다 巴蜀으로 갔어도,/윙윙그리는 불벌을 떼를/꿀과 함께 나는 가슴으로 먹었노라.//(중략)//沒藥 麝香의 薰薰한 이꽃자리/내 숫사슴의 춤추며 뛰여 가자//웃슴웃는 짐생, 짐생 속으로,//
>
> 「正午의 언덕에서」 부분

이 작품에서 '피'의 이미지는 육체와 정신의 경계에서 육체 지향적인 유한한 존재가 가질 수 있는 본능과 충동들을 실존적으로 구현한다. '피'와 '욕망'은 동일한 연장선에 놓이면서 전투적인 성격을 띤다. 이는 욕망의 극한이 피의 강렬성에 기대어 더욱 가열찬 상황으로 나아가는 과정과 깊은 관련을 맺고 있다. "다붉은 내입설의 피묻은 입마춤과/무한 욕망의 그윽한 이 전율을"에서 보듯 제어할 수 없는 인간의 본능이 아무런 여과 장치 없이 적나라하게 노출되어 있음을 보여주고 있는 것이다. 인간의 본능이라든가 피의 관점에서 보면 정신적인 것들은 비정상적인 상황이 된다[15]. 어떻든 이러한 충동적인 본능은 2연에서 "윙윙 그리는 불벌의 떼를/꿀과 함께 나는 가슴으로 먹음"으로써, 더욱 강렬

---

15) 김윤식, 『미당의 어법과 동리의 어법』, 서울대 출판부, 2003, p. 92.

한 본능, 육체지향성으로 나아간다.

인간의 정신영역에서 이성이 제거되면 감성의 영역만이 남는다. 이런 맥락에서 이 작품은 두가지 측면에서 의미가 있는 경우이다. 하나는 「화사」에서 등장했던 에덴동산의 설화가 갖는 의미인데, 이곳은 신의 계율이 유효하는 한, 본능의 영역이 올곧게 지켜지는 장소이다. 본능이 고스란히 보존되어 있다는 것은 정신의 전일성만이 존재하는 완벽한 공간이라는 의미이다. 따라서 형이상학적 사유나 심지어 본능의 영역에서 조차 갈등이 존재하지 않는 것이다. 오직 본능원칙에 충실한 자아만이 있는 것이다. 두 번째는 앞의 경우와 연장선에 놓이는 문제인데, 소위 동물성(animality)에 관한 것이다. 이 감각은 전연 이성의 영역과는 무관한 지대에서 형성된다. 이 감수성 속에는 "윙윙그리는 불벌을 떼를/꿀과 함께 나는 가슴으로 먹"는 원시적 감성, 그리하여 "웃음웃는 짐생속으로" 달려나아가는 즉자적 감각만이 유효하게 된다. 시적 자아는 이성이 마비된 동물로 인식되는데, 인간이 동물의 감각과 동일한 차원에 놓이는 것은 오직 본능의 차원에서만 가능하다. 동물성으로 나아가는 이러한 가치하락이야말로 무한 욕망에 충실한 시적 자아의 또 다른 모습일 것이다.

3) 육체의 실천으로서의 관능의식

관능의식이란 인간이 원초적으로 가질 수 있는 근본 욕구 가운데 하나이다. 인간을 어떻게 규정하고 정의할 것인가하는 문제는 여러 철학적 접근이 요구되는 사안이다. 따라서 다양하게 변주되는 인간형을 하나의 단선적인 계선으로 논의하는 것은 불가능하다. 그러나 이런 난점에도 불구하고 인간이란 욕망하는 존재라는 것에 대해서는 대부분이 동의하고 있다. 보편심리로 치환될 수 없는, 개개의 인간마다 보전하고 있는 욕망이 인간을 규정하는 가장 일반화된 방법이라고 풀이하는 것이다. 인간을 생물학적 본능으로 이해하는 프로이트의 방식이 그 대표적인 사례이다.

영원이라는 아우라를 벗어나 근대를 체험하고 근대인으로 거듭나는 서정주의 시에서 반영원의 감각은 이런 면에서 대단히 의미 있는 것이었다. 특히 육체의 복권과 그 구체적 실현 증거를 '피'의 활동성에서 찾은 것은 그만이 갖는 득의의 영역일 것이다. 서정주의 시세계에서 반영원의 중심에 육체가 있었고, '피'의 생명력이 있었다. '피'는 영원과 반영원, 근대와 반근대, 정신과 육체의 경계를 허무는 상호주관적 매개물이었다. 그것이 한편으로는 육체성의 발현이었고, 욕망의 실현이었다. 육체와 욕망이 갖는 관계는 상호 불가분의 관계여서 어느 하나와 다른 하나가 분리되거나 개별적 의미망을 갖고 있는 것은 아니다. 그것이 쾌락원칙에 충실한 관계라면 더욱 그러할 것이다. 그렇다면 욕망이 동반된 육체란 무엇일까. 그리고 그것이 근대를 체험하고 근대인이 되어가는 주체일 경우, 그 기호적 실천 혹은 외화된 표현이란 무엇일까.

아마도 그 구경적 실현은 서정주 초기시를 지배하고 있는 관능의식이 아닐까 한다. 관능의식과 그것의 육체적 실천은 그의 시에서 소위 성본능으로 나타난다. 서정주 초기시를 관능의식을 제외하고 이야기하는 것은 매우 어려운 일이다.

> ①따서 먹으면 자는듯이 죽는다는/붉은 꽃밭새이 길이 있어//핫슈 먹은듯 취해 나자빠진/ 능구렝이같은 등어릿길로,/님은 다라나며 나를 부르고---//강한 향기로 흐르는 코피/두손에 받으며 나는 쫓느니//밤처럼 고요한 끌른 대낮에/우리 둘이는 웬몸이 달어---//
>
> 「대낮」 부분

> ② 황토 담 넘어 돌개울이 타/죄 있을듯 보리 누운 더위---/날카론 왜낫 시렁 우에 거러노코/오매는 몰래 어듸로 갔나//바윗속 산되야지 식 식

어리며/피 흘리며 간 두럭길 두럭길에/붉은옷 닙은 문둥이가 우러//땅에
누어서 배암같은 게집은/땀흘려 땀흘려/어지러운 나---ㄹ 엎드리었다.//

「麥夏」 부분

　인용된 두 작품은 서정주 초기시를 대표한다. 그러한 대표성은 아마
도 근대인의 초상을 잘 구현하고 있다는 데서 찾을 수 있는 것이 아닐
까 한다. 실제로 이들 작품에서는 정신의 영역을 초월한, 비영원의 의
미소들을 쉽게 발견할 수가 있다. "핫슈를 먹은"다음 에덴동산의 영원
을 스스로 포기한 자아가 그러하고, 그러한 원죄의 업고를 뒤집어 쓴
"문둥이"의 존재가 또한 그러하다. 뿐만 아니라 먹고 마시고 피를 흘리
는 지금 여기의 인간과 거듭 거듭 "땀을 배출해내는" 어지러운 인간도
마찬가지의 경우이다.

　그런 근대적 인간형과 더불어 등장하는 '피'의 의미는 성애적 관계와
깊은 관련이 있다. 「대낮」의 시적 자아는 지극히 평범한 근대인의 초상
을 보여준다. 이 자아는 육체가 요구하는 쾌락원칙을 충실히 구현하는
존재이다. 시적 자아는 "따서 먹으면 자는 듯이 죽는다는 붉은 꽃밭사
이의 길"로 "핫슈 먹은 듯" 취해 나자빠진 상태로 님을 갈구한다. 성에
적나라하게 노출된 자아만이 "강한 향기의 코피"를 흘리면서까지 성애
적 대상으로 육박해들어가고 있을 뿐이다.

　「맥하」역시 「대낮」과 똑같은 모양새를 보이는데 「화사」의 경우보
다 더 직정적이고 육감적이다[16]. 이 이 시의 육체는 매우 건강하다.
「대낮」이 후각에 의한 마취력[17]에 의해 육체를 충동한다면, 「맥하」는
강렬한 활동성에 의해 육체를 추동한다. "바위속 산되야지 식 식 어리
며/피 흘리며 간 두럭길 두럭길"을 거침없이 질주하는 산짐승의 활력처

---

16) 박호영, 앞의 책, p.47.
17) 이민호, 「고열한 생명의식과 존재의 타자성」, 『서정주연구』(김학동외), 새문
　　사, 2005, p.19.

럼 시적 자아의 육체는 매우 역동적이다. 여기서의 '피'는 건강성과 성애적 본능이 강렬히 결합하여 시적 자아의 관능의식을 극단화시키는 역할을 한다.

근대인은 정신의 영역 보다는 육체나 혹은 육체와 관련된 것을 중요시한다. 영원의 감각은 정신의 영역에서만 유효성을 갖는다. 육체는 영원을 거부한다. 그것은 순간의 아우라 속에 갇혀서 영원으로 나아가는 길을 발견하지 못한다. 지금 여기의 감각만이 육체에서는 중요한 생의 수단으로 기능한다. 따라서 지금 "우리 둘이는 왼 몸이 달"아 있을 뿐이고 "땅에 누어서 배암같은 게집은/땀흘려 땀흘려/어지러운 나--르" 끌어당기고 있을 뿐이다.

> 가시내두 가시내두 가시내두 가시내두/콩밭 속으로만 작구다라나고/
> 울타리는 막우 자빠트려 노코/오라고 오라고 오라고만 그러면//(중략)//
> 땅에 긴 긴 입마춤은 오오 몸서리친/쑥니풀 지근지근 니빨이 히허여케/즘
> 생스런 우슴은 달드라 달드라 우름가치 달드라.//
>
> 「입마춤」 부분

인용시는 일종의 성의 축제를 묘사하고 있다. 시적 자아는 달콤하게 차려진 성의 무대에서 흥에 겨워 "가시내두 가시내두 가시내두 가시내두"를 반복해서 외친다. 리듬의 사회적 의미에 기대면, 어귀의 반복, 곧 리듬의 반복은 여러 이질적인 요소를 하나로 이끄는 기능을 한다. '가시내'를 거듭해서 외치는 것은 성애적 대상만을 염두에 둔 배타적 음성에 해당한다. 그런데 그런 음성들은 이성의 단선적 호출에 의해 더 극화된다. 이미 성애적 본능으로 통일된 의식은 "오라고 오라고 오라고만" 하는 이성에 의해 더욱 세뇌되는 것이다. 이제 주위의 모든 것은 성적 의식만이 충일한 환경과 의식으로 뒤바뀌어져 있다. 남아 있는 것은 자아와 님사이의 성적 축제만이 남아 있게 되는 것이다. 이

예비된 과정과 의식속에서 성적으로 충만된 자아가 "즘생스런 웃음"을 웃고 "우름가치 달콤한" 감각을 느끼는 것은 당연할 것이다.

　육체는 현재의 시간의식에 의해 지배받는다. 관능에 따른 이 의식으로의 몰입은 과거와 미래에 대한 '예기'나 '회고'와 같은 시간의 교차현상이 일어나지 않는다. 과거 속의 기억이나 미래에 대한 기다림의 의식들은 원리적으로 배제된 채, 자기 의식의 내부 경험에 바탕을 둔 현재의식만이 넘쳐나게 된다. 이러한 현재성을 대표하는 것이 육체이고, '피'의 기능적 의미일 것이다. 이렇듯 '피'는 시인에게 있어 성을 매개하고 추동하는 동인이다.

4. 근대적 육체와 '피'의 상관관계

　서정주는 영락없는 근대인이다. 그는 영원주의가 무엇이고, 또 그것으로부터 일탈된 자아의 모습이 무엇인가를 똑똑히 보았고 규명해내었다. 그의 근대 체험은 단순히 어떤 정서나 관념과 같은 초월적인 영역에서 이루어진 것이 아니다. 그의 시들은 근대의 밑바탕에서 길어올려진 직정의 언어들로 만들어진 것들이다. 그 언어들의 밑바탕에 깔려있는 실체는 육체이다.

　서정주는 근대를 육체에서 발견했고, 그것을 토대로 근대인이 되었다. 또한 이를 바탕으로 근대의 저변에 깔린 사유들을 읽어냈다. 그가 말한 그리이스적 육체성의 추구라든가 보들레르적 밑바탕의 정서란 그 연장선에 놓여 있는 것들이다. 근대적 의미에서 육체는 욕망하는 기계이다. 육체란 어떤 정서적 여과장치 없이 본능에 따라 움직인다. 그렇기에 그것은 시간의 지배를 받는다. 일정한 시간성에서만 유효성을 갖는 것이 육체이다. 근대란 일시성, 순간성, 우연성이 지배한다. 시간구성상 영원의 감각은 존재하지 않는다. 현재의 시간 속에 함몰된 육체에서 서정주는 근대의 초상을 발견했다. 그는 정신의 늪에 깔려있던 육체를 복원했고, 그 속에서 근대인이 되고자 했다.

서정주의 작품세계에서 근대를 표상하는 육체를 뒷받침 한 것이 '피'의 현상학이다. '피'는 신성과 인간성을 매개하면서 인간으로 하여금 육체적 직능을 강화시키는 기능을 했다. '피'는 육체가 존재할 때에만 의미가 있는 것이고, 그 역 또한 마찬가지이다. 그는 '피'의 배출을 통해서 육체를 확인한다. 따라서 서정주에게 있어서 '피'의 일차적 의미는 근대를 통과해나아가는 육체와 동일한 차원에 놓이는 매개물이다.

또한 서정주의 시에서 '피'는 금기의 위반, 그리고 욕망과 깊은 관련을 갖고 있다. '피'의 배출은 신의 계율과 그 위반의 과정에서 솟구쳐나온다. 가령, 카인이 아벨을 죽이는 살인행위나 신과 같이 밝은 눈을 가지려는 욕망은 모두 신의 계율을 위반하면서 얻어진 것들이다. 따라서 그것은 다른 한편으로는 욕망의 문제와 결부되기도 한다. 영원한 존재가 아니라 지상적 인간이 되고자 하는 것, 쾌락원칙에 충실한 육체의 발견은 모두 욕망 없이는 그 설명이 불가능하기 때문이다.

세 번째는 '피'가 관능의 영역으로부터 자유롭지 못하다는 점이다. 서정주의 초기 시에서 주요한 시적 모티브로 관능이 등장하는데, 이는 모두 '피'의 역능에서 나온 것들이다. '피'는 육체가 요구하는 쾌락원칙을 충실히 구현하는 매개물이며, 육체의 활력소이다. 뿐만 아니라 그것은 육체의 건강성과 성애적 본능이 결합되어 시적 자아의 관능의식을 극단화시키는 역할을 한다. 근대와 이전을 구분하는 주요한 잣대 가운데 하나는 육체이다. 따라서 육체는 정신을 대신해서 시대의 좌표로 인식된다. 이런 맥락에서 보면, 서정주는 육체를 처음 발견하고 그것을 의미화한 시인이라 해도 과언이 아닐 것이다. 그의 시에서 육체성의 확인과 복원을 제시해주는 지표가 '피'의 구경적 의미이다. 그것은 근대적 육체가 요구하는 원죄, 욕망, 관능과 같은 인간적 지표들이었다는 점에서 근대 체험의 한 매개로 간주해도 큰 무리는 없다고 하겠다.

근대와 이전을 구분하는 주요한 잣대 가운데 하나는 육체이다. 따라서 육체는 정신을 대신해서 시대의 좌표로 인식되는데, 그 연장선에서 서정주는 육체를 처음 발견하고 그것을 의미화한 시인이라 해도 과언이 아닐 것이다. 그의 시에서 '피'가 중요성 것은 이 때문이었다. 그리고 그러한 '피'의 근대적 의미를 말해준 것은 기독교의 성서였다.

－서정주론

인간주의적 형이상학(形而上學)의 시적 탐색

—유치환론

1. 서론

　1931년 시 「靜寂」을 발표하며 등단한 유치환은 1967년 작고하기까지 시와 산문에 걸친 방대한 분량의 문학적 업적들을 남기고 있다. 그의 시집은 첫시집 『청마시초』(1939)를 비롯하여 『생명의 서』(1947), 『울릉도』(1948), 『보병과 더불어』(1951), 『뜨거운 노래는 땅에 묻는다』(1960), 『파도야 어쩌란 말이냐』(1965) 등 12권이 있으며, 이 가운데에는 자연 서정 및 철학적 성찰의 시와 함께 전쟁 체험 및 사회 비판을 다룬 현실 참여적 시, 여성적 어조의 연정(戀情)의 시들이 있어 유치환 시의 넓은 스펙트럼을 형성하고 있다. 그의 산문 역시 일상적 체험을 다룬 신변잡기적 수필뿐 아니라 사회 및 정치에 관한 비판적 논설, 신과 인간에 관한 형이상학적 사유 등의 내용을 담고 있는바, 이를 통해 그가 지닌 관심과 사유의 폭이 어떠했는가를 짐작할 수 있다. 36년간의 작품 활동을 하는 동안 그는 문학과 철학을 중심으로 하는 깊은 성찰의 삶을 살았던 것이다.

　현실 참여적 시와 철학적 사유의 시 등 폭넓은 시적 성향을 지니고 있음에도 불구하고 유치환 연구는 그가 시를 통해 직접적으로 진술한 철학적 성찰들을 중심으로 제한적으로 이루어지고 있을 뿐 그의 시에 나타나는 다양한 갈래를 총체적으로 포괄하는 합당한 관점을 제시하는 데에는 미흡한 것으로 보인다. 이러한 사정은 유치환에 관한 주요 논문들이 유치환이 시에서 언급하고 있는 '허무의지'[1]라든가 '비정의 철학[2], '생명에의 의지[3], '절대의지'[4], '신과 종교[5] 등의 내용에 집중되어 있다는 점에 잘 나타나 있다. 이들 주제는 유치환이 시에서 스스로 강렬하게 언표한 것으로 단연 유치환 문학 세계의 중심에 해당되는 것이 사실이다. 그러나 유치환은 이를 둘러싼 형이상학적 성향 못지않게 사회에 관한 강한 인식도 보여주었음을 외면해서는 안 된다. 6.25 전쟁 당시 종군 작가로 참가했던 경험이라든가 5,60년대의 부조리한 사회 및 소외된 민중에 대한 관심이 이를 말해준다. 그럼에도 유치환에 관한 연구는 주로 철학적이고 형이상학적인 내용에 대해 집중되어 왔고 이는 유치환을 관념론자로 방향지움으로써 그를 현실과 유리된 현실회피적인 인물로 그려내는 결과를 가져왔던 것을 부정할 수 없다.

유치환에 관한 연구들이 주로 형이상학적 언술들에 국한됨으로써 노정된 문제점은 여기에서 그치지 않는다. 연구자들은 유치환의 직접적인 철학적 언표들을 탐구의 내용으로 삼으면서 이에 대한 해석학적 거리를 확보하지 못하였고, 그에 따라 서로 모순 상충되는 유치환의 진술들 간에 합당한 논리적 해석을 내리지 못한 결과를 빚기도 하였다. 가령 유치환이 그의 텍스트에서 보여주었던 '허무의지'와 '생명의지' 간의 모순, '비정(非情)'과 '연정(戀情)'의 상충되는 양상들, '절대자'에 관한 지향과 '신'의 부정 등은 유치환 스스로 보인 모순이면서 연구자들이 총체적인 논리 하에 해명하지 못한 모순이기도 하다.

이와 함께 유치환의 철학적 성찰에 관한 연구는 유치환의 작품 가운데 주로 직접적 진술로 이루어진 시를 중심으로 삼음으로써 그 외 다수

1) 김윤식, 「허무의지와 수사학」, 『청마유치환전집』, 정음사, 1985, p.357.
2) 김종길, 「비정의 철학」, 『다시 읽는 유치환』, 시문학사, 2008.
3) 문덕수, 「생명의 의지」, 위의 책.
4) 김용직, 「절대의지의 미학」, 위의 책.
5) 신종호, 「청마문학의 종교성 연구」, 『한국언어문학』 49, 2002.

를 차지하고 있는 이미지와 서정 중심의 시를 논외로 하게 되었고, 이에 따라 유치환의 시적 기법이라든가 기법적인 시에 관하여는 도외시한 결과를 가져왔다. 물론 유치환의 시의 주목할 만한 특징이 어법에 있어서의 진술6) 및 아포리즘7)적 경향에 있음을 부정할 수 없지만 그의 전체 시에서 더 많은 양을 차지하는 것은 서정의 시들이다.8) 특히 시를 논함에 있어 이미지와 상징 등의 기법들은 시인의 의식을 이해하는 데 핵심적인 기제인바,9) 이러한 만큼 유치환에 관한 연구는 관념적 진술로 이루어진 시에 국한될 것이 아니라 보다 총체적으로 이루어질 것을 요구하는 실정이라 하겠다.

유치환 연구의 편향성을 극복하고 그의 세계를 전체적으로 이해하는 동시에 유치환이 보여준 관념적 진술들간의 모순들을 해명, 이에 논리를 부여하기 위해 무엇보다 해석학적 틀을 확보하는 일이 선행되어야 한다. 유치환의 세계에서 가장 핵심적인 것은 무엇이고, 그의 사유가 이루어지는 지점은 어디이며 실제로 그가 견지하고 있던 관점은 무엇인가? 그의 모순된 시적 진술들이 비롯되는 이유는 무엇이고 그의 중요 시적 이미지들이 말하는 바는 무엇이며 그의 시적 경향들이 다양할 수 있었던 것은 어떤 논리에 기인하는 것인가?

이러한 질문들에 답하기 위한 해석학적 거점으로 유치환이 지니고 있던 '우주론'을 설정할 수 있을 것으로 보인다. 유치환은 현실 그 자체

---

6) 장윤익, 「관념과 감각의 거리」, 『다시읽는 유치환』, 2008.

7) 이새봄, 「유치환의 아포리즘 연구」, 『한국시학연구』 22호, 한국시학회, 2008.

8) 김윤정, 「유치환 시에서의 '절대'의 외연과 내포에 관한 고찰」, 『한국시학연구』 26호, 한국시학회, 2009, p.211.

9) 권영민은 시의 의미의 근거를 시인이 내세우는 주장과 견해에서 가져오는 것의 위험성에 대해 말한 바 있다. 그는 시에 대한 정당한 이해란 시인의 주장이나 태도를 재확인함으로써가 아니라 여러 가지 미적 요소들을 통해서 이루어진다고 강조한다. (권영민, 「유치환과 생명의지」, 『다시 읽는 유치환』, 2008, p.15) 시가 어느 한쪽 요소에 편향되지 않고 보다 총체적으로 다루어질 때라야 시인의 세계에 대한 바른 이해가 이루어질 것임은 자명한데 유치환은 이러한 편향성이 크게 작용한 경우라 할 수 있다.

가 아닌 보이지 않은 형이상학적 세계에 관한 치열한 탐색을 보여왔었고, 이는 그의 세계관을 형성하는 데 가장 핵심적인 역할을 하였다. 특히 유학의 문화적 전통 아래서 성장하였고 어머니를 통해 기독교에 접할 수 있었던 유치환은 '신'과 절대자에 관한 독특한 관점을 지니게 되었는데, 이는 우주에 관한 그의 특유의 인식을 이루는 계기가 된다. 그의 '우주론'은 신과 인간, 인간과 자연의 관계를 담고 있는 것으로, 이를 고찰할 경우 그가 제시하였던 진술들을 모순됨 없이 논리적으로 해명할 수 있을 것이며, 그의 형이상학적 시들이 현실참여적 시와 어떻게 만날 수 있게 되는지 또한 이해할 수 있을 것으로 보인다.

2. 청마의 우주론

우주론이란 세계의 창조와 생성에 관한 관점을 담고 있는 학문의 분야다. 현대의 우주론은 지구를 포함한 천체의 발생과 구조를 다루는 것으로 되어 있지만 현대 이전의 우주론은 주로 종교와 연관되어 천지의 창조자 및 주재자에 관한 내용을 가리킨다. 여기에서 서양의 우주론과 동양의 우주론이 구별되는데, 서양의 관점이 기독교 사상으로 대변되듯 유일신이라는 인격체를 내세우는 것에 비해 동양에서는 만유를 가득 채우는 기(氣)가 변화 생성을 이루면서 우주의 이법에 따른 천지 자연을 창조한다는 관점을 제시하고 있다. 동양에서 말하는 기는 끊임없이 운동, 이합집산을 거듭하면서 그 성질에 따라 만유를 생성하는 것이다. 동양에서 절대자는 서양과 같은 인격신으로 등장하는 대신 만유의 이법을 다스리는 주재자에 해당한다. 동양의 신관이 불교에서는 공(空)사상으로, 도교에서는 도(道) 사상으로, 유교에서는 천(天) 사상으로 변용되는 것이라든가, 우주 만물에 신이 깃들어 있다는 범신론적 사상의 맥락에서 이해되는 것도 이 때문이다.

이러한 관점에서 볼 때 유교 문화권 내에서 성장한 배경과 모친으로 부터 받은 기독교의 영향을 지니고 있던 청마의 경우 우주에 관한 매우 독특한 관점을 견지하고 있었음을 알 수 있다. 청마는 신에 대한 자신의 관점 및 자연에 관한 생각을 산문을 통해 어느 정도 분명하게 전개하고 있는데, 그의 논리는 기독교라든가 동양 사상 중 어느 한 관점에 귀속되지 않을 정도로 독창적인 것이다. 실제로 유치환의 신관을 논하면서 그것을 노장사상의 도(道)의 관점으로 설명하거나 범신론적 성격으로 보는 경우가 있기도 하고,10) 오히려 범신론적 성격을 부인하면서 이신론(理神論)적 성격을 지닌 것으로 규정하는 경우11)가 있는 것을 보면 신에 관한 유치환의 입장이 기존의 사상 체계에 단순히 수렴되지 않는 것임을 알 수 있다.

산문에 의하면 유치환은 신의 존재에 관해 의심을 하지 않는다. 그는 구체적인 '신'을 향하여 편지글을 쓸 정도12)로 '신'을 일정한 대상으로 간주하고 있다. 그는 그 글에서 "당신의 의중으로서 만유를 정연한 질서 속에 존재하여 있게 함에 대하여, 더구나 그 만유 속에 나를 나무나 새처럼 한 몫 존재하여 있게 하여 주심에 대하여 무한히 감사드리는 바"13)라고 말하고 있다. 동시에 그는 다른 글에서 "신이라 하면 우리는 누구나 얼른 종교에서 말하는 신으로 안다. 그러나 우리는 그러한 신의 인식을 종교에서 뺏아와야 한다"14)고 하면서 "진실로 지존한 절대자는 초개(草芥) 같은 인간 따위의 생사나 선악의 가치를 넘어 초연히 만유 위에 군림하는 만유의 신"이자 "광대무변한 전 우주에 혼돈미만하여 있는 신"15)이라고 말한다. 그는 "기독교가 사유하는 신처럼"16) 인간의

---

10) 김은전, 「청마 유치환의 시사적 위치」, 『다시 읽는 유치환』, 시문학사, 2008, pp.114-6.
11) 양은창, 「청마 시의 극한의 의미와 한계」, 『어문연구』 64, 2010.6, pp.287-8.
12) 유치환, 「계절의 단상-신에게」, 『유치환 전집 V』, 국학자료원, 2008, p.203.
13) 위의 글, p.203.
14) 유치환, 「신의 자세」, 위의 책, p.211.

행동에 "희로애락하여 보복과 포상으로 인간을 골탕먹이는 신"이라든 가 "영생과 말세 의식"으로 인간을 호도하려 드는 기독교적 신을 거세 게 비판하면서 "신의 형상은 오직 의사로서 만유에 표묘편재(縹緲遍在) 하여 있는 것"이므로 "신의 존재를 구상화하는 것부터가 잘못된 것"[17) 이라고 주장한다.

이들 기술을 통해 알 수 있는 것은 유치환이 신에 관한 관념을 지니 고 있으되 그것이 일반적인 기독교적 신은 아니며, 신은 인간을 포함한 만물을 창조할 뿐 그 이상의 관여는 하지 않는 존재라는 점이다. 신은 우주만물 속에 편재되어 있는 만큼 구상적 존재가 아닌 우주 전체에 해당하며, 우주만물이 운위되는 데 있어서의 원리에 해당하는 것이지 선악 생사를 집행하는 존재는 아니다. 즉 신은 존재하되 인간 세상에 자신의 권력을 행사하는 가까운 존재가 아니며 인격체이기 이전에 만 유 전체에 해당하는 우주 그 자체가 된다는 관점을 유치환은 보여주고 있다.

신에 관한 이러한 입장은 그의 신관이 동양적 우주론, 범신론적 사상 에 가깝다는 점을 말해준다. 그러나 다른 한편 기독교적 인격신을 강하 게 부정하면서 인간을 '떠난' 존재로서의 신을 강조하는 대목에서는 서 양의 이신론(理神論)을 떠올리게 하는 것도 사실이다. 이신론은 근대 초기 등장한 계몽주의적 신학으로 인간 역사에 대한 신의 개입을 거부 하고 인간의 이성적이고 합리적인 역할을 강조하는 관점을 취한다. 이 신론(理神論)에 의하면 신은 세상을 창조하고 일정한 법칙만을 부여하 는 존재에 해당하는 것이지 인간의 삶과 더불어 존재하는 것이 아니다. 즉 신은 초월해 존재하는 것이므로 세계 내에서 인간 개개인들의 자유 와 자율이 행사되어야 한다는 것이다.[18) 실제로 유치환은 니체의 "신의

---

15) 위의 글, p.213.
16) 위의 글, p.212.
17) 위의 글, p.213.

죽음"을 인용하고 인간이 "적극적으로 인간의 생존을 꾸며야 된다"[19]
고 함으로써 인간의 역할과 책임을 강조하고 있다. 그는 "설령 오늘
인간의 생존이 겁죄(劫罪) 같은 신고뿐이라 할지라도, 그것은 끝까지
인간 자신이 우매한 탓으로 자신들의 생존을 그러한 길로 인도한 것밖
에 아니요, 저 절대 의사인 신의 본의는 아니"[20]라는 것이다. 이는 신과
인간의 관계에 있어서 둘 사이의 분리를 전제하고, 인간의 자율적 행동
과 책임을 강조하는 이신론적 성격을 띠는 것이라 해도 틀리지 않다.

그것이 동양적 범신론적인 것인가, 서양의 이신론적인 것인가 하는
문제는 유치환이 지향한 신이 결국 기독교적인 정체성을 어느 정도 지
니고 있는가에 의해 판가름될 성질의 것이다. 둘의 개념이 신의 역할을
축소시키는 점이라든가 인간의 자율성을 강조하는 점에선 동일하며 결
국 '신이 무엇인가'라는 질문 앞에서 차이가 나는 것이기 때문에 그러하
다. 한편 이신론 역시 기독교적 신 안에서의 인간과 신의 관계를 설정
하는 것이므로 유치환을 이신론자로 보기 위해서는 그가 기독교인으로
서의 정체감을 가지는 한에서 가능하다고 할 것이다.

그러나 유치환에게 정작 중요한 것은 "무량광대하고 영원무궁한 우
주 만유에 미만하여 있는 신"[21]이라는 절대적 세계에 인간이 어떻게
접근할 수 있는가의 문제였다. 보이지는 않되 인간에게 한없는 경외로
다가오는 그 '호호한 천지'가 "불가견 불가지한 것"이라 할지라도 그것
의 "존재를 감득 인식하고", 인간의 "세계를 넓히는 편이 인간이 인간임
으로서의 능력의 소치요 예지의 덕목에 속하는 일"[22]임을 유치환은 확
신했다. 즉 유치환에겐 직관과 예지로서 감득되는 고차원적 절대의 세

---

18) 이신론에 관한 이해는 김윤정, 「이신론적 기독교 신학의 관점-김현승론」, 『한국
현대시와 구원의 담론』, 박문사, 2010, p.192 참조.
19) 유치환, 「신의 존재와 인간의 위치」, 앞의 책, p.236.
20) 위의 글, p.235.
21) 유치환, 「나는 고독하지 않다」, 위의 책, p.227.
22) 유치환, 「고원(高原)에서」, 위의 책, p.221.

계가 항상 전제되어 있었던바, 이에 도달하는 일이야말로 인간의 존엄성과 고귀성을 회복하는 일이자 인간의 과제였던 것이다. 유치환은 "무량 광대한 우주와 영원한 질서와 조화"라고 하는 불가지론적 세계가 단지 불가지에 머물 경우 '신비'이지만 '예지'를 통해 구명해야 하는 세계이기도 함을 역설하고 있으며, 이러한 자세가 현대에 급속도로 확대된 "물질문명"의 병폐를 극복할 수 있는 방편이 된다는 점 또한 강조하고 있다.[23]

그렇다면 유치환에게 "무량광대한 우주와 영원한 질서와 조화"라는 세계에 도달하는 길은 무엇이었을까? 그와 같은 세계가 고차원적인 세계이자 신의 세계라고 믿었으므로 항상적으로 수직 상승에의 의지를 보였던 유치환에게 실질적인 차원상승의 방법은 무엇이 있었을까? 가령 불교나 도교 혹은 유교의 경우처럼 우주의 이법에 따르기 위해 수행이나 수련, 수양을 행한다거나 서양의 경우에서처럼 신이라는 절대적 세계에 도달하기 위해 절대선 혹은 이성을 구현하고자 하는 것들 중 그가 실제로 걸었던 길이 있는 것일까?

이와 관련하여 유치환은 동양의 사상이 "신의 기반(羈絆) 밖에서도 자신에게 응분한 인간 윤리를 체득함으로써 능히 절로 안심입명할 수 있다"고 한 것에 비해 "인간을 처음부터 죄인으로 규정하고 출발하는 서양의 기독교 신"은 인간으로 하여금 "끝까지 자신의 가열한 회오와 그 허무를 꿋꿋이 감당하"도록 강제한다고 여기고 있다.[24] 이를 보면 '기독교의 신'은 유치환에 의해 일관되게 거부되었던 것임을 짐작할 수 있다. 그리고 그는 "절대신과는 아예 이신(異神)인 인간에게 끝없이 비정준열(非情峻烈)하면서도 반면 인간만을 관여하여 통심(痛心)하는 회오신(悔悟神)", "동양에도 그 자세를 점차 나타내고 있는 회오신(悔悟神)"을 옹호하고 있거니와, 이는 유치환의 경우 고차원적 절대의 세계에

---

23) 유치환, 「나는 고독하지 않다」, 위의 책, pp.229-230.
24) 유치환, 「회오의 신」, 위의 책, pp.215-9.

도달하기 위한 방법이 결코 기독교적인 것은 아니요, 그렇다고 동양 사상의 경우처럼 수행, 수련, 수양에 의한 것도 아니라는 것을 말해준다. 유치환은 기존의 어떤 것도 따르지 않고 있으며 자기 나름의 논리 속에서 그 방법을 구하고 있는 것이다. 결국 그것은 '비정준열한' 신의 영역에 속한 것이면서도 '인간과 통심하는' 인간적인 것에 해당하는 것임을 추론할 수 있다.

3. 청마의 우주론의 시적 구현

유치환에 의하면, "신과 만물의 중간에 위치하는 존재"로, 오직 유일하게 "신을 생각하고 신이 존재에 관여하는"[25] 인간은 "예지로서 무량대하고 냉철한 만유 위에 임하여 거느리는 의지의 자세를 통찰함으로써 자신의 위치를 깊이 뉘우쳐 깨쳐야 한다".[26] 유치환은 이처럼 신의 영역을 설정하면서 그와 관련한 인간의 역할에 대해 강조하고 있다. 유치환에게 '비정준열한' 신의 영역과 '인간과 통심하는' 인간적인 것은 항상적인 관계 속에 놓이고 있음을 알 수 있다.

그런데 유치환에게 신의 위치에 다가가고자 노력하는 일은 영생이나 영원불멸을 위한 것이 아니라는 점에 주목할 필요가 있다. 유치환은 여느 기독교인과 달리 사후세계를 믿지 않았다. 그는 "신은 존재하되 인간의 영혼은 그 육신과 함께 멸하는 것"이라고 단정지음으로써 의식적으로 "인간들이 신봉하는 뭇 종교"[27]를 부정하였다. 따라서 그에게 신을 향한 의식은 단지 '살아 있는 인간이라는 한계'를 조건으로 삼는 것이라는 점을 알 수 있다. '살아있는 인간'을 떠난 '신'은 유치환에게

---

25) 유치환, 「신과 천지와 인간과」, 위의 책, pp.209-210.
26) 유치환, 「신의 존재와 인간의 위치」, 위의 책, p.236.
27) 위의 글, p.232.

아무런 근거도 의미도 없는 것이라는 점이다. 오직 '살아있을' 때라야 '신'을 향한 의식이 유의미하였고, '초월'이라는 것도 '살아있음'의 조건을 전제로 한다. 이 점은 그의 세계가 현실과 무관하게 이루어진 '초월'이 아님을 방증하는 것이자, 그의 시적 성과들이 모두 현실과의 상관 속에서 성립된 것임을 짐작하게 한다.

3.1. 신성(神性) 지향의 상징

유치환의 산문에서 살펴보았던 고차원적 절대계를 향한 '안심입명(安心立命)' 의지는 그의 시 곳곳에서 나타나고 있다. 그는 인간의 세계를, 신이 아니므로 신에 이르기 위한 치열한 노력을 발휘해야 하는 지대로 여겼다. 그에게 신의 세계는 그것이 자연의 아우라 속에서 환기되는 만큼 감각적인 것이었으며 만유의 질서를 함의하고 있는 만큼 절대적인 것이었다. 즉 유치환에게 신의 세계는 살아있는 동안 외면할 수 없을 만큼 지속적으로 자극되는 것으로, 결코 단순한 관념의 차원에 있는 것이 아니었다. 그가 종교인도 아니고 수도하는 자도 아니면서도 '무량광대하고 영원한 조화의 세계'에 끊임없는 관심을 기울였던 것은 허황된 것이 아니라 인간이 놓인 차원을 넘어서고자 하는 향상심의 발로였음을 알 수 있다. 이러한 일관된 지향성은 그의 시에 '새'나 '나무'와 같은 수직 상승의 이미지[28]가 빈발하게 그려지고 있는 데서도 드러난다.

> 어디서 滄浪의 물결새에서 생겨난 것.
> 저 蒼黑의 깊은 藍쯸이 방울저 떨어진 것.

---

28) 권영민은 유치환의 초기시에 '날개', '깃발', '바람' 등의 동적 이미지가 자주 등장한다고 보고, 이것이 일상의 현실을 벗어나고자 하는 몸부림에 해당한다고 분석한 바 있다. 권영민, 앞의 글, p. 18.

아아 밝은 七月달 하늘에

높이 뜬 맑은 적은 넋이여.

傲慢하게도

動物性의 땅의 執念을 떠나서

모든 愛念과 因緣의 煩瑣함을 떠나서

사람이 다스리는 세계를 떠나서

그는 저만의 삼가고도 放膽한 넋을 타고

저 無邊大한 天空을 날어

거기 靜思의 닷을 고요히 놓고

恍惚한 그의 꿈을

白日의 世界우에 높이 날개 편

아아 저 소리개

「소리개」 전문

신화적 상상력 속에서 '새'가 지상과 천상을 이어주는 매개체에 해당한다는 것은 주지의 사실이다. '새'는 '날개'를 가짐으로써 지상적 존재의 한계를 벗어나 천상에로 도달할 수 있는 가능성을 지닌다. 위의 시에 등장하는 '소리개' 역시 이와 같은 의미망 속에 놓여 있다. 시에서 땅과 하늘은 '동물성'과 '신성성'으로 대립되어 있으며 '소리개'는 '창궁'의 일부임을 말하고 있다. '창궁의 깊은 藍碧이 떠러진 것'으로 묘사된 '소리개'는 '하늘'의 색채 이미지와 동일하게 푸른 빛으로 형상화되어 있는 것이다. '滄浪의 물결새에서 생겨난 것'에서 표현되는 것 역시 같은 맥락으로서, '소리개'는 하늘을 대변하는 '높고 맑은 넋'을 상징한다.

유치환에게 천상과 지상의 대립은 신과 인간의 대립 구도에 대응하는 것이다. 그는 지상적 존재로서의 인간성이 천상적 존재로서의 신성으로 차원 상승해야 한다는 명제를 정언명령처럼 견지하였다. '愛念과 因緣의 煩瑣함'으로 가득찬 지상은 인간의 족쇄이자 굴레에 해당한다. 반면 '땅을 떠나' '無邊大한 天空을 나'는 것은 인간으로서의 '傲慢'함과

'放瞻'함을 회복하는 일이다. 즉 인간은 지상의 조건을 극복할 때라야 고귀성을 회복할 수 있다고 유치환은 믿었던 것이다. 유치환은 인간이 신성을 획득하는 것이야말로 인간의 '황홀한 꿈'이라 여겼다.

유치환의 시에서 '새'를 소재로 취한 시에는 「박쥐」를 포함해서 「어느 갈매기」, 「가마귀의 노래」, 「학」, 「靑鳥의 노래」, 「飛燕의 서정」 등이 있다. 이들은 모두 지상과 천상, 현실과 이상의 선명한 대립 구도 속에서 인간의 굴레에 대한 번민과 신성을 향한 간절한 그리움을 형상화하고 있는 시들에 해당한다.

> 내 오늘 病든 즘생처럼
> 치운 十二月의 벌판으로 호을로 나온 뜻은
> 스스로 悲怒하야 갈곳 없고
> 나의 心思를 뉘게도 말하지 않으려 함이로다.
>
> 朔風에 凜洌한 하늘아래
> 가마귀떼 날러 얹은 벌은 내버린 나누어
> 大地는 얼고
> 草木은 죽고
> 온갓은 한번 가고 다시 돌아올법도 않도다.
>
> 그들은 모다 뚜쟁이처럼 眞實을 사랑하지 않고
> 내 또한 그 거리에 살어
> 汚辱을 팔어 흠齒의 돈을 버리하려거늘
> 아아 내 어디메 이 卑陋한 人生을 戮屍하료.
>
> 憎惡하야 해도 나오지 않고
> 날새마자 叱咤하듯 치웁고 흐리건만
> 그 거리에는 다시 돌아가지 않으려 노니

나는 모자를 눌러쓰고 가마귀모양
이대로 荒漠한 벌 끝에 襤褸히 얼어붙으려 노라.

「가마귀의 노래」 전문

위 시에서 '가마귀'는 시적 자아의 객관적 상관물로서, 온갖 비속함으로 가득찬 일상적 삶에 번민하고 회의하는 자아의 내면을 형상화하고 있다. '가마귀'는 비루한 인간의 '거리에는 다시 돌아가지 않으려' 하면서 그대로 '황막한 벌 끝에 얼어붙'겠노라 다짐하는 결연한 시적 자아의 모습을 드러낸다. 이러한 '가마귀'의 의지는 유치환이 보여주는 의식의 구도, 즉 지상과 천상의 모순과 대립 구조를 극명하게 보여준다. '가마귀'의 눈을 통해 본 세상은 '모다 뚜쟁이처럼 眞實을 사랑하지 않고', 누구든지 '오욕을 팔어 인색의 돈'을 벌려 한다. 화자는 자기 자신도 예외가 아니라고 말한다. 진실이나 명예보다 '돈'과 이해관계에 의해 운영되는 세상은 곧 인간들의 세계에 다름 아니다. 인간들이 몸담고 사는 세상이야말로 천하고 비루할 따름이다.

시적 자아는 이러한 인간 세상에 대해 극도의 혐오를 느끼는 자이다. 그가 바라보는 세계는 암울하기 그지 없다. '대지는 얼고 초목은 죽'어 가는 곳, 온갖 '슬픔과 분노', '증오'가 득실거리는 악(惡)의 세계가 곧 인간 세상이다. 그는 '이 비루한 인생을 戮屍'하겠다는 결연함마저 보이고 있다. 화자는 자신이 몸담고 있는 지상에서 그가 '병든 즘생'에 불과하다고 말한다. 지상의 세계가 이처럼 비극적으로 묘사되는 반면 천상의 세계는 이와 뚜렷이 대조적이다. '하늘'로 상징되는 천상은 '삭풍에도 늠렬한' 모습으로 형상화되고 있다. '가마귀'는 지상에 발 디디지 못하고 '호올로' '치운 十二月의 벌판'을 헤매는 고독한 자아를 상징한다.

이들 시에서처럼 지상과 천상을 연결해주는 존재로 등장하는 '새'의 상징은 인간계와 천상계에 관한 대립 구도를 상정하는 유치환의 의식을 잘 반영해주고 있다. 유치환에게 인간 세상은 저속하여 극복해야 할 악의 범주에 속한다. 그리고 이러한 악의 세계는 '하늘'로 대변되는 절대선의 세계와 대립하여 있음으로써 유치환은 이 사이에서 항상적으로 초극의지를 보였던 것을 알 수 있다.

'새'의 상징 이외에도 '나무', '꽃'과 같은 향일성의 소재 역시 유치환이 지녔던 신성지향성을 상징화하고 있는 경우라 할 수 있다.

솔이 있어
여기 정정히 검은 솔이 있어

오랜 세월
瑞雲도 서리지 않고
白鶴도 내리지 않고

먼 人倫의 즐거운 朝夕은
오히려 무한한 밤도
등을 올려 꽃밭이언만

아아 이것 아닌 목숨
스스로 모진 꾸짖음에 눈감고
찬란히 宇宙 다를 그날을 지켜

정정히 죽지 않는 솔이 있어
마음이 있어

「老松」 전문

위 시에서 '정정히 검은 솔'로 형상화되어 등장하는 '노송'은 인간과 구별되는 강한 정신성을 상징하고 있다. '노송'은 안락을 추구하는 범속한 세계에 대립하여 오연하고 강인한 이미지를 나타내고 있다. '오랜 세월 瑞雲도 서리지 않고 백학도 내리지 않는' 장소로서의 '노송'이란 그것이 모든 유한하고 일회적인 사태와 절연한 절대 궁극의 지대에 해당함을 가리키는 것이다. 그것은 곧 절대선의 지대이자 신성한 세계를 대변하는 경지에 해당한다. '노송'의 이러한 성질은 신화적 상상력에서 '나무'가 상징하는 바 지상에서의 초월과 천상으로의 상승을 의미하는 것임을 알 수 있다.

인간계를 극복해야 하는 유한한 것으로 간주하고 절대선의 차원으로 초월코자 하는 유치환의 의지는 매우 치열하고 확고한 것이었다. 유치환에게 인간의 삶은 언제나 치열하게 경계해야 했던 부정한 것이었던 셈이다. 한편 위 시의 '노송'의 이미지를 보면 이러한 감각이 유교의 영향권 내에 있던 선비적 기질로 말미암은 것이기도 하다는 것을 알 수 있다. '스스로 모진 꾸짖음에 눈감고 찬란히 宇宙 다틀 그날을 지키는' '노송'은 강한 의지와 정신력을 바탕으로 절대선의 세계로 차원 상승하고자 하는 유치환의 내면의 '마음'을 잘 드러내 주는 매개체라 할 수 있다.

3.2. 신성(神性)과 인간성의 양립

비루하고 저속한 것으로 상정되는 인간적 조건을 넘어서서 고고한 절대선의 경지로 상승한다는 것은 단순히 관념이나 욕망에서 그치는 성질의 것이 아니라 일상의 실천으로 현상하는 일에 속한다. 단적으로 말해 그것은 자아의 마음과 행동으로 실현되는 '安心立命'[29]의 상태, 즉 '천명(天命)'에 따름으로써 마음에 평화와 안정이 깃드는 상태'를 가리킨다. 불교에서 말하는 '해탈', 도교의 '득도(得道)', 유교의 '군자(君子)', 서

---

29) '안심입명'은 「회오의 신」을 비롯한 유치환의 산문에서 자주 등장하는 용어로서, 인간이 인간 윤리를 체득함으로써 인간 본질을 구현한 궁극적이고 이상적인 상태를 가리킨다.

양의 '절대선' 등의 이상적 상태가 여기에 해당하는바, 이러한 이상적 경지는 인간이 몸과 마음을 다스려 인간으로서의 한계를 극복한 상황을 의미한다.

이러한 '안심입명'의 이미지를 유치환은 '광대무변'한 자연으로부터 얻었던 것으로 보이며, 이에 따라 이에 도달하기 위한 치열한 인간적 노력의 과정을 '바위'라든가 '깃발' 등과 같은 이미지를 통해 형상화하였음을 알 수 있다. 유치환의 사상이 직접적으로 제시되어 있는 「바위」, 「깃발」, 「생명의 서」, 「일월」 등에서 결연한 의지의 태도 및 극한적 상황 설정이 나타난 까닭도 유치환이 인간적 조건을 초극하여 '안심입명'의 경지에 다다르기 위한 것으로 볼 수 있다. 유치환에게 이러한 경지는 곧 인간으로서 신성(神性)을 구현한 상태에 해당한다. 유치환의 시에서 '안심입명'의 상태를 가장 잘 나타내고 있는 이미지가 '바위'다.

> 내 죽으면 한 개 바위가 되리라
> 아예 哀憐에 물들지 않고
> 喜怒에 움직이지 않고
> 비와 바람에 깎이는 대로
> 億年 非情의 緘黙에
> 안으로 안으로만 채찍질 하여
> 드디어 生命도 忘却하고
> 흐르는 구름
> 머언 遠雷
> 꿈 꾸어도 노래하지 않고
> 두쪽으로 깨뜨려 져도
> 소리 하지 않는 바위가 되리라
>
> 「바위」 전문

유치환에게 '非情'은 동양 사상에서 말하듯 '안심입명'의 경지에 도달하기 위한 수양의 방법적 의미를 지니는 동시에 유치환이 생각한 신의 성격, 즉 인간사에 개입하지 않는 理神의 초월적이고 이성적인 성격과 관련된다. 반면 '희로애락' 등의 감정은 인간계의 범주에 드는 것으로서 신성과 대립되는 성질의 것이다. 인간성과 신성의 대립 구도를 지니고 있던 유치환의 시에서 '喜怒哀樂'의 정서가 경계되고 있는 것은 지극히 자연스럽게 여겨진다. 그에게 이들 인간적인 감정들을 다스리는 것은 초월의 의지에 해당하는 것이자 강한 정신성을 의미하는 것이다. 위의 시의 '바위'는 유치환이 추구하였던 이러한 정신적 지향성을 강하게 드러내는 이미지라 할 수 있다. '비와 바람에 깎이는 대로 억년 비정의 함묵'을 보이는 '바위'는 일회성과 유한성을 초극한 절대불변의 신성을 상징한다.

그러나 주목할 점은 위 시의 화자는 이러한 '바위'와 같은 사태가 현세에서가 아니라 '죽은' 후에 벌어지기를 바라고 있다는 사실이다. '바위'가 되는 것은 지금 인간으로서의 생명이 있을 때가 아니라 사후의 일에 해당된다. 화자는 '내 죽으면 한 개 바위가 되리라' 말하고 있는 것이다. 여기에서 우리는 쉽게 종교적 관점에서의 해탈이나 영생을 떠올리게 된다. 신성을 향한 의지는 생과 사의 경계를 초탈하기 위해 벌어지는 사태이기 때문이다.

그러나 유치환이 사후 세계를 믿지 않았다는 점을 떠올린다면[30] '바위'가 지니는 의미는 달리 해석될 수 있다. 그것은 곧 해탈의 상징이 아니라 생명성의 상실이다. 그것은 '생명도 망각하고' '꿈 꾸어도 노래하지 않고' '깨뜨려 져도 소리하지 않는' 생명성의 상실, 비인간성을 의미한다. 위 시는 이 지점에서 유치환이 추구하였던 신성의 가치와 인간

---

30) 유치환은 인간에게 있는 예지에 의해 종교가 만들어졌으며 인간이 영생불사한다는 생각 또한 인간에게 있는 예지로부터 비롯된 것이라 주장한다. 그는 이러한 예지가 인간의 신비로운 능력이면서도 인간 생리의 뇌세포의 생리에 의한 것인 만큼 뇌세포의 휴지(休止) 사멸과 더불어 사멸하는 것이라고 말한다.(유치환, 「신의 존재와 인간의 위치」, 앞의 책, pp.233-4)

성의 가치가 충돌하고 있음을 보여주고 있다. '희로애락'을 벗어난 '바위'가 곧 '생명을 망각하고 꿈꾸어도 노래하지 않는' 상태가 되었다는 점은 마치 동일한 사태를 두고 모순된 인식을 하는 것과 다르지 않다. 전반부가 긍정적 가치를 지니는 것은 분명한데 그렇다고 후반부가 긍정되는 것은 아니다. 이는 일관성이 없는 인식이자 시적 자아 내부에서 두 가지의 가치가 모순을 일으키는 형국이다. 유치환에게 왜 이런 모순이 발생하였으며 유치환이 더 큰 가치를 둔 것은 무엇인가?

'바위'에서 얼굴을 드러내고 있는 모순은 그의 시에 있는 난점인 '생명에의 의지'와 '허무에의 의지' 및 '생명'과 '비정'의 대립에 그대로 이어져 있다.[31] 유치환에게 '허무에의 의지'란 일체의 인간적 감정을 초극하고 냉혹하고 비정한 인간이 되겠다는 의지를 가리킨다.[32] 그것은 지금까지 살펴본 대로 유치환이 신성(神性)에의 지향성을 보이는 것과 관련된다. 유치환에게 '비정'함이야말로 인간세상을 초월해 있는 만유의 신의 속성과도 같은 것이다. 그러나 다른 한편에서 그는 신의 성격과 인간적 생명을 대립시키면서[33] '생명에의 열애'를 외치는 것이다. '생명'에의 의지는 그가 속한 유파가 생명파라는 사실에서도 알 수 있듯 유치환 시의 본질 가운데 하나다.[34] 유치환에게 '생명'은 '비정(非情)'

---

31) 김윤식은 유치환의 시 도처에서 '모순'에 부딪친다고 하면서, 유치환의 생명의지와 허무의지가 만나는 곳이 '광야'와 같은 원시적 공간이라 분석하고 있다. '사막'이나 '광야'와 같은 불모지대는 가장 비생명적인 까닭에 가장 생명을 구할 수 있는 장소인 것이다. 이는 비정의 세계와 생명이 맞닿은 상황을 의미한다. 김윤식은 유치환이 이러한 지대를 찾음으로써 가열한 자기 학대를 감행하였다고 보고 있다. 김윤식, 「유치환론」,『다시 읽는 유치환』, 시문학사, 2008, pp.73-87.
32) 박철희, 「의지와 애련의 변증법」, 위의 책, p.152.
33) 유치환이 기독교를 부정하는 이유 가운데 하나는 기독교가 처음부터 인간을 죄인으로 규정하고 출발하는 데에 있다. 그는 기독교가 인간의 뻗어나려는 생명의 본연한 욕구를 제약하고 방해한다고 비판하고 있다. 유치환, 「회오의 신」, 앞의 책, p.217.
34) 송기한은 유치환의 생명의식을 일제 억압을 견딜 수 있는 야성적 생명성이라는 사회적 맥락과 당대 문단의 지성 및 이념 중심에 대항한 존재론적 맥락,

및 '허무에의 의지'에 견줄 수 있을 만큼 강력하게 주장되었던 바이다. 동시에 '생명에의 의지'는 '비정(非情)' 및 '허무'에의 의지와 대립되는 것으로, 신성에 대립하는 인간성에 속하는 의미항이다. 그렇다면 그의 '생명에의 의지'는 그가 그토록 갈급하였던 신성지향성을 모두 허물어 뜨리는 것이라 할 수 있을까?

만일 그가 사후 세계에 대한 믿음과 함께 해탈과 영생을 추구한 자였다고 한다면 그에게 '생명'과 '비정(非情)'은 서로 대립항이 되지 않는다. 동양 사상의 측면에서 보았을 때 '희로애락'으로부터의 초월은 수도와 수양의 핵심 방편이기 때문이다. 동양 사상에서 감정(感情)의 부대낌은 '오욕칠정(五慾七情)'으로 일컬어지듯 항시 경계해야 하는 대상으로, 우주와의 완전한 합일을 의미하는 해탈과 도(道), 영생(永生)이라는 신성의 측면에서 볼 때 '악(惡)'의 범주에 드는 것이다. 즉 동양 사상의 관점에서 영원성과 '비정(非情)'은 서로 대립하는 개념이 아니다. 그러나 이러한 것이 유치환에게서 충돌하고 있음은 유치환이 '생명'을 다른 관점으로 전유하는 것을 의미하는바, 그것은 유치환이 그의 세계를 종교인과 같은 해탈과 영생의 차원으로까지 열어두고 있지 않다는 점에서 비롯한다.

그렇다면 유치환에게 '생명'은 무엇이고 그가 추구했던 '신성(神性)'과는 어떤 관계가 있는가?

> 나의 가는곳
> 어디나 白日이 없을소냐.
>
> 머언 未開ㅅ적 遺風을 그대로

그리고 인간의 유한성에 대한 반동으로서의 무한성에의 인식 등 세 가지 맥락에서 살핌으로써 유치환 시의 본질적 특징으로서의 생명성을 고찰하고 있다. 송기한, 「유치환 시에서의 무한의 의미 연구」, 『한국 시의 근대성과 반근대성』, 지식과 교양, 2012, p.164.

星辰과 더부러 잠자고

비와 바람을 더부러 근심하고
나의 生命과 生命에 屬한것을 熱愛하되 삼가 哀憐에 빠지지 않음은
-그는 恥辱임일네라.

나의 원수와
원수에게 아첨하는 者에겐
가장 옳은 憎惡를 예비하였나니

마지막 우르른 太陽이
두 瞳孔에 해바라기처럼 박힌채로
내 어는 不意에 즘생처럼 무찔리(屠)기로

오오 나의 세상의 거룩한 日月에
또한 무슨 悔恨인들 남길소냐.

「日月」 전문

시에서 '白日', '星辰', '비와 바람'은 자연의 대유어들이다. 이들은 자아를 에워싸는 만유를 대표하는 것들로 자연 전체에 해당한다. 유치환에게 자연은 광대무변한 우주의 다른 이름이므로 유치환이 닮아가고자 하였던 신성(神性)에 속한다는 것을 알 수 있다. 위 시의 화자는 '나의 가는곳 어디나 白日이 없을소냐' 말함으로써 자아와 만유가 항상 공존함을 암시한다. 그에게 '신성(神性)'은 항시적으로 존재하는 상수(常數)라 할 수 있다. 여기에서 유치환은 만유의 있음이 그에게 불변하는 조건임을 강조하고 있다. '삼가 애련에 빠지지 않음'은 '비정(非情)'의 표현으로서 그가 지향하는 '신성(神性)'과 서로 모순되지 않는다.

한편 위 시에서 유치환은 '나의 생명과 생명에 속한것을 열애하되

삼가 애련에 빠지지 않음'이라고 말함으로써 '생명에의 열애'와 '비정(非情)'을 서로 대립되는 의미로 상정하고 있다. 여기에 나타난 어구의 표현에 의하면 이 둘은 서로 양립하기 힘든 긴장관계 속에 놓이는 것이다. 말하자면 이 두 항 사이엔 반비례관계가 성립한다. '생명'을 추구하면 할수록 '비정'은 어려워지고 '비정'을 추구할수록 '생명'이 약해지는 관계인 셈이다. 이는 유치환의 의식에 내재한 대립구도를 그대로 보이는 것이라 할 수 있다. 그런데 시에서 유치환은 이 두 가지를 모두 동시적으로 추구하겠다고 말하고 있다. '생명에의 열애'를 보이면서도 '애련에 빠지지 않겠다'는 어구는 서로 양립하기 힘든 두 가지를 동시에 충족시키겠다는 의지를 암시한다. 여기에서 '비정(非情)'과 '생명'이라는 모순이 모순률을 어기고 현상할 수 있는 것은 유치환이 이들 사이에 있는 긴장을 받아들이겠다는 것을 뜻한다. 이는 신성을 따르되 인간성 또한 포기하지 않겠다는 의지를 표현한다. 그에게 신성이 상수라고 한다면 인간성은 상황에 의해 양을 달리하는 변수가 된다. 이때 유치환은 '생명에의 열애'라 함으로써 인간성의 극대화를 추구한다는 것을 알 수 있다. 더욱이 사후세계가 없어 생이 일회성으로 그친다고 여겼던 유치환에게 인간성의 극대화는 열정을 다해 추구해야 할 일이었음에 해당한다. 그가 '생명'에 대해 '열애(熱愛)'의 대상이라 말한 까닭도 여기에 있다. 이는 그에게 차원상승 의지가 사후세계와 상관없이 현세적 조건 속에서만 성립됨을 의미하는 것이기도 하다. 말하자면 유치환에게 '신성'은 '살아있음' 속에서만 가능한 유한한 것이자 다분히 인간중심적인 것임을 알 수 있다.

생사의 경계를 넘어서 있는 종교적 초월과 하등 상관없는 이러한 인간중심적 신성이야말로 유치환 세계의 핵심에 해당한다. 그의 인간중심적인 신성은 흔히 이야기하듯 노장사상 등의 동양적 세계와 아무런 상관이 없는 것이다. 영생과 해탈을 이야기하는 종교적 신성이 아니라는 점에서 유치환 세계의 특이성이 있다. 그의 신성은 철저히 현실 중심적인 것이자 인간 중심적인 것이다. 유치환이 위의 시에서 '마지막 우르른 태양이 두 동공에 해바라기처럼 박힌채로' '어느불의에 즘생처럼 무찔리'겠다고 말한 것도 신성의 인간화, 신성이 극대화된 인간성에로 수렴된 상태를 형상화한다. '즘생'은 유치환의 시에서 '사막'이나 '광야'와 같은 극한적 상황과 동일 맥락에 놓이는 것인바, 원시적 생명성으로 표현되는 이들은 생의 의지가 극대화된 상태, 더욱이 '태양이 동공에 해바라기처럼 박힌', 신성 내에서 인간성이 극대화된 상태를 가리킨다. 요컨대 유치환은 항상적으로 신성을 추구하되 생이 일회적이라는 인식 하에 생명의 극대화를 추구하였던 다분히 인간중심적 인물이었음을 알 수 있다. 그에게 생의 일회성은 생명의 극대화를 위해 더욱더 강조되어야 했던 성질이기도 하다. 이를 또한 '허무에의 의지'라 말할 수 있다면 '생명에의 의지'와 '허무에의 의지'는 서로 모순되지 않는 개념이 된다.

3.3. 인간주의와 현실참여

유치환의 시적 경향은 크게 존재론적 탐구의 시, 우국(憂國)의 현실참여적 시, 여성적 어조의 연시로 구분할 수 있다. 유치환은 등단 시기와 더불어 초기의 시적 경향이 생명성을 중심으로 하는 존재론적 탐구에 치중해 있었다면 일제말기와 해방 이후부터는 전쟁체험시를 포함해서 민족과 국가를 염려하는 현실지향적 시를 쓴다. 그는 특히 4.19 혁명과 5.16 군사 쿠데타가 있었던 1960년대에 이르러서는 작고하는 마지막 순간까지 시뿐 아니라 산문을 통해서 공동체를 위한 정치 윤리와 사회 정의를 부르짖는다. 유치환은 개인의 권익을 위해 사회질서를 훼손하는 정치가들을 맹렬히 비난하면서 문학이 가난한 이웃과 현실 정의에 민감해야 함을 역설하고 있다. 그의 문학 및 시인에 대한 관점은 흔히 그의 존재론적 시로부터 유추하는 것처럼 현실초탈적이거나 관념적이지 않다. 그가 주장하는 문학의 현실참여는 매우 적극적이었던 것임을 알 수 있다.

> 무릇 어떠한 主義나 流波에 속하는 作家나 詩人이고 간에 그의 作品인즉, 그가 呼吸하고 느끼며 살아가는 現實이라는 밭에서 얻은 資料를 自己의 아이디어로 빚어 具象化한 體驗의 反映이며, 그의 아이디어 역시 어디까지나 人間의 現實相을 對應으로 해서 結果된 未成의 모습인 것이므로 그들은 어떤 다른 部類에 속한 生活人과 마찬가지로 現實에서 遊離한다든지 눈을 감고서는 살아갈 수 없는 存在임은 두말할 나위도 없는 바이다. 아니 作家나 詩人일수록 現實의 氣流에 대하여 어느 누구보다도 가장 敏感하고, 또한 敏感하여야 되기 마련인 것이다.
>
> 「現實과 文學」35)부분

1960년 4월 3일자 『대구매일신보』에 발표된 위의 글은 '현실과 문학'의 관계에 대한 유치환의 관점을 매우 뚜렷이 보여주고 있다. 당시는 3.15 부정 선거에 따른 시민들의 민주주의 투쟁이 거세게 일어났던 시기였으므로 이같은 시대 상황 속에서 유치환이 문학의 현실 참여를 말했던 것은 '현실의 기류'에 응하는 일이었다 할 수 있다. 위의 글에서 그가 강조하는 것은 '주의'나 '유파'가 아니라 문학의 원론적인 차원에서의 '현실성'인바, 그것은 문학이 초월이나 관념이 아니라 인간의 삶이 되어야 함을 명시하는 것이다. 유치환에 의하면 문학이 고고하다 여겨 그것을 생활의 다른 영역과 구별시키는 것은 문학의 본질을 잘못 헤아리는 것에 해당한다. 문학가들 역시도 삶을 살아가는 생활인인 만큼 현실과 분리되지 않는 존재인 것이다. 같은 글에서 그는 "오늘 인간이 인간 자신의 손으로 이루어 놓은 문명에 도리어 압도되어 자기 자신들의 거취를 상실하고도 어찌할 바를 모르는 막다름"에 있어 "구원은 모

---

35) 유치환, 『청마유치환 전집Ⅵ』, pp.124-5.

랄과 휴매니즘에 바랄 수밖에 없는 순간에 놓여 있다"고 말함으로써
문학의 현실성을 거듭 강조하고 있다. 그가 생각한 문학은 초월성과
전혀 무관한 자리에서 존재하는 것임을 의미한다.

　심층적 존재론의 관점에서 형이상학적 물음들을 제기해왔던 유치환
이 이토록 문학의 현실 참여를 주장하는 것은 해명을 요구하는 대목이
다. 유치환의 초기시적 경향을 두고 대부분 시대 상황을 외면한 현실
회피적 성향이라 비판하는 까닭에 해방 후의 현실지향적 태도는 초기
시와 변모와 대립의 관점에서 이해되는 것이 사실이다. 그러나 후기에
이르러 유치환이 현실을 강조하는 태도는 사실상 초기 형이상학적 시
에 그 논리가 이미 내포되어 있었음을 간과해서는 안 된다. 그의 형이
상학은 신성을 추구하되 살아있음을 전제로 하는, 철저히 인간중심적
성격을 지니고 있었다. 그의 형이상학은 인간주의적 신성 지향에 해당
하였던 것이다. 이는 그의 형이상학이 결코 현실 초탈적 성격을 띠는
것이 아님을 의미한다. 즉 그가 존재론에 관한 치열한 탐구를 보였으면
서도 동시에 현실지향적 태도를 보였던 것은 그가 지녔던 이러한 인간
주의적 형이상학에 기인한다. 그의 시집『뜨거운 노래는 땅에 묻는다』
와『미루나무와 남풍』에 집중적으로 나타나 있는 현실비판적 시들은
유치환이 추구하였던 신성이 곧 지상에서 실현되기를 바라는 심정에서
비롯된 것이라 할 수 있다. 이들 시들은 곧 사회 정의와 관련된 것인바,
유치환의 시에서 논해진 사회정의란 결국 그가 추구했던 신성의 인간
화인 것이다.

　　그러므로 사실은 엄숙하다 어떤 국가도 대통령도 그 무엇도 도시 너희
　들의 것은 아닌 것
　　그 국가가 그 대통령이 그 질서가 그 자유평등 그 문화 그 밖에 그 무수
　한 어마스런 권위의 명칭들이 먼 후일 에덴 동산같은 꽃밭사회를 이룩해
　놓을 그날까지 오직 너희들은 쓰레기로 자중해야 하느니

그래서 지금도 너의 귓속엔

-이 새끼 또 밥 달라고 성화할테냐 죽여 버린다

-엄마 다시는 밥 안달라께 살려 줘, 고 저 가엾은 애걸과 발악의 비명들
이 소리소리 울려 들리는데도 거룩하게도 너는 詩랍시고 문학이랍시고 이
따위를 태연히 앉아 쓴다는 말인가

「그래서 너는 시를 쓴다?」 부분

1964년에 발간된『미루나무와 남풍』에 수록된 위의 시는 '아이가 밥
달라고 보채자 굶주린 젊은 어미가 어린 것을 독기에 받쳐 목을 졸라
죽였다'는 서울 달동네에서 벌어진 실화를 바탕으로 쓰여진 것이다. 시
집에서 유치환은 가난에 시달리는 민중들의 이야기를 자주 담고 있다.
'상도동 산번지'에서 있었던 이 비극적 이야기는 빈곤과 사회정의에 관
한 문제의식을 바탕으로 하고 있다. 유치환은 민중의 어버이가 되어야
할 '국가와 대통령'이 실상 가난한 민중들을 '쓰레기'로 만드는 '어마스
런 권위의 명칭들'에 불과함을 신랄하게 비판하고 있다. '반공', '질서',
'우수운 자유평등', '문화'와 함께 그것들은 민중들을 소외시키는 허울
좋은 것들일 뿐이라고 유치환은 말한다. '국가와 대통령'이 약속하는
'에덴 동산같은 꽃밭사회'는 허구적 이데올로기에 불과하다. 이 허위적
이념을 위해 민중들은 '쓰레기로 자중해야' 하는 운명에 처한다. 군사
정권이 들어선 직후의 냉엄한 사회 현실 속에서 빈부의 격차, 가진자들
의 횡포, 민중들의 극한의 삶을 예리하게 비판하는 유치환에게 현실초
월이 아닌 나라를 염려하는 지사적 면모를 확인할 수 있다.

유치환의 이같은 현실참여 태도는 매우 실천적인 것이었음을 알 수
있다. 그것은 그가 시와 문학이 취해야 할 자세에 대해 일갈하는 데에
서 잘 드러난다. 그는 '저 가엾은 애걸과 발악의 비명들이 소리소리 울
려 들리는데도 거룩하게도' 초탈의 모습을 띠고 있는 '시와 문학'에 대
해 경계하고 있는 것이다. 일반적으로 말해 시와 문학이란 현실과 거리

를 둔 채 얼마든지 자율적인 영역을 구축할 수 있음에도 불구하고 이같이 말하는 것은 유치환이 자신의 생활 속에서 그의 신념을 실현하고자 함을 의미한다. 그것은 유치환이 관념적인 자가 아닌 매우 적극적이고 실천적인 인물임을 말해주는 대목이다.

유치환의 현실참여는 특정 이념을 위한 것도 권력을 위한 것도 아니었다. 그는 "문학의 사회 참여에 있어 힘의 편, 즉 권력에 가담하는 일"을 경계하였던바, "권력에 정의가 구비되어 있을 시" "문학인은 거기에 개입할 하등의 필요가 없다"고 말함으로써 그의 현실참여가 불의에 항거하는 성격을 지닌 순수한 것임을 보여주고 있다. 그가 볼 때 문학인의 정의를 위한 실천은 "그가 가진 바 휴매니즘의 체질과 성실의 열도에 따라"[36] 결정되는 것이다. 유치환은 문학의 현실참여를 통해 사회정의를 실현하고자 하였던바, 이러한 자세는 그의 세계가 철저히 인간중심적인 것이었음을 말해주는 것이다.

4. 청마의 인간적 신성(神性)의 의미

청마가 보여준 신과 인간에 대한 형이상학적 사유는 외견상 현실과 유리된 매우 관념적인 것으로 인식되지만 그것은 그의 내적 논리를 파악하지 못할 때 노정하게 되는 오류에 불과하다. 청마가 신과 자연, 그리고 인간의 운명에 대한 철저한 사유를 펼쳤던 것은 결코 지적인 호기심이라든가 철학상의 관습에 기인하는 것이 아니다. 그것은 그를 에워쌌던 세계에 관한 직관에서 비롯된 것이다. 자연과 대면했을 때의 경외감이라든가 우주적 존재에 대한 직관이 유치환으로 하여금 가시권 너머의 세계에 관해 사유하게 하였고 그에 따라 유치환은 신의 무한성

---

36) 유치환, 위의 글, p.126.

과 인간의 유한성이라는 조건을 둘러싼 자신의 형이상학을 구축하기에 이르렀다. 그가 기성 철학이나 종교의 관습에 의해서가 아니라 스스로의 직관에 의해 논리를 세워나갔으며 그러한 내용들을 시에서 단편적으로 제시하였던 까닭에 유치환이 세운 고유한 형이상학은 독자에게 쉽게 해독되지 못한 경향이 강하다. 유치환의 형이상학에 대해 독자들은 흔히 기성의 종교나 철학에 의지하여 이해하려 하였으므로 유치환의 인식은 그 전모가 파악되기 어려웠던 것이다. 이에 따라 유치환의 시는 앞뒤가 맞지 않고 난해한 그것으로 이해되기 마련이었다.

유치환의 시를 대할 때 나타났던 이러한 문제점은 그의 형이상학이 인간성과 신성이라는 상반된 축을 통해 구축되었던 점과 이들 사이에 있던 특유의 긴장감에 그 원인이 놓여 있다고 볼 수 있다. 유치환은 매우 치열하게 신성을 추구하였는데, 이것은 유치환을 관념적이고 초탈적이라는 혐의만을 일으켰을 뿐 그 의미가 구체적으로 해명되지 못하였다. 그에게 신성은 기성 종교나 철학에서와 같은 초월성과 영원성의 함의를 지니는 것이 아니었다. 그것은 죽음이라는 인간의 조건을 넘어서서 존재하는 성격이 아니었던 것이다. 유치환에게 신성은 철두철미하게 인간이라는 축에 의해 제어를 받는 것이었다. 즉 그것은 생사의 경계를 넘어서 고려되었던 것이 아니라 철저히 생(生)의 조건 속에서 추구되는 신성이었다. 따라서 그것은 인간의 야만성과 비순수성을 극복하기 위한 기제였던 것이지 죽음을 극복하기 위한 것이 아니었음을 알 수 있다. 유치환에게 죽음은 회피할 수 없는 절대 명령이어서 그는 영적 영원성을 통해 이를 극복하려 하기보다는 생의 유한성 내에서 치열해지는 길을 택하였다. 그가 극한의 세계를 찾아간 것도 그 때문이고 극단적 원시성을 추구한 것도 그 때문이다. 이것이 유치환의 생명성을 이루는 근간이 된다. 이를 파악하지 못할 때 유치환에 대한 해석은 엉뚱한 방향으로 흐르기 쉽다. 또한 이 점을 간취할 때라야 유치환이 보여주었던 인간주의적 세계가 비로소 옳게 이해될 수 있다.

직관과 예지에 의해 인간중심적인 형이상학의 논리를 구축하였던 유치환은 인간이 신에 기대어 인간성을 초극, 신성을 획득하기를 소망하였다. 인간은 신에 의거하여 비정의 자세와 순수성을 구할 필요가 있다고 유치환은 판단하였다. 인간이 신성을 취하는 것이야말로 인간이 고귀해지는 방편에 해당하였던 것이다. 이것이야말로 유치환이 제시하였던 개인적 차원의 윤리라 할 수 있다. 그러나 유치환의 윤리성에 대한 인식은 이러한 개인적 차원에서 그치는 것이 아니었다. 그는 사회적 차원의 윤리도 외면하지 않았기 때문이다. 개인의 존재론적 범주만 벗어나면 유치환은 사회적 윤리를 실현하는 데 열정적인 인물이 되었음을 알 수 있다. 그가 문학의 현실참여를 외치고 사회 정의에 대해 민감했던 것은 곧 그가 보여준 사회적 차원의 윤리성에 해당한다. 유치환에게 사회적 윤리 의식은 해방 이후 일관되게 전개되었던 경향임을 알 수 있던바, 유치환이 초반에 보여주었던 존재론적 탐구는 후반에 나타났던 이러한 경향과 서로 대립하는 것이 아니라 오히려 일관성 있게 이어지는 것이다. 그것은 곧 개인적 윤리성과 사회적 윤리성이라는 맥락에서 이해될 수 있기 때문이다.

유치환이 보여주었던 존재론적 탐색에 비추어 볼 때 그의 사회적 윤리의식 역시 매우 강력하고 치열한 것이었음을 짐작할 수 있다. 유치환에게는 '신성(神性)'이 항상적인 상수로 존재했었던 것이다. '신성'은 개인적 차원에서뿐만 아니라 사회적 차원에서도 윤리가 실현되는 절대적인 기준에 해당되었다. 또한 유치환은 생이 일회적인 것이라 믿었기때문에 사회 내에서 윤리성 역시 먼 미래가 아닌 지금 여기에서 실현될 것을 요구하였다. 그가 모든 지면을 통해 그토록 열정적으로 사회정의를 부르짖었던 것도 이 때문이다. 결국 초기 존재론적 탐구의 시기에보여주었던 유치환의 치열한 생명의식은 후기의 현실참여적 경향의 시에서도 고스란히 드러났던 것임을 알 수 있다.

'신성'을 추구하되 그것을 인간성이라는 조건 속에서 이루었던 유치환은 성격상 인간주의적 면모를 보여준다 하겠다. 그가 보여주었던 사회 윤리의 실천은 신성 지향의 수직지향성이 인간세계 내에서 수평적으로 실현된 것이며, 이러한 실천은 유치환의 강한 인간주의적 관점 때문에 가능했던 것으로 보인다. 유치환은 절대적 세계를 추구하면서도 이러한 절대성이 인간 내에 그대로 구현되기를 바랐던바, 그것이 그가 지향한 개인적, 사회적 윤리성으로 나타난 것이라 할 수 있다.

5. 결론

유치환은 방대하고 치열한 문학적 활동을 통해 작품의 크나큰 스펙트럼을 보여주고 있다. 그는 시와 산문에서 자신의 의식 세계를 가열차게 전개하였을 뿐만 아니라 그 내용에서 있어서도 존재론적 탐구에서부터 현실 참여에 이르기까지 다양한 면모를 보여주는 것이다. 그런데 이들 서로 상반된 경향들 사이엔 단순히 시기상의 구분이 놓여 있는 것이 아니라 내적인 논리 및 연관성이 흐르고 있는 것으로 보인다.

유치환의 문학세계에 견지되고 있는 일관된 논리를 파악하기 위해 우선 그가 가장 치열하게 고구하였던 우주론을 살펴볼 필요가 있다. 우주론은 신과 자연 및 인간에 관한 담론으로서 유치환이 집요하게 질문을 던졌던 형이상학적 사유에 해당한다. 신과 자연, 인간에 대한 지속적인 질문을 통해 유치환은 자신의 고유한 형이상학을 구축한다.

유치환의 형이상학은 신성(神性)과 인간성이 결합된 것이자 신성이 인간성 내로 수렴되는 것을 내용으로 하고 있다. 유치환은 신성이라는 절대성을 추구하면서도 이것을 기성의 종교나 철학과 같은 영적 차원의 그것으로 전개하지 않았다. 생의 일회성을 믿었던 유치환은 영적 초월성이 아닌 인간으로서의 생명성과 치열성을 제시하였다. 유치환의 초월성은 철저하게 인간적 테두리 내에서 이루어졌던 것이다.

유치환의 신성 지향이 인간주의적이라는 관점은 그간 논리가 명확하지 않았던 여러 모순들, 허무에의 의지와 생명에의 의지의 대립, 비정과 생명의 대립, 존재론적 경향과 현실참여적 경향의 대립들 간의 관계에 대해 해명할 수 있도록 해준다. 이것들은 유치환이 견지하였던 독특한 형이상학, 신성과 인간성 사이의 긴장 관계 속에서 의미를 지닌다.

또한 유치환의 인간주의적 신성 지향은 그의 현실참여적 태도의 근거를 밝혀주고 있다. 정치적 격랑기를 거치면서 유치환은 매우 적극적으로 문학의 현실참여와 사회정의를 강조하는데, 이것은 유치환이 보여주는 존재론적 경향과 서로 상치되는 것이 아니다. 그것은 유치환의 인간주의적 신성 지향이 존재론적 차원에서 구현되었던 것과 동궤에서 전개된 것이다. 유치환은 존재론적 차원에서 신성을 추구하였던 것처럼 그러한 절대성이 사회 내에서도 실현되기를 소망하였다. 그것이 곧 그가 부르짖었던 사회정의에 해당한다.

이처럼 유치환이 논리화시켰던 형이상학적 우주론은 그의 시작 경향과 밀접한 관계를 지닌다. 그의 형이상학은 매우 인간주의적이었던바, 이 점은 그의 존재론적 경향과 현실참여적 경향으로 동시에 나타났던 것임을 알 수 있다.

－유치환론

순결한 자의식과 공간성

-윤동주론

1. 서론

윤동주는 우리에게 신화처럼 존재하는 신비로운 인물이다. 28세의 젊은 나이에 일제의 형무소에서 옥사하였다는 점, 일제에 의해 생체실험을 당했다는 점, 뚜렷한 정치적 행적 없이 사상범으로 몰려 죽음에 이른 안타까움, 전향과 친일로 혼탁했던 문단에 주옥같은 시를 남겼다는 점 등은 그를 비극적이면서도 숭고한 인물로 부각시켰다. 부조리한 상황 아래 당한 어이없는 죽음은 그의 시를 더욱 애절하고 찬란하게 해주었고 그를 암흑기를 빛내준 저항시인으로 명명하는 데 주저함이 없도록 한 것이 사실이다.

순수한 시와 비극적 죽음, 이 두 요소가 지닌 강력한 아우라는 윤동주에 관한 고유한 평가를 낳는 데 기여한다. 그 중 대표적인 것이 '순수시인', '저항시인'이라는 평가이다. 이때 이들 평가는 윤동주를 둘러싼 아우라에 의한 것으로서 본래 개념을 넘어 적용되고 있다는 것을 알 수 있다. 윤동주에 대해 내려지는 '순수시인', '저항시인'은 언어 사용의 방식과 관련된 개념인 '순수'라든가 정치적 행적과 관련된 '저항'이라는 개념을 넘어서서 절대 지평의 의미를 내포하는 것이기 때문이다.

그러나 사실상 윤동주를 표현하는 대표적인 이들 명명은 서로 모순되고 애매모호하다는 문제점을 지닌다. 이들 용어가 사용되는 맥락이 초월적 의미망이라는 점을 감안하더라도 '순수성'과 '저항성'이란 서로 대립되는 개념이기 때문이다. 실제로 특정한 정치 행적 없는 윤동주가 사상범으로 체포되었다는 사실은 일본 군국주의의 잔혹함을 증거할지언정 그가 저항시인으로 자리매김되는 데에는 무리가 있다.[1] 살아있을 때 시를 발표하지도 않았을 뿐만 아니라 적극적 정치 행적의 미흡이라는 정황[2]은 엄밀히 말해 그의 저항성이 윤동주 본인으로부터가 아니라 일본 군국주의라는 배경으로부터 비롯된 것임을 의미한다.[3] 윤동주가 저항시인으로 불리는 것이 필연적 맥락이기보다는 우연적 조건에 의한 것이었다고 해도 강하게 반박할 수 없다는 문제점이 여기에 있다.

윤동주에 관한 명명이 이처럼 모순되고 애매하게 이루어지는 데에는 윤동주에 관한 평가의 관점이 시로부터 비롯되기보다는 주로 주변적 요소들에 의해 형성되었다는 점이 크게 작용한다. 그러나 주변적 요소에 천착할 경우 윤동주에 대한 이해는 피상성을 극복하지 못할 것이며 윤동주를 둘러싸고 있는 신비성의 아우라는 그의 시를 객관적이고 깊이있게 인식하는 데 장애가 될 뿐이다. 이는 윤동주의 시를 제한된 인식틀 안에서 부분적이고 선택적으로 다루게 하는 경향을 가져오기 때문이다.

---

1) 오세영은 저항시란 당시의 정치 상황에 영향을 미치는 실천력을 확보할 때 부여될 수 있는 명칭임을 말하면서 윤동주를 저항시인이라 보는 관점의 문제점을 지적한 바 있다. 「윤동주의 시는 저항시인가?」, 『20세기 한국시이론』, 월인, 2005, pp.9-27.
2) 위의 글, pp.11-4.
3) 이는 논리적 차원에서만 아니라 오히려 실제 현실에서 지지되는 점이다. 윤동주의 저항성은 군국주의 국가인 일본의 사상적 맥락 속에서 의미를 띨 뿐이다. 가해자 일제라는 배경이 있을 때 윤동주 고유의 '부끄러움의 미학'이 더욱 빛나기 때문이다. 윤동주의 '부끄러움의 미학'은 제국주의자의 시각에서 볼 때 그 저항성이 성립된다는 것이다. '저항'이란 정치적 맥락 속에서 승인되는 개념이므로 식민지 지식인으로서 '부끄러움의 미학'을 구현하였다면 그것은 이미 저항이 아니다. 다시 말해 '부끄러움의 미학'은 일본 지식인의 관점이지 식민지인의 그것일 수는 없다. 윤동주가 특히 일본 지식인들 사이에서 칭송된다는 사실은 그가 저항시인이라 불리는 의미와 맥락을 되짚게 한다.

이러한 문제를 고려할 때 윤동주의 시 전편을 아우르는 이론적 시각을 확보하는 일이 시급하다고 판단된다. 이때 예술적 완성도가 낮은 작은 시 한 편이라도 윤동주의 실존을 이해하는 데 귀중한 자료가 된다는 점을 놓쳐서는 안 될 것이다. 시인으로서 살 수 있었던 충분한 시간이 부재하였으므로 시적 자료 면에서 다소 부족한 윤동주의 경우 여느 시인들에게 적용할 수 있는 미학적 방법론으로 그의 시에 접근한다면 큰 성과를 얻기 힘들다. 시단에 유행했던 특정 사조라든가 이념을 적용하는 것이 용이치 않다는 점도 윤동주에 관한 연구를 어렵게 하는 요인이라 할 수 있다. 시단에서 유리되어 있었던 만큼 윤동주의 시는 프로적이기보다는 아마추어적 성격을 지닌다. 이러한 점을 고려한다면 윤동주를 이해하는 데 무엇보다 중요한 것은 완성도 높고 세련된 시들이지닌 가치 못지않게 그가 남긴 작은 흔적들의 비중을 인정하는 일이다.

습작기 시절의 시들을 포함하여 동시 및 소품에 해당되는 시들을 모두 포함하는 이해의 틀을 확보하기 위해 우선 시들이 어떻게 생성되는가 하는 발생학적 지점을 탐색해보고자 한다. 이는 윤동주의 내적 의식을 중점으로 하여 이루어져 왔던 기존 논의들과 구별되는 것으로서 시 자체의 현상에 초점을 둔다는 특징이 있다. 이를 위해 윤동주의 전체적 시들이 보여주고 있는 구조상의 특질은 무엇이고 이러한 특질들이 빚어질 수 있던 요인이 무엇인가를 탐구하는 작업이 이루어질 것인데, 이 과정에서 전체 시들을 일정하게 특질화시키는 원리가 드러날 것이다. 그리고 그 원리는 윤리나 주제와 같은 의식의 차원에 놓이는 것이라기보다 물리적이고 객관적인 차원의 문제가 될 것인바, 이를 공간발생학4)적 조건이라 부를 수 있다. 이에 대한 고찰은 윤동주의 시를 하나

---

4) '공간'의 개념은 추상적이면서도 동시에 물리적인 개념이다. 이는 인식을 형성하는 틀이 된다는 점에서 추상적이지만 사물의 존재 방식을 결정짓는 물질이라는 점에서 물리적이기도 하다. 공간은 스스로 실재함으로써 사물을 존재케하는 배경이 된다. 사물은 스스로 존재하지 않고 공간 내에서 공간의 영향력아래 존재한다. 공간과 사물이 그러한 관계 하에 있기 때문에 사물의 형상은

의 원리로써 설명하는 데 유용할 뿐 아니라 궁극적으로 윤동주에게 아직 미해결로 남아있는 문제인 '천체미학[5]'의 일단을 해명하는 데 기여할 것으로 보인다.

2. 문체적 특징과 공간성

언어미학적 측면에서 볼 때 윤동주 시는 시적 의장이 극도로 빈약하다는 특질을 지닌다. 기이하게도 그의 시에는 비유나 상징 등의 기교가 거의 없다. 간혹 눈에 띄는 의장은 사은유(死隱喩)에 가까울 만큼 관습적인 것이다. 그리고 그러한 의장들은 거의 대부분 기독교적 자양 안에서 성립되는 것임을 알 수 있다. 조부가 교회의 장로였고 유아세례를 받을 정도로 안정된 기독교 집안 태생이었으므로 윤동주에게 성경이 늘 함께 호흡하는 교양의 기반이 되었으리라는 점은 쉽게 유추할 수 있다. 다시 말해 윤동주 시에 나타나 있는 시적 의장이라 하면 성경의 범위 안에서 접할 수 있는 정도의 단순한 층위에 속하는 것이다. 이를 제외하면 그의 시는 장식이 거의 배제된 채 직접적 진술로 이루어져 있다. 그의 시를 두고 고백적 일기체라 언급하는 것도 이와 관련된다.

별다른 의장 없이 진술의 문체로 구성되고 있는 시는 그의 대표시

우리에게 공간에 대한 정보를 제공한다. 주의할 점은 사물이 보이는 차원과 그것이 놓여 있는 차원은 항상 일치하지는 않는다는 사실이다. 보이는 사물은 사물에 대한 모든 정보를 말해주지 않는다. 사물의 보임은 실재하는 공간 속에서 보이는 차원으로의 투영에 불과하다. 때문에 보이는 사물은 보이는 것만으로써가 아니라 그 이상의 어떤 것으로서 상상되어야 한다. 이것이 사물의 전체에 대한 객관적인 정보를 제공한다. 윤동주의 시가 지니는 고유한 특질은 사물의 배후에서 사물을 더욱 완전하게 해주는 공간을 상정케 해준다. 이 배후의 공간이 어떠한 성격을 지니는가를 탐구하는 일이 이 글의 목표가 될 것이다.

5) '천체미학'에 대한 문제제기는 김윤식의 앞의 책, p.90에서 이루어진 바 있다.

「서시」라든가 「별헤는 밤」, 「참회록」을 비롯하여 동시에 이르기까지 대부분 시의 특질을 이루고 있다. 윤동주는 소재를 달리하여 각각의 시적 대상을 같은 방식으로 처리하고 있다. 대상을 가공하여 미학적 구조물을 직조하려 하는 대부분의 시인들이 보여주는 기교에의 노력은 윤동주의 시에서 찾아보기 힘들다. 대상이 환기하는 감각적 이미지라든가 연상되는 유추적 속성, 숨겨진 관념이나 사상 제시 등속의 조형적 시도가 그의 시에는 잘 나타나지 않는다는 점이다. 요컨대 그의 시는 단조로울 만큼 단순하다.

그의 시가 보여주는 이러한 특징은 연구자들을 당황하게 한다. 시에 관한 분석과 비평은 시적 의장들의 뒤에 놓인 비의들 사이를 누비면서 그들 사이를 가로지르는 논리를 찾아내는 일에 다름 아니기 때문이다. 암호처럼 되어 있는 의장들의 숨겨진 의미들에 새로운 논리를 부여함으로써 연구는 풍성해지고 다양해진다. 연구자들은 암호를 해독하듯 감춰진 의미를 벗겨내어 편편의 시들을 엮어가면서 시인이 지니고 있던 내면의 풍경을 스토리텔링한다. 그것은 퍼즐맞추기처럼 흥미진진한 일이 된다.

그러나 윤동주의 시는 이미 다 제시되어 있는 형국이다. 그는 비유를 통해 뜻을 숨겨 놓는 대신 직설적 언표로 그것을 모두 드러낸다. 근대 시학이 발전시킨 세련된 미적 기법들 대신 그는 소박한 언어로 단지 시라 할 만큼의 행과 연을 가르고 있다. 그 속에서 시어들은 평범하고 문장들은 어눌하게 제시될 뿐이다. 시들 가운데 주제적 의미를 강하게 드러내는 것은 연구자들의 분석이 집중적으로 이루어지고 있는 소수의 몇 편에 불과하며 나머지의 시들은 습작기의 그것이라 할 정도로 소품에 해당한다.

바람이 어디로부터 불어와/ 어디로 불려가는 것일까,//
바람이 부는데/ 내 괴로움에는 이유가 없다.//

내 괴로움에는 이유가 없을까.//

단 한 여자를 사랑한 일도 없다./ 시대를 슬퍼한 일도 없다.//

바람이 자꾸 부는데/ 내 발이 반석 위에 섰다.//

강물이 자꾸 흐르는데/ 내 발이 언덕 위에 섰다.

「바람이 불어」 전문6)

불꺼진 火독을/ 안고 도는 겨울밤은 깊었다.//

재만 남은 가슴이/ 문풍지 소리에 떤다.

「가슴2」 전문

위의 두 편의 시들은 같은 방법으로 창작되었다. '바람'과 '겨울밤'이 각 시에 등장하는 소재들로서 시적 화자는 이들 시적 대상들을 가볍게 소환하고 있음을 알 수 있다. 가령 '바람이 분다', '겨울밤이 깊다' 정도가 그것이다. 이들 소환된 대상들에 시인이 깊은 의미를 부여한다거나 특정한 논리를 엮어내지 않는다는 것은 "바람이 부는데/ 내 괴로움에는 이유가 없다"라는 진술에서 읽을 수 있다. 그저 '바람은 부는' 것일 따름인 셈이다. '바람'과 '겨울밤'은 시적 자아의 의미화와 상관없이 자체로 오롯이 존재할 뿐이다. 시인이 "단 한 여자를 사랑한 일도 없다./ 시대를 슬퍼한 일도 없다."라고 말하면서 '바람'과 시적 자아 사이에 유추의 고리가 없음을 새삼 강조하는데, 여기에 이르면 시 창작의 의도가 무엇인지 의아해지는 정도가 된다. 말하자면 '바람'이나 '겨울밤'은 의미의 추출을 위해 시인이 축조한 비유어가 아니라는 점이다. 굳이 기교라 할 만한 것이 있다면 "바람이 자꾸 부는데/ 내 발이 반석 위에 섰다."에서처럼 '바람'과 '나'의 위치를 대비시켰다는 점 내지 「가슴2」에서처럼 '火독'에서부터 '재만 남은 가슴'으로 유추되고 있다는 점을 들 수 있다. 요컨대 윤동주에게 소재들은 시적 자아와 복잡한 구조물로 뒤엉켜 있

---

6) 시는 시선집 『하늘과 바람과 별과 시』(미래사, 1991)에서 인용함.

지 않은 것으로서 단지 대상화되는 차원에서 처리되고 있을 뿐임을 알 수 있다. 이러한 점은 대표작에 속하는 「病院」의 경우에도 적용될 수 있다.

　　살구나무 그늘로 얼굴을 가리고, 병원 뒤뜰에 누워, 젊은 여자가 흰옷 아래로 하얀 다리를 드러내놓고 일광욕을 한다. 한나절이 기울도록 가슴을 앓는다는 이 여자를 찾아오는 이, 나비 한 마리도 없다. 슬프지도 않은 살구나무 가지에는 바람조차 없다.

　　나도 모를 아픔을 오래 참다 처음으로 이곳에 찾아왔다. 그러나 나의 늙은 의사는 젊은이의 병을 모른다. 나한테는 병이 없다고 한다. 이 지나친 시련, 이 지나친 피로, 나는 성내서는 안 된다.

　　여자는 자리에서 일어나 옷깃을 여미고 화단에서 금잔화 한 포기를 따 가슴에 꽂고 병실 안으로 사라진다. 나는 그 여자의 건강이--아니 내 건강도 속히 회복되기를 바라며 그가 누웠던 자리에 누워본다.

「病院」 전문

　　「病院」은 생전에 윤동주가 19편의 자선시집을 내려하였을 때 표제시로 삼으려 하였던 시이다.[7] 윤동주는 시집 제목을 '병원'으로 하려다가 '하늘과 바람과 별과 시'로 바꿨다고 한다. '병원'을 시집 제목으로 하였다면 '병원'은 조선의 현실을 암시하는 상징어의 수준으로 격상되었을 것이다. 그러나 윤동주는 그렇게 하지 않았고 '병원'은 위의 시 「병원」에 나타나 있듯 일차적 진술의 차원에 놓이는 대상이 된다. 위의 시를 보면 시인이 '병원'을 결코 암시적으로 사용하지 않고 있음을 알 수 있다. '병원'은 단순히 시적 대상일 뿐이고 화자는 병원에서 본 대상들을

---

7) 권일송 편저, 『윤동주시집』, 청목문화사, 1986, pp.77-8.

단순히 섬세하고 따뜻하게 묘사하고 있는 것이다. 시의 중심 소재인 '병든 여인'은 대상화되어 처리되는 수준을 넘어서 있지 않다. 대상화되어 있다고 하지만 흔히 이미지즘의 주된 기제였던 이미지화에의 의도도 강하게 느껴지지 않는다. 시인은 대상을 의장화하지 않은 채 직설적으로 진술하고 있는 셈이다.

앞서 분석한 시들에서도 그러하였지만 이 시에서 역시 이후 언급되는 소재는 시적 자아 '나'이다. '나' 또한 '병원'을 찾은 환자로서 시인은 '나'에 관한 용태를 진술한다. 오래 참다 왔다는 것, 의사의 진단에 의하면 '병이 없다'는 것, 시련과 피로가 지나칠 정도라는 것, 성내서는 안 된다는 것 등이 논리적 연결이나 감정적 해명 없이 시간 순대로 모자이크되듯 이어지고 있다. 이들 일련의 사실들 사이에 어떠한 의미의 연관성을 맺고 싶은 것인지 화자는 말하지 않는다. 단지 사실들만이 직설적으로 언표되어 있을 따름인 것이다. 마지막 연에 이르러서도 시인의 직설법은 그대로 이어진다. 화자는 '나는 그 여자의 건강이--아니 내 건강도 속히 회복되기를 바란다'고 말하고 있다. 다만 '그가 누웠던 자리에 누워본다'고 함으로써 두 대상 '병든 여인'과 '나' 사이에 유사성의 연결 고리를 만드는데 이는 소박한 차원의 시적 의장이라 할 수 있다. 이러한 사실들은 「병원」 역시 예의 윤동주의 시 창작법 안에 놓여있는 것임을 말해준다.

고도의 의장을 통해 시적 의미를 축조하는 데 주력하지 않는다는 점, 시어는 대체로 소박하고 평이하다는 점, 문체는 어눌할 정도로 단조롭다는 점, 윤동주의 시는 이러한 특질들을 지닌 것으로 규정될 수 있다. 그렇다면 윤동주의 시는 기교가 부족한 것으로서 윤동주는 시의 미적 형상화에 실패하였다고 말할 수 있을까? 윤동주를 국민 시인이자 민족 시인이라 칭송하는 것은 그의 시적 성공과 상관없이 전기적 사실로부터 연원하는 것일까?

그러나 이러한 질문들에 대해 쉽게 긍정할 수 없는 것 또한 사실이다. 윤동주의 시적 특장들이 그러함에도 불구하고 그의 시는 최고의 시성(詩性)을 지니고 있기 때문이다. 단언컨대 그의 시는 우리 시사에서 가장 아름다운 시라 할 만하다. 그의 시는 그 어느 시인의 것보다 시적이며 아름답다. 아름다움의 실체, 시 자체의 현현이라 해도 과언이 아닐 만한 미적 완전함이 그의 시 전체를 에워싸고 있는 것이다. 그의 시는 매우 강렬하게 독자를 매료시키는데, 그렇다고 이것이 그의 비극적 생애에서 기인하는 것이라고 단정지을 수 없다.

윤동주 시의 시성(詩性)은 도대체 어디에서 비롯되는가? 시적 기교도 문체의 세련됨도 시어의 화려함도 의미의 정합성도 아니라면 그의 시를 시적으로 만들고 아름다움의 현현이 되게 하는 요인은 무엇인가?

이에 대한 답을 구하기 위해 도입할 수 있는 개념이 '공간성'이다. 사물로부터 직접 성질을 파악할 수 없을 때에 주변의 환경을 살피듯이 '공간'은 사물을 드러내고 존립시키는 방식이 되기 때문이다. 사물이 자신에 대한 정보를 전체적으로 제공하지 못할 때 사물을 둘러싸는 공간에 대한 인식이 보충됨으로써 사물은 더욱 온전하게 자신을 말하게 된다. 공간에 대한 정보의 보충은 특히 윤동주와 같은 시창작법을 구사하는 경우 더욱 요구되는 사항이다. 앞서 고찰에 의하면 윤동주는 보통의 시인들이 흔히 보여주는 시창작의 경로를 보여주지 않는바, 이때 윤동주의 시는 자아의 내적 정서로부터 촉발되는 대신 외부 사물로부터 발생할 뿐만 아니라 정서의 표현에도 지극히 절제적인 태도를 보여준다는 점을 주목할 필요가 있다. 근대 시학에서 중시하는 자아의 풍부하고 개성적인 정서의 표출은 윤동주의 경우 극도로 억압되어 있다고 해도 과언이 아니다. 윤동주 시에서 정서에 할애된 자리는 지극히 협소하거나 거의 없다. 윤동주가 상상하기 힘들 만큼 냉철하고 철저한 성격을 지닌 자였으리라는 점이 여기에서 추론된다. 자아를 철저하게 소거시킨 상태에서 사물을 드러내는 방식은 자아를 대상화시키는 데로 이어지거나 사물과 자아의 미약한 연결고리를 찾는 것으로 나아간다. 뿐만 아니라 자아의 정서와 의식을 드러내기 위해서라면 불가불 끌어들일 수밖에 없는 의장들을 배제시키게 된다. 말하자면 윤동주의 시처럼 자아가 최대한 소거되어 있는 경우 시성(詩性)의 추출은 사물 자체로부터, 더 정확하게는 사물을 둘러싸는 공간의 성질로부터 비로소 가능해질 것이다.

3. 소재적 특징과 공간성

윤동주의 시가 대상과 조우하여 피어나는 정서적 반응에 의해 창작된 것이 아니므로 시적 자아의 내면적 세계의 의미를 구하는 것이 생산적이지 못하다[8]고 한다면 시선을 돌려 중점적으로 고찰해야 하는 부분은 시적 대상 곧 사물이다. 여기에서 사물과 사물을 둘러싼 공간적 특질에 대한 탐색이 동시에 이루어질 수 있다. 윤동주가 시를 대단히 아꼈던 인물임은 주지의 사실이다. 그는 시를 고치고 또 고치는 과정을 거쳐 최종적으로 엄선된 시를 생산했다.[9] 그런데 그가 다듬기를 거듭하며 시화하고자 하였던 것은 내면 등속의 자아가 아니었다. 그에게 자아는 여느 시인들처럼 '지존(至尊)'의 자리에 있지 않다. 오히려 자아는 낮추어져 있고 축소되어 있으며 사실상 버려져 있다. 윤동주의 경우 자아는 사물 위에 군림하거나 사물을 채색하는 권위의 존재가 아니라 다른 시적 사물들과 대등한 것이다. 자아는 낮은 자리에 있으며 시 안

---

8) 이 점은 윤동주에 대한 연구가 지금까지 크게 진전되지 못한 이유의 하나를 설명해준다. 윤동주의 시적 본질은 자아에 그 초점이 있지 않다. 윤동주가 돋보이는 것은 바로 시 때문이지 전기적 사실이 아니라는 점도 함께 상기될 필요가 있다. 윤동주의 경우 연구는 대체로 관습적인 데 머물렀으며 시 자체의 전체적인 분석도 소홀했던 것이 사실이다.
9) 윤동주의 창작 과정이 그대로 나와 있는 자료로는 『윤동주 자필 시고 전집』(왕신영 외 엮음, 민음사, 1999)이 있다.

에서 사물과 대등한 곳에 놓여 있다.

자아의 개성을 드러내는 데 주력하지 않았다면 윤동주가 수도 없는 절차탁마를 통해 형상화하고자 한 것은 무엇이었을까? 자아의 정서나 의식, 인식이나 깨달음 등속을 제시하려 한 것이 아니라면 또한 시적 기교나 의장, 미적 언어가 아니라면 시인이 계속적인 다듬기를 통해 완성시킨 것은 무엇인가? 이에 대해 답하기 위해 먼저 윤동주가 소재로 취한 사물들을 살펴보고자 한다.

죽는 날까지 하늘을 우러러
한 점 부끄럼이 없기를,
잎새에 이는 바람에도
나는 괴로워했다.
별을 노래하는 마음으로
모든 죽어가는 것을 사랑해야지
그리고 나한테 주어진 길을
걸어가야겠다.

오늘밤에도 별이 바람에 스치운다.

「서시」 전문

윤동주가 간행하려 하였던 자선시집의 제목이 '병원'에서 '하늘과 바람과 별과 시'로 바뀌도록 결정적 계기를 제공한 시가 곧 「서시」이다. 실제로 「병원」이 1940년 12월에 쓰여진 것에 비해 「서시」는 1941년 11월의 것으로, 수록하려 하였던 19편들 가운데 가장 늦게 쓰여진 시이다.[10] 윤동주는 「별헤는 밤」(1941.11.5)과 「서시」(1941.11.20)를 쓴 후 비로소 시집의 제목을 결정지은 듯하다. 시집 제목은 특히 「서시」에

---

10) 권일송, 앞의 책, p.77.

등장하는 소재들을 나열하면서 취해진다. '하늘'과 '바람'과 '별'이 그러하다. 이때 이들 소재들은 '병원'과 마찬가지의 상징 수준을 획득하는 것일까? 위의 시에서 이들 소재들은 비유어로서 사용되고 있는가? 「별 헤는 밤」에서의 '별'은 어떠한가?

너무도 당연한 사실로 받아들여왔지만 그러나 윤동주의 시창작법을 고려할 때 이들 소재들은 비유나 상징어가 아니라는 것을 알 수 있다. 이들은 단지 윤동주의 눈에 비춰졌던 사물 그 이상이 아니다. 윤동주는 그저 '하늘'을 '보았고' '잎새에 이는 바람'을 '보았'으며, '별'을 보고 '몽상에 잠겼'을 뿐이다. 이들 소재는 단순히 자연에 존재하는 사물들이었고 윤동주는 이들을 끌어와 마찬가지로 직접적 진술 속에 담아내었다. '잎새에 이는 바람'이라든가 '별을 노래하는 마음', '별이 바람에 스치운다'와 같은 섬세한 표현들이 시를 성공적으로 이끌고 있지만 이들은 비유의 수준에 있다기보다는 비일상적 담론이기 때문에 상대적으로 그렇게 느껴질 따름이다. 1연의 구절들을 단위로 1·2행, 3·4행, 5·6행, 7·8행으로 나눌 수 있는데 이들은 모두 같은 방식으로 표현된 것이자 동일한 의미를 반복하는 것이다. '하늘', '바람', '별', '길'은 모두 같은 층위에 놓인 사물로서 모두 함께 시적 자아의 섬세하고 곧은 마음을 확인케 해주는 유사한 소재들이다. 예컨대 3·4행, 5·6행이라고 해서 1·2행, 7·8행에서 보여주고 있는 '앙불괴어천(仰不愧於天)'이나 '주어진 길'과 같이 관습적으로 교양의 역할을 하는 담론과 다른 층위에 놓이는 것이 아니다. 4개의 구절들은 모두 동일하게 같은 수준의 의미역을 지니고 있다. 이들은 자연물이고, 굳이 비유라 한다면 사은유라 할 만큼 관습화된 매체(vehicle)의 성질을 갖는다. 다시 말해 이들은 객관 사물과 비유어의 경계에 놓여 있어 주지와 매체 사이의 긴장이 매우 약한 상식에 가까운 비유라 할 수 있다. 이러한 설명은 윤동주 시에 나타난 시어 대부분에 그대로 적용된다.

세상으로부터 돌아오듯이 이제 내 좁은 방에 돌아와 불을 끄옵니다. 불을 켜두는 것은 너무도 피로롭은 일이옵니다. 그것은 낮의 연장이옵기에---

이제 창을 열어 공기를 바꾸어 들여야 할 텐데 밖을 가만히 내다보아야 방안과 같이 어두워 꼭 세상 같은데 비를 맞고 오던 길이 그대로 비 속에 젖어 있사옵니다.

하루의 울분을 씻을 바 없어 가만히 눈을 감으면 마음 속으로 흐르는 소리, 이제 思想이 능금처럼 저절로 익어가옵니다.

「돌아와 보는 밤」 전문

위의 시에 사용되고 있는 '방'이라든가 '소등', '공기', '비' 등의 소재들도 앞선 경우와 유사하다고 할 수 있다. 이들 소재는 시적 꾸밈이라고 하기에는 긴장이 약한 시어들에 속한다. 그것들은 일상적인 층위에 머무는 소재들로서 시인은 자신의 생활을 객관 사물에 해당하는 이들을 포함하여 직접적으로 서술하고 있다. 이들 소재는 객관 사물과 비유적 관념 사이의 경계에서 사물이기도 하고 미약한 비유어이기도 한 기능을 한다. 따라서 이들을 가리켜 시적 의장이나 비유라고 하기에는 무리가 있다. 다만 이 시에서 시인이 적극적으로 비유어로 사용하는 소재가 있는데 그것은 '능금'이다. 시에서 '능금'은 시적 자아의 '사상'의 깊이를 표상하는 두드러지는 비유어이다. 그러나 이러한 은유화에의 태도가 다른 소재들에서도 나타나 있다고 볼 수는 없다는 것이다. 그러한 점에서 위의 시는 윤동주의 시적 특질을 고스란히 지니고 있다. 직접적 진술의 문체, 꾸밈이 배제된 시어들, 단조롭고 일상적인 체험의 제시 등이 그것이다. 그리고 이는 이러한 상황에서라면 오히려 자신의 '사상'에 관해 중점적으로 다루었을 여느 시인들과 상당히 다른 방식으로 시를 썼음을 의미한다. 윤동주는 사상이나 주제보다는 사물이나 소재의 선택에 더욱 주의를 기울였던 것이다. 윤동주의 시의 중심은 사물이자 소재이며 윤동주는 이들을 주로 일상의 체험 속에서 가져온다. 이때 사물이나 소재는 그 자체로 존립할 뿐이며 주제나 사상을 담기 위한 도구나 매체는 아니라는 점이다.

그렇다면 윤동주의 시에 주로 등장하는 소재들에는 어떠한 것이 있을까? 그 중 대표적인 것으로 들 수 있는 것이 '하늘', '눈', '새', '물결', '길', '햇빛' 등이며 이외에도 동시라든가 기독교시에 주로 나타나는 소재들로 구분해 볼 수 있다. '하늘'은 「서시」 외에도 「自畵像」, 「少年」, 「별 헤는 밤」, 「蒼空」, 「黃昏」, 「종달새」, 「무서운 時間」, 「十字架」, 「또 다른 故鄕」, 「소낙비」, 「기왓장 내외」 등에서 주요한 기능을 하는 소재이다. '눈'은 「편지」, 「눈오는 地圖」, 「또 太初의 아침」, 「눈」 등의 중심 소재이다. '새'는 「참새」, 「비둘기」, 「黃昏」, 「종달새」, 「닭」 등의 시에, '물결'은 「黃昏이 바다가 되어」, 「달밤」, 「風景」, 「바다」, 「산골물」 등의 시에, '길'은 「새로운 길」, 「길」에, '햇빛'은 「太初의 아침」, 「햇비」, 「창」 등에 주된 소재로 등장한다는 것을 알 수 있다. 이 밖에도 '거리', '바람', '별', '비', '사람' 등의 소재가 눈에 띈다. 이들의 공통점이라 지적할 수 있는 것은 이러한 소재들이 주로 자연에 속해있는 것이라는 점, 그러나 '산'처럼 인간살이로부터 멀리 떨어져 있는 외딴 자연이 아니라 일상 속에서 언제 어디서든 접할 수 있는 자연물이라는 것, 그럼에도 세속적이고 번다한 생활의 영역으로부터는 벗어나 있다는 점 등이 있다. 일상적 체험과 떨어지지 않으면서도 일상의 잡다함과 소란스러움으로부터는 벗어나 있는 것, 그러면서 작고 여리며 순수한, 또한 누구도 해할 수 없을 듯 연약한 존재라는 점이 이들 소재의 특징이라 할 수 있는 것이다.

이 점은 시인의 창작 세계의 근간이 되었던 북간도에서의 체험에서 비롯된 바가 클 것이지만 경성의 연희전문대학 시절 이후에 썼던 시들에서도 다르지 않게 나타나는 특징이라 할 수 있다. 다만 연전시절 이후의 시들에는 이전의 시들에 비해 내면의 고투가 더 치열해져간다는 것을 알 수 있다. 특기할 것은 그가 도시 생활을 시작한 이후에도 소재 선택의 특징은 이전과 다르지 않다는 점이다. 윤동주는 흔히 도시 문명의 세례를 받은 세대들이 그러하였듯 도시적 체험이나 인공적 풍경을 시의 소재로 취하지 않았으며 근대 문학을 학습하였으되 기교의 실험에 몰두하지 않았다. 그에게 시는 자연스러운 생활의 일부였으며 동시에 생활에서의 초월이었던 것이다.

일상 체험과 만나되 이를 벗어나 있는 점, 생활의 일부였으되 이의 초월이라는 점은 윤동주 시의 소재적 특징이 지닌 공간적 성격을 암시한다. 앞서 공간성이란 사물을 드러내는 방식이라 하였던바, 이를 염두에 둔다면 윤동주 시의 소재들로부터 특수한 공간적 성격을 추출하는 것이 가능하다. 그것은 비어있는 공간, 즉 번잡함과 잡다함, 소란스러움과 혼돈, 더러움과 추악함을 모두 삭제해버린 맑고 깨끗한 공간과 관련된다. 안정되고 고요하며 순결하고 편안한 공간이 그것이다. 그러한 공간은 섬세함과 부드러움이 지배할 것이며 마치 세계가 나의 집인 것처럼 불안도 두려움도 느껴지지 않을 것이다. 이러한 공간 속에서라면 '나'는 비로소 세계가 되고 세계는 '나'에게 어머니처럼 따뜻한 품이 된다. 이곳에서 호흡은 홀로 우주의 중심에 놓인 듯 고요하고 편안할 것인바, 이러한 평온의 상태야말로 인간이 꿈꾸는 자유의 감각에 해당된다 할 것이다. 윤동주 시의 소재를 통해 확인할 수 있는 특징은 이처럼 공간적으로 유사하고 일관된 성질을 지닌다는 점에서 구해질 수 있는 것이다. 물론 이러한 공간은 사물과 불가분의 관계 하에 놓여있다. 사물의 성질로부터 그것이 존재하는 공간적 특질이 형성되기 때문이다. 사물의 존재가 공간을 결정지으며 사물에 의해 공간이 그 기능과 힘을 발휘하게 된다. 윤동주가 그 어느 것보다도 사물의 제시에 주력하였던 것은, 즉 의미나 주제를 떠나 소재의 선택에 주의를 기울였던 것은 사물에 의해 비롯되는 특수한 공간성을 만나기 위해서였다.[11]

4. 공간의 선택적 성격

윤동주가 특수한 공간적 특질을 추구하였다는 점은 그의 시가 독자에게 강한 호소력을 지녔던 하나의 이유를 설명해준다. 대부분의 시인들이 자신의 개성을 강조하면서 자기가 구축한 세계가 얼마나 옳고 가치 있는 것인가를 주장하기에 열의를 다한다면 윤동주는 이들과 매우다른 인물이다. 윤동주는 결코 자신을 주장하지 않았던 것이다. 그는자신의 세계관, 자신의 주제 의식을 강조하는 대신 사물을 온전히 드러내는 데 더욱 관심을 보였다. 이때 드러나는 사물은 자아에 의해 각인된 주관적 이미지로서의 것이 아니라 객관 그대로의 것이다. 그리고이를 위해서는 사물이 놓여있는 배경, 공간을 함께 드러내야 했다. 윤동주는 사물을 '보면서' 그를 둘러싸는 '공간을 함께' 보았고 이들을 직설적으로 언표했던 것이다. 윤동주가 독자에게 준 것은 이것이고 이것이야말로 유일하게 시인이 독자에게 줄 수 있는 신비한 재능에 해당될것이다. 사물과 그것의 공간을 함께 드러내면서 윤동주는 그로부터 빚어지는 특수한 성질의 공간을 창출해내었다. 그것은 일상 속에서 그것을 탈출하고 초월할 수 있는 성질의 것, 편안하고 맑은 호흡을 통해자유의 감각을 주는 것이었던 셈이다.

이제 남는 문제는 그러한 공간성이 구체적으로 무엇을 의미하는지를탐구하는 일이다. '편안하고 맑은 호흡'이란 무엇이며 그것은 어떻게가능한가. 자연이 무조건적으로 그러한 공간을 제공하는 것이라면 인

---

11) 윤동주가 특수한 공간성을 추구하였다는 점은 그가 특히 정지용의 시를 애호하였다는 점과도 관련된다. 정지용 역시 초기부터 후기에 이르기까지 일관되게 강한 공간지향적 성격을 지녔기 때문이다. 윤동주의 시가 정지용의 시와가장 흡사한 양상을 드러내는 점은 결코 우연이 아니라 할 것이다. 정지용시의 공간지향적 성격에 관하여는 김윤정의 「정지용 시의 공간지향성 연구」(『한국모더니즘 문학의 지형도』, 푸른사상, 2005, pp.167-195) 참조. 윤동주와 정지용의 유사성에 관하여는 김윤식의 「윤동주론」(『한국현대시론비판』,일지사, 1975, pp.81-4) 참조.

간과 자연과는 어떠한 관련 속에 놓이는가? 윤동주는 이에 대한 질문과 답을 계속하여 끌고 갔던 인물이다.

산모퉁이를 돌아 논가 외딴 우물을 홀로 찾아가선 가만히 들여다봅니다.

우물 속에는 달이 밝고 구름이 흐르고 하늘이 펼치고 파아란 바람이 불고 가을이 있습니다.

그리고 한 사나이가 있습니다.
어쩐지 그 사나이가 미워져 돌아갑니다.

돌아가다 생각하니 그 사나이가 가엾어집니다.
도로 가 들여다보니 사나이는 그대로 있습니다.

다시 그 사나이가 미워져 돌아갑니다.
돌아가다 생각하니 그 사나이가 그리워집니다.

우물 속에는 달이 밝고 구름이 흐르고 하늘이 펼치고 파아란 바람이 불고 가을이 있고 추억처럼 사나이가 있습니다.

「自畵像」 전문

「자화상」에는 윤동주가 즐겨 다루었던 소재가 대거 등장한다. '달', '구름', '하늘', '바람' '가을'이 그것이다. 이들은 모두 자연의 사물이고 윤동주는 이들에 대해 역시 의미화시키는 작업 없이 단순 제시하고 있다. 시인은 단지 그것들이 "있다"고 말할 뿐이다. 그런데도 "달이 밝고 구름이 흐르고 하늘이 펼치고 파아란 바람이 불고 가을이 있습니다."는 매우 시적인 문장임을 알 수 있다. 시인은 소재와 직설적 문체만으로도 시적 공간을 확보한다. 한편 시적 자아가 그것들을 보는 것은 '우물'을 통해서인데, 이 '우물'이 매개가 됨으로써 자연의 사물들은 '나'와 동시에 보여진다. '우물'의 장치는 사물과 자아, 자연과 인간을 동시적으로 볼 수 있게 하는 도구가 된다.

시는 1·2연과 6연으로써 3~5연을 안고 있는 형국을 보인다. 사실 1·2·6연은 3~5연과 부조화를 이룬다. 3~5연은 불안과 불만족, 분열의 정서로 채워져 있어 1·2·6연에서 환기되는 안정성과 대비되고 나아가 이를 압도한다. 시인이 2연과 6연을 상관적으로 제시하여 안정감을 도모하고 있음에도 불구하고 3~5연은 전경화되어 더욱 비중있게 다가온다. 「자화상」이라는 시제는 '나'에 대한 객관적 성찰로 이루어진 시이면서 '나'의 부족함을 괴로워하고 연민하는 시임을 부각시킬 뿐이다. 3~5연은 간략하게 언급되어 있지만 자아의 내적 갈등의 극심함 또한 말해주는 것이다.

그런데 이때 완전함의 기준이 되는 것, 갈등의 근거가 되는 것이 함께 제시되어 있다. 그것은 '달', '구름', '하늘', '바람' '가을', 곧 자연의 사물들이다. '우물'을 통해 자연과 나란히 놓여지지만 자연이라는 완전한 사물에 대비해 대번에 불협음을 이루는 모습의 '나'에게 자아는 실망하고 우울해한다. 그렇다면 무엇이 완전성이고 무엇이 불완전성인가? 마지막 연의 '추억'은 이에 대한 이해의 실마리를 제공한다. 6연에 이르러 '나'가 자연과 동질적으로 놓일 수 있던 것은 '나'가 기억 속의 인물이 되면서였다. '기억 속의 인물', 과거적 인물이란 불순물이 제거되어 순수해진 인물에 해당한다. 미움이나 분노 울분이나 슬픔 등속의 온갖 오염된 감정들이 순화되어 누구도 해칠 수 없는 인물이 된 것, 즉 공간화된 인물이 그이다. 그것은 자연과 다르지 않으며 미움의 감정을 희석하고 버릴 수 있던 자이다. 결국 3~5연의 성찰과 내적 갈등, 그리고 우물에 비친 완전한 자연의 모습이 '사나이'를 공간화시키는 기제임을 시인은 암시하고 있다. 자연과 인간을 대비시키는 「자화상」은 인간과 자연의 관계가 무엇이며 인간이 자연을 닮아가기 위해 어떠해야 하는

가에 관한 답의 일말을 제공하는 시이다.

　그러나 여전히 자연의 완전성은 선험적 차원의 인식일 뿐이다. 자연이 제공하는 자유의 감각, 호흡의 편안함, 공간의 특수성은 '그러하다'는 것을 알 수 있을 뿐 그것의 실제가 무엇인지에 관해 이해하는 일은 매우 다른 문제이다.[12] 한편 윤동주가 매우 선택적으로 취한 사물을 통해 특수한 공간의 형성이 유도되었던바, 이에 비추어본다면 사물들은 그것을 통해 매우 다른 성질의 공간을 창출한다는 말도 성립한다. 사람이 북적대는 도시의 거리는 어떠한 성질의 공간을 형성할 것인가? 무섭게 질주하는 기차로부터, 요란스럽게 경적을 울려대는 자동차로부터, 충돌의 장면으로부터 빚어지는 공간은 어떠한 성질의 것인가? 이들이 비자연적인 공간성과 관련된다면 「자화상」에서 살펴본 것처럼 인간의 마음들 가운데에도 비자연에 속하는 마음이 존재할 터이다. 가령 불안과 분노, 증오와 두려움 등속의 그러한 마음들은 자유 감각으로서의 자연에 비추어 성질이 매우 다른 것들에 해당한다. 그것은 차원의 관점에서 살펴보아야 한다. 자연과 대비되었을 때 불협음을 내는 마음들이란 정화되거나 고양되지 못한 단순하고 낮은 차원의 그것이다. 자연과 부조화하는 그러한 마음들은 언제든지 혹은 누구에게든지 해를 입힐 수 있는 공격적인 성질을 내포하는 것들이다. 이러한 마음들은

---

12) 이를 위해서는 물리학자들의 도움을 받아야 한다. 물리학자들은 '공간'을 관념의 차원에서가 아니라 실제의 차원에서 탐구해나감으로써 공간의 물리적이고 질료적인 특성을 밝혀내고 있다. 그리고 그러한 특성에 대한 해명에 의해 우리는 보이지 않지만 실재하는 물질들, 오감으로 납득하기 힘든 신비한 현상들에 대한 이해를 할 수 있게 된다. 그러한 연구의 중심에 놓인 인물이 바로 아인슈타인이다. 아인슈타인의 $e=mc^2$ 의 공식은 공간이 균질한 것이 아니라 이리저리 휘어져 있다는 것, 그것이 지닌 밀도(에너지)에 따라 주름 잡히고 굴절되어 있음을 밝히는 것에 다름 아니다. 보이지 않는 공간에서 발생하는 에너지는 곧 공간이 어떠한 모습으로 존재하는지, 어디가 어떻게 휘어져 있으며 그러함으로 인해 주변 사물에 어떠한 영향력이 미칠 것인지 짐작할 수 있게 해준다. 공간에 대한 논의는 미치오 가쿠의 『초공간』(최성진·한영진 역, 김영사, 1997, p.134-143), 리사 랜들의 『숨겨진 우주』(김연중·이민재 역, 사이언스 클래식, 2008, p.28-32) 참조.

언제든지 행동으로 취해질 수 있다는 점에서, 또한 전이가 쉽게 이루어진다는 점에서 비물질이지만 사물과 다르지 않게 공간적 특질을 형성한다는 것을 알 수 있다. 마음과 사물들은 언제나 질적 차이가 나는 공간을 창출하는바, 윤동주는 이들 속에서 자신이 원하는 공간, 자유의 공간을 만들기 위해 고투한 것이라 볼 수 있다. 다시 말해 윤동주의 시는 사물과 마음을 동렬에 놓음으로써 이 두 측면이 만나는 지점에서의 특수한 공간성 창출을 도모하고 있는 것이라 할 수 있다.[13]

이러한 관점에서 볼 때 윤동주의 시에서 사물과 마음의 고차원적인 고양의 상태를 현상시켜주는 대표적인 소재는 '십자가'와 '별'이다. 이들은 '하늘'과 같은 차원에서 시적 자아의 마음을 지속적으로 고양시키고 상승시키는 매개가 된다. 이들은 가장 높은 곳에 있음으로써 모든 갈등과 모순을 해소하는 사물이며,[14] 온갖 불순한 것들을 정화하여 가장 맑고 밝은 마음을 지니도록 강제한다. 이 두 소재는 윤동주 시인의 세계에서 가장 정점에 놓인 것으로서 사물과 마음이 결합되는 특수한 공간성을 창출하는 역할을 한다.

> 쫓아 오던 햇빛인데
> 지금 교회당 꼭대기
> 십자가에 걸리었습니다.
>
> 첨탑(尖塔)이 저렇게도 높은데
> 어떻게 올라갈 수 있을까요.

---

13) 윤동주 시에 나타나 있는 자아 성찰의 의식들은 곧 바른 마음을 지니기 위한 노력의 표현이라 할 수 있다.

14) 공간의 측면에서 말할 때 고차원(4차원~10차원)은 자연의 거주지, 자연의 고향이다. 물리학자들은 자연의 법칙들이 고차원에서 표현될 때 더 간단하고 강력해진다고 말하고 있다(미치오 가쿠, 앞의 책, pp.30-1). 이는 고차원으로 갈수록 하위 차원들의 다수 법칙들이 하나로 통합될 수 있음을 말하는 것으로서 상승된 공간이 일으키는 모순의 화해 현상을 설명해준다.

종소리도 들려 오지 않는데
휘파람이나 불며 서성거리다가.

괴로왔던 사나이
행복한 예수 그리스도에게처럼
십자가가 허락된다면

모가지를 드리우고
꽃처럼 피어나는 피를
어두워가는 하늘 밑에
조용히 흘리겠습니다.

「십자가(十字架)」 전문

주지하듯 '십자가'는 예수 그리스도를 상징한다. 또한 인간의 고통과 이를 벗어던질 수 없는 필연적인 숙명을 상기시킬 때도 흔히 사용되는 비유어이기도 하다. 예수가 인간의 죄와 고통을 외면하지 않고 스스로 이를 대속하여 짊어졌다는 의미에서 예수와 십자가는 동일어가 되었다. 이러한 십자가가 윤동주의 시에 이르면 특유의 공간성을 창출하는 소재가 된다. 위의 시에서 '십자가'는 단순히 '희생'의 상징어로 쓰이지 않고 있다. '십자가'는 '꼭대기'에 있는 것으로서 시적 자아가 '오르길' 원하지만 쉽게 '올라갈 수 없다는 점을 환기시킨다. 윤동주는 '십자가'를 통해 단순히 희생의 어려움을 토로하는 것이 아니라, 그것을 공간적으로 '높은 곳', 초월적인 곳에 있다고 인식하고 있다. '십자가'를 '높은 곳'에 있는 것으로 묘사하는 것은 당연하게 받아들여지기 쉽지만 이는 윤동주의 독특한 공간 의식에서 비로소 가능한 것이라 할 수 있다. 다시 말해 윤동주는 '십자가'를 관습적으로 그러하듯 '고통'이나 희생, 대속, 죄의 관념과 결부짓는 대신 '높이'라고 하는 공간성과 관련시키고 있는 것이다. '휘파람이나 불며 서성거리다'는 '꼭대기'에 '오르고자' 하지만 쉽게 오를 수 없는 범속한 자신의 모습을 말해주는 부분이다.

한편 '십자가'의 공간상의 '높이'는 사물의 측면에서만 언급되는 것이 아니라 인간의 마음의 측면과 동시에 연관되고 있다. 이는 4연에서처럼 '십자가'가 '행복'과 이어지는 부분에서 바로 드러난다. '십자가'가 고통이나 괴로움이 아니라 '행복'이 될 수 있다는 관점은 '십자가'를 둘러싼 특유의 공간 의식을 지지해준다. 말하자면 '십자가'는 '도달해야 하는 곳', '올라가야 하는 곳', 상승과 고양에 의해 초월해가야 하는 곳을 의미한다는 점이다. '십자가'의 이러한 점은 실제로 눈에 보이는 사물의 측면과 마음의 측면이 동시에 결합되어 있음을 말해주는 것으로서 윤동주가 보여주는 '공간성'이 비단 시각적 영역인 3차원에만 한정되는 것이 아님을 알 수 있다. 윤동주의 시에서 3차원의 사물은 그의 직관을 통해 대번에 4차원의 영역 속에 놓이게 된다.

공간성의 관점에서 볼 때 상위 차원은 하위 차원을 모두 아우른다. 하위 차원의 사물들은 차상위차원에 귀속되어 모순없이 공존하지만 상위차원에서의 본래의 모습은 차하위차원에서 단순화되고 제한된 모습을 보인다.[15] 따라서 사물을 있는 그대로 인식하기 위해서는 보이는 차원을 넘어서는 지혜가 필요하다. '괴로움'이 '행복'이 되고 '피'가 '꽃'이 될 수 있는 것은 그것이 모순형용이기 이전에 하위 차원의 상위 차원에서의 의미의 재구성 현상을 말해주는 것이다. 윤동주는 선택적으로 소재를 취하였는데 여기에는 차원을 고려한 특수한 공간의식이 가로놓여 있었다. 그것은 보이면서도 보이지 않는 것, 상상적이면서도 실재하는 것, 사물에 귀속되면서도 인간의 마음과 관련된 것, 곧 영적인 차원까지 아우르는 공간성을 의미한다.

---

15) 실재하는 상위차원의 물체를 하위차원에 재현하는 것을 기하학 용어로 '사영'이라 한다. 사영의 예는 매우 많다. 3차원의 물체가 2차원의 벽에 그림자로 현상하는 것이나 X선 촬영, 홀로그램도 이에 해당한다. 사영은 차원이 높은 원래 대상으로부터 정보를 삭감한다. 리사 랜들, 앞의 책, pp.52-8.

이러한 공간성에 의거할 경우 윤동주 시의 가장 중요한 소재 중 하나인 '별'은 더 이상 상징어나 비유어가 아니게 된다. 그것은 그 자체로서 빛나는 존재이다. '별'은 단지 자아의 마음을 상징적으로 드러내주는 매체가 되는 것이 아니라, 그저 눈에 보이는 시각적 사물이자 '빛'을 통해 차원을 가로질러 존재하는 고차원적 사물이 된다.16) 이 고차원적 물체는 그 빛을 차원을 통과시켜 방사하는 대단히 밀도 있고 에너지가 큰 사물이다. '빛'은 고차원의 공간 속에 있다는 점에서 영성을 지닌다. 또한 '밝음'을 지닌다는 점에서 보통을 넘어서는 특수한 영성을 지닌다. 그야말로 순도와 차원이 '높은', 초공간의 사물인 셈이다. 윤동주의 시가 '별헤는 밤'에 이르러 최대한도로 미적 완성도를 드러낼 수 있었던 것은 우연이 아니다.

> 별 하나에 추억과
> 별 하나에 사랑과
> 별 하나에 쓸쓸함과
> 별 하나에 동경(憧憬)
> 별 하나에 시(詩)와
> 별 하나에 어머니, 어머니,

어머님, 나는 별 하나에 아름다운 말한마디씩 불러봅니다. 소학교 때 책상을 같이 했던 아이들의 이름과 佩, 鏡, 玉 이런 이국(異國) 소녀들의 이름과, 벌써 애기 어머니된 계집애들의 이름과, 가난한 이웃 사람들의 이름과, 비둘기, 강아지, 토끼, 노새, 노루. 「프랑시스 잠」 「라이나 마리아 릴케」 이런 시인의 이름을 불러봅니다.

---

16) 물리학에서 '빛'은 보이지 않는 제4차원의 진동, 고차원 공간의 기하가 뒤틀려서 발생하는 것으로 알려져 있다. 미치오 가루, 앞의 책, p.148.

이네들은 너무나 멀리 있습니다.

별이 아슬히 멀듯이,

「별헤는 밤」 부분

　「별헤는 밤」은 매우 화려하고 조화로운 교향곡을 연주하는 듯한 울림을 지닌다. 한 곳에서 동시에 사방팔방으로 빛이 분사되는 듯한 느낌도 든다. 특히 인용한 부분은 '별'의 시각적 이미지로부터 청각적 이미지로의 변환이 급격하게 이루어지는 매우 시적인 대목이다. 이 부분의 시적 감각은 대중적인 반향을 불러일으켰지만 단순히 소녀 취향이나 풍부한 감수성만으로 규정짓기 힘든 요소가 있다. 여기에는 윤동주가 간절히 염원했던 미의, 진리의 목적론적 지향이 가장 분명하게 자리잡고 있기 때문이다. '별'은 상상적인 것도 이미지적인 것도 아니고 실재적인 것이다. 특히 공간상의 관점에서 실재하는 사물이다. 이때의 공간적 특질이 단지 자리를 차지한다는 것, 눈에 보인다는 것이 아니라 특유의 공간성을 창출한다는 점에서 고려되어야 함은 물론이다. 가장 맑고 밝은 공간, 매우 밀도가 높으므로 자신의 맑음과 밝음을 주변으로 강력하게 확장시킬 수 있는 공간, 그 강한 에너지로 고차원의 영역으로부터 인간이 존재하는 낮은 차원으로까지 빛을 방사할 수 있는 공간이 그것이다. 우주에 존재하는 '별'이 그러한 사물이며, 이는 '신'이 현상할 수 있는 근거이기도 하다.[17] 윤동주에게 '별'은 그의 직관이 투영된 우주적 성질의 그것으로서 '십자가'와 동일한 차원에 귀속되는 사물이라 할 수 있다. 고차원적인 우주적 존재이므로 그것은 하위차원의 사물들을 모두 아우르며 비춰주게 된다. '별'에 의해 지상에 놓인 사물들은 빛을 받아 되살아난다. 윤동주가 호출하고 있는 '추억', '사랑', '쓸쓸함',

---

17) 주앙 마케이주는 우주론이 오랫동안 종교의 주제였다고 말하고 있다(『빛보다 더 빠른 것』, 김성원 역, 까치, 2005, p.25). 이는 공간성에 대한 고찰이 종교에 관한 과학적 해명을 가능케 해줄 것이라는 점을 시사해주는 대목이다.

'동경', '시', '어머니', '아이들의 이름', '이국 소녀들의 이름', '가난한 이웃 사람들의 이름', '노새', '노루' 등은 모두 '별'의 공간적 특질과 닿아있고 닮아 있는, 말하자면 공명(共鳴) 가능한 지구상의 사물들이다. 이들 소재는 윤동주의 시에 등장하는 선택적 소재들과 유사한 특질을 지니는 것으로서 '별'에 의해 그 공간성을 더욱 확고히 한다고 볼 수 있다. 어떠한 의장도 없이 단지 호출만 되고 있는 이들 소재가 마치 '별빛'을 뿌리는 음악소리처럼 다가오는 까닭도 여기에 있다. 요컨대 '별'은 '십자가'와 더불어 인간이 '서성대'며 머물고 있는 차원을 초월하여 존재하면서 인간 세상에 빛이 되고 길이 된다는 공통점을 지닌다. 이는 곧 절대자적인 의미를 지니는 것이다. 윤동주는 이들 사물이 빚어내는 공간상의 특질에 기대어 가장 초월적이고 고차원적이며 가장 맑게 빛나는 에너지를 지향했던 것으로 볼 수 있다. 이들 소재는 별다른 기교나 의장 없이 단순히 읊어내는 것만으로도 시가 될 수 있는데, 그것은 이들 소재가 지닌 공간상의 특질 때문에 가능한 것이었다. 고차원적인 것, 영적으로 고양된 공간에 놓여있는 것이라면 그러한 공간에 대한 묘사만으로도 일상으로부터의 초월과 높은 차원의 획득이 이루어기 때문이다.

5. 결론

윤동주의 시에 대한 공간발생학적 측면에서의 고찰은 윤동주의 시를 전체적으로 검토할 수 있는 방법적 틀이 될 뿐만 아니라 그동안 과제로만 남아있던 윤동주 시의 천체미학적 성격을 해명할 수 있는 도구가 된다. 윤동주 시의 특징으로는 첫째 문체면에서 의장이 지극히 간략하다는 점, 둘째 소재면에서 특수한 선택적 성격을 지닌다는 점을 들 수 있다. 의장이 소략하고 단순하다는 점은 윤동주가 자아 중심적으로 시를 쓰기보다는 사물 중심으로 썼음을 의미한다. 또한 사물을 중심으로 시를 썼던 윤동주는 그중 공간적 특이성을 발휘할 수 있는 사물을 선택적으로 수용했음을 알 수 있다. 이때의 사물은 자연에 속하는 것으로서 인간으로 하여금 평온과 자유를 호흡하게 해주는 공간적 특질을 형성시킨다는 것을 알 수 있다. 그러한 관점에서 보았을 때 윤동주 시의 가장 정점에 놓이는 시는 '십자가'와 '별'이다. 공간적으로 '높은' 곳에 있는 이 두 소재는 단지 그 차원에 머무는 것이 아니라 초공간성을 지닌다는 특징을 지닌다. '십자가'는 영적 의미를 지니는 것이며 '별'은 물리적 4차원성을 지니는 것이다. 뿐만 아니라 '십자가'가 예수라는 '신'을 지시하고, '별'이 고차원에서의 큰 에너지를 지닌다는 점에서 두 소재를 공통적으로 초공간성을 지닌 사물로 볼 수 있다.

윤동주 시에 대한 공간적 특질을 고찰한 결과 초공간성의 성격이 드러났던바, 초공간성은 윤동주에 대해 내려졌던 '순수성'과 '저항성'이 비로소 모순 없이 양립할 수 있는 지점을 지시해주는 개념이기도 하다. 이 용어들은 축어적으로 볼 때 서로 모순되지만 초공간성에서는 그러하지 않다. 왜냐하면 초월적이고 완전한 공간성에의 추구야말로 비루하고 속악한 현실에 대한 가장 철저한 투쟁이기 때문이다. 일제의 군국주의가 현실에서 일으키는 온갖 추악한 일들이 가장 죄악적인 공간을 만들어냈다면 완전한 공간에의 지향은 죄악적인 공간에 대한 단죄이자 분노에 해당된다. 이때 완전한 공간은 가장 순수한 공간이기도 하므로 순수성과 저항성은 서로 만나게 된다. 윤동주에 내려졌던 '순수성'과 '저항성'이 절대지평에서의 명명이었던 까닭도 여기에 있다.

-윤동주론

자연, 그리고 일상성의 초월과 근대로의 여정

—박목월론

1. 목월 시의 위치

한국 현대 시사에서 박목월의 시사적 위치는 매우 각별하다. 일제 강점기 말에 등단하여 끊어질듯 하던 순수시의 맥을 이은 공적도 큰 것이지만, 이를 해방공간의 현실에까지 연장시켜 나아간 공적 역시 시사적 의미에서 제외될 수 없기 때문이다. 그 연장선에서 박목월에게 붙여진 레테르 또한 매우 의미심장한 것들뿐이다. '북에는 소월, 남에는 목월'이라는 담론이 그러하고, 자연의 시인이라든가 나그네의 시인이라든가 하는 것들이 그 본보기들이다. 이러한 것들이 어우러져 박목월은 한국 시단에서 하나의 신화가 된다.

박목월이 우리 시사에서 기린아로 우뚝 서게 된 계기는 잘 알려진 대로 해방직후 간행된 『청록집』(1946)의 영향 때문이다. 『청록집』은 해방공간의 어수선한 현실에서 나온 동인시집이긴 했으나 그 반향은 매우 큰 것이었다. 이제 막 출발선상에 있는 이때의 시단에서 최초로 동인지 형태로 간행되었다는 점, 좌익이 득세하던 시기에 우익중심의 문단 그룹이 등장했다는 점, 그럼으로써 해방 전후를 잇는 시사적 흐름을 연계할 수 있었다는 점[1] 등등이 시사적 의의로 지적되고 있다.

---

1) 송기한, 「해방공간의 서정시의 형성과 전개」, 『시와정신』 21, 2007년 가을, p.20.

『청록집』은 삼인시가집 형태의 동인지로서 각 시인마다 독특한 개성과 세계관을 보여준 특색있는 시집이긴 했지만 목월의 영향이 여타의 시인들보다 좀더 짙게 묻어나오는 것이 사실이다. 시집의 제목이 목월의 시에 기초해 있을 뿐만 아니라 시집의 그림 또한 그 영향 하에 놓여 있었기 때문이다. 뿐만 아니라 『청록집』이 풍기는 자연의 규율적 의미에서 볼 때, 그것이 좀 더 목월적이라는 점에서도 그의 영향이 크게 느껴진다. 조지훈이 탐색한 자연의 세계가 고전의 색채가 짙게 우러나오는 것이라면 박두진의 자연은 이와 대척점에 있는 서구적 의미의 자연에 좀더 가깝기 때문이다. 반면 목월의 자연은 향토적인 자연에 근접해 있다. 그러나 이것은 어디까지나 표면적인 자연의 세계일 뿐이고 보다 본질적인 것은 이들이 추구한 자연의 궁극적 의미에 있을 것이다. 일제 강점기나 해방공간의 혼돈된 현실과 불가불 함수 관계에 놓이는 자연의 의미는 목월이 추구한 자연의 의미가 보다 현실정합적이다.

박목월은 '자연'의 시인이고 '나그네'의 시인이다. 목월 시를 연구한 대부분의 연구자들 역시 여기에 동의한다. 그리하여 시인의 자연의 의미를, 향토적 자연이나 동화적 자연, 혹은 이상화된 자연, 관념적이며 초월적 자연, 근대적 사유구조에 편입된 자연으로 해석해낸다[2]. 그리고는 그러한 자연의 의미를, 생활의 고뇌가 스민 중기시와 신앙의 세계로 침잠한 후기시로 연결시킨다. 모두 그 나름의 객관적 근거와 탁월한 주관적 해석으로 문학사적 의미망을 확보하고 있다. 그럼에도 목월 시에서 드러나는 자연의 의미가 모두 명쾌하게 해명되었다고 보기는 어렵다고 할 수 있다.

박목월의 시는 크게 세시기로 나뉘어 설명되는 것이 일반적이다. 그런데 시인의 정신사적 흐름을 천착해 들어갈 때, 초기시의 자연의 궁극적 의미와 중기시의 생활 시에 대한 연결고리에 대해서는 객관적 타당

2) 최승호, 「존재에의 향수와 반근대의식」, 『박목월』(박현수 편), 새미, 2002. 최승호를 비롯한 많은 시인들이 이에 대해 언급했다.

성이 매우 결여된 듯한 느낌을 받는다. 그리하여 박목월의 정신사적 흐름을 문제삼을 경우 초기 시와 후기 시를 곧바로 연결시켜 어떤 근원 의식에 대한 여정이나 종교적 흐름과 같은 통합적 상상력으로 단선화 시켜 해석하는 오류를 범해왔다. 이럴 경우 초기 시의 자연의 의미들은 개념화의 수준에서 제시될 뿐 시인의 정신사적 흐름이라든가 중기시의 생활시들에 대한 진정한 의미들을 밝혀내는 데 필요한 객관성을 얻는 것이 쉽지 않게 된다. 박목월의 시들, 특히 초기 시들은 삶과 생활 속에 깊이 뿌리내리지 못했다거나 수동적인 순응주의에 함몰된 시, 곧 현실 과 유리된 시세계를 구가한 것으로 알려져 왔다[3]. 그가 추구한 자연세 계에 대한 탐구가 현실과 전연 유리된 동화적 자연이라는 평가도 이와 마찬가지의 경우이다[4].

그러나 박목월의 시는 오히려 현실과의 지독한 교합관계 속에서 창 작되었다는 것이 필자의 판단이다. 그것은 다음 몇 가지 이유에서 그러 한데, 우선 목월 스스로가 자신의 시에서 드러나는 관념성이라든가 추 상성을 배제시키기 위해서 줄곧 항변해 왔다는 사실을 들 수 있다. 목 월은 자신에 시에 대해 자작시 해설이라는 방식을 통해 이를 증거하려 고 했다. 자작시 해설이란 작가들에게 비교적 낯선 영역에 속하는 일이 다. 그것은 다양성을 담보하는 문학이 자칫하면 일면적으로 단순화되 는 오류를 범할 수 있기에 그러하다. 그럼에도 목월은 많은 지면을 할 애해서 자신의 시의 탄생배경과 그 의미를 아주 자세하게 밝힌 바 있 다[5]. 이는 신비평에서 흔히 말하는 의도의 오류와 감정의 오류를 모두 배제하는 일이기도 하거니와 그만큼 자신의 시들이 현실과 분리될 수

---

3) 김재홍, 「목월시의 성격과 시사적 의미」, 『박목월』(박현수엮음), 새미, 2002, p. 91.
4) 박목월 자신도 자신의 시에 대해 현실과 유리된 '화조풍월'(花鳥風月)의 시로 평가되는 것에 대해 상당한 불만을 표시한 바 있다. 박목월, 「청록집의 자작 시 해설」, 박현수 앞의 책, p. 260.
5) 박목월은 자신의 초기 시들을 해설한, 『자작시 해설 보랏빛 소묘』를 1958년에 단행본으로 출간해내었다.

없는 어떤 필연성을 갖고 있다는 점을 밝히기 위한 자기 고뇌의 소산으로 이해되는 것이다.

다음은 박목월 시에서 드러나는 미적 특수성에 관한 문제이다. 목월의 자연시들은 대단한 명편으로 알려져 있다. 연구자들뿐만 아니라 일반 독자들의 경우에도 목월의 시편들을 접하게 되면, 그의 시들에서 일별되는 깊은 정서와 감칠맛나는 서정에 금방 압도된다. 그만큼 목월의 시들은 훌륭한 문학성을 간직하고 있는 경우이다. 그런데 그러한 목월의 시편들이 일제 강점기라는 열악한 상황 속에서 현실적 고뇌 없이 유유자적하는, 관념의 유희에서 직조된 것으로 치부할 경우 목월의 시가 자리할 공간은 거의 없어지고 만다. 이는 목월의 역사성에 대한 인식뿐 아니라 우리 시사의 불행한 단면이 아닐 수 없다. 그리고 또 다른 하나는 목월 시에서 드러나는 정신사적 흐름이다. 앞서 언급대로 목월의 시들은 형이상학적인 관념의 영역에서 중기로 내려옴에 따라 생활의 영역이 시에 침투해 들어오기 시작한다. 이 경우 전혀 이질적인 두 영역의 상관관계를 설명하는 데 있어서 단순히 시세계의 변화라든가, 세월의 낙차에서 오는 인식상이 차이로 설명하기에는 그 간극의 폭이 매우 넓고 깊다. 이러한 변화의 저변에는 어떤 굳건한 단선적 흐름이 존재할 수밖에 없는데, 그것이 곧 현실이라는 영역이라고 생각된다. 목월은 등단이후 단 한번도 현실의 영역을 떠나지 않았다. 일제 강점기 때도 그러했고, 해방이후 그리고 50-60년대, 그리고 말년까지도 그는 현실의 끈들을 자신의 의식 내부에서 포기한 적이 없었다. 목월 시의 보증수표인 자연의 영역이 그러하고, 그의 강력한 레테르 가운데 하나인 '나그네'의식 또한 그러하다[6]. 현실과의 관련양상이 없이 목월 시의 자연이나 나그네의 의미를 해석하는 것은 불가능하다는 뜻이다.

---

6) 박목월의 시에서 '나그네'를 표상한 시는 그의 대표시 「나그네」가 거의 유일하다. 그럼에도 이 시가 갖는 의미는 너무 중요해서 이를 한편의 작품으로 단순히 평가절하하는 것은 쉽지가 않다.

이 글은 이런 인식하에서 출발한다.

2. 묘사된 자연과 창조된 자연의 변증법

박목월이 그려낸 자연이란 익히 알려진 것처럼, 창조된 자연이다. 문학이 허구라는, 문학원론적인 시각에 기대지 않더라도 목월이 구현해낸 자연이 비현실적인 토대위에 기초해 있다는 것은 재론의 여지가 없다. 그럼에도 왜 목월의 시에서 자연의 의미를 탐색해 들어갈 때, 재현된 자연인가 혹은 창조된 자연인가하는 것이 계속 문제시되는 이유가 무엇일까.

많은 연구자들이 동의하듯 목월의 자연은 재현된 자연이 아니다. 사실이나 현존하는 자연이 아니라 시인의 의식 속에서 만들어진 인공의 자연이다. 우선, 시인의 대표작 가운데 하나인 「청노루」를 보자.

머언 산 청운사
낡은 기와집

산은 자하산
봄눈 녹으면

느릅나무
속잎 피어가는 열두 구비를

청노루
맑은 눈에

도는

구름

「청노루」전문

　　인용시는 삼인시가집의 제목이 된 작품인 만큼 시인이 지향했던 의
식 세계를 다른 어느 작품보다도 잘 드러내고 있다. 이 시의 핵심 이미
지는 청운사, 자하산, 청노루 등인 바, 어느 것 하나 사실적 소재나 대상
에서 끌어오지 않고 있다. 흔히 목월시에 구현된 자연이 한국적 자연이
라는 단서를 주기도 했던 '낡은 기와집' 역시 생성된 것이라는 점에서는
마찬가지이다. 왜냐하면 '낡은 기와집'이 한국적 정서를 환기한다기보
다는 '머언 산 청운사'라는 초월적 정서 속에 내포되는 대상이기 때문이
다. 목월 스스로도 「청노루」 등에 구현된 자연의 의미가 모사된 것이
아님을 굳이 밝힌 바 있다.

　　　청운사는 내 판테지(Fantasy)의 산에 있는 절이다.(---)나는 그 무렵
　　에 나대로의 지도를 가졌다.(---) <마음의 지도> 중에서 가장 높은 산이
　　태모산·태웅산, 그 줄기 아래 구강산·자하산이 있고 자하산 골짜기를 흘
　　러내려와 잔잔한 호수를 이룬 것이 낙산호·영랑호, 영랑호 맑은 물에 그림
　　자를 잠근 봉우리가 방초봉, 방초봉에서 아득히 바라뵈는 자하산의 보라
　　빛 아지랑이 속에 아른거리는 낡은 기와집이 청운사다[7].

　　이글은 청운사가 환상 속의 절이라는 것, 그리고 그의 시에 나타났던
구강산이라든가 자하산 역시 초월적 실체라는 것을 밝히고 있다. 따라
서 목월 시에 구현된 자연의 궁극적 원형질은 현실에서는 존재하지 않
는 것, 곧 생성된 것이라는 사실을 알 수가 있다. 시인은 사실 속에서,
즉 있는 자연 속에서 어떤 형이상학적 의미 탐색이나 초월적 의미를
읽어내는 것이 아니라, 존재하지 않는 자연 그 자체 속에 의미의 그림

---

7) 박목월, 「청록집의 자작시 해설」(위의 책).

을 만들어내고 있다.

가공된 자연에 대한 시인의 도취는 어디에 그 원인이 있는 것일까. 오히려 도취라기보다는 몰입에 가까운 시인의 자연의 의미는 크게 두 가지 인식 모형으로 그 설명이 가능할 것으로 보인다. 하나는 인간의 근원적인 고독, 곧 존재론적 고독에 관한 문제이다. 신과 같이, 신과 더불어 살 수 없는 것이 세계 속에 피투된 존재의 운명이기에 인간은 끊임없이 완전성을 추구할 수밖에 없는 숙명성을 갖게 된다. 그리하여 에덴동산에 대한 회귀나 이상향으로서의 유토피아를 끊임없이 추구하게 된다. 목월 시에서 불구화된 존재와 불가분의 관계가 있는 낭만적 동경의 의미를 읽어낼 수 있는 근거가 바로 여기에 있다. 그리고 다른 하나는 사회적 맥락이다. 앞에서 목월 시는 현실과의 밀접한 상동성에 의해 직조되어 있다고 했다. 특히 일제 강점기라는 규율적 힘을 도외시한 채 목월 시의 미학적 특성을 밝히는 것은 아무런 의미가 없다. 이런 뜻에서 목월의 다음 진술은 시사하는 바가 크다고 할 수 있다.

> 나는 「청노루」를 쓸 무렵, 그 어둡고 불안한 시대에 푸근히 은신할 수 있는 <어수룩한 천지>가 그리웠다. 그러나, 한국의 천지에는 어디에나 일본 치하의 불안하고 바라진 땅이었다. 강원도를, 혹은 태백산을 백두산을 생각해 보았다. 그러나 그 어느 곳에도 우리가 은신할 한 치의 땅이 있는 것 같지 않았다. 그래서 나 혼자의 깊숙한 산과 냇물과 호수와 봉우리와 절이 있는 <마음의 자연> 지도를 간직했던 것이다[8].

이 글의 중요한 키포인트는 '불안한 시대에 푸근히 은신할 수 있는 <어수룩한 천지>'이다. '어수룩한 천지'는 문맥에서 알 수 있듯이 뭔가 정교하고 복잡한 곳이 아니다. 또 불안한 현실에 대응하는 어떤 멋진 자연을 드러내기 위한 시적 의장과도 무관하다. 현재의 불합리한, 일상

---

8) 위의글.

의 피로에서 탈출하여 그저 편안하게 안주할 수 있는 공간이면 족한 그런 곳이다. 시인에게 필요한 것은 자연의 궁극적 의미라든가 역사철학적 사유내에서 편입되는 형이상학적 의미의 자연 역시 아니다. 불구화된 현실에 대한 대타의식적인 영혼의 평화만 있으면 그만이었다. 따라서 목월의 자연들이 복잡성과 이미지의 현란한 구사가 별반 필요 없다는 것은 이와 밀접한 상관관계를 갖고 있다고 하겠다[9]. 「청노루」의 시적 함축성이나 형식의 단순성 역시 '어수룩한 천지'와 불가분의 관계에 놓인다. 이 작품의 시적 의장들은 매우 단순화되어 있다. 우선 이 작품의 리듬의 경우, 개화기 이후 거의 전통적 율조로 알려져 있는 7·5조의 리듬을 갖고 있다. 정형성을 갖춘 리듬이 개성보다는 집단의 단순성과 연계된다는 점을 감안하면, 정형성에 가까운 「청노루」의 리듬은 시인의 즉자적인 영혼의 해방과 밀접한 연관성을 갖고 있다고 해도 큰 무리는 아니다.

그리고 다음은 종결어의 문제이다. 종결어가 명사형으로 끝나는 것은 목월 시의 일반적인 특성이긴 하지만, 「청노루」의 시어들 역시 명사형으로 제시되고 있다. 이는 시의 맛을 감칠맛나게 하는 효과를 자아내게 하거니와 무엇보다 중요한 것은 이런 종결어들이 시를 단순화시키는 데 아주 효과적인 기능을 하고 있다는 점이다. 시의 내용 또한 마찬가지의 경우이다. 목월의 시들은 매우 단순한 내용을 함의하고 있다. 시의 내용이 단순하다고 해서 그 시가 담아내고 있는 철학적 사유나 깊이가 일천하다고는 할 수 없을 것이다. 중요한 것은 그러한 내용이 사회적 의미망이나 정신적 사유의 틀에서 어떤 기능적 역할을 하고 있느냐에 있을 것이다. 목월시의 단순성은 우선 그의 자연 시들에서 드러

---

9) 박현수, 「초기시의 기묘한 풍경과 이미지의 존재론」, 『박목월』(앞의 책), p. 245. 박현수는 이 글에서 박목월의 자연이미지가 한정적인 범위내에서 몇가지 자연이미지만 반복적으로 사용되고 있다는 점과, 그런 자연 이미지들이 모두 자연대상의 구체적인 성격과는 무관한 관념적인 성격을 지난다고 했다.

나는 시적 주체의 부재에서 기인한다. 「청노루」에 구현된 자연은 인간의 세계 혹은 시적 주체와의 교감이 없이 노출된다. 낡은 기와로 지어진 청운사가 있고 눈이 녹을 정도의 따뜻한 봄이 되면 느릅나무에 잎이 필 뿐이고, 그런 따뜻한 계절 속에서 청노루가 뛰놀고 그것의 맑은 눈에 하얀 구름이 도는 세계일 뿐이다. 서정적 자아에 의해 대상이 직조되거나 해석되는 실체가 없거니와 철저하게 객체화된 자연만이 존재할 뿐이다. 자아와 교감이 없거나 인식적 사유가 녹아들지 않는 자연이란 그 자체로 매우 단순화된 자연이 아니겠는가. 그렇기 때문에 이 작품에서는 우주의 이법이라든가 섭리와 같은 자연의 보편화된 이미지를 읽어내는 것은 불가능하다. 항구무변한 우주의 질서라든가 영원성과 같은 형이상학적인 자연의 의미는 이 시에서 애초부터 차단되어 있기 때문이다. 이러한 단순한 시적 울림들은 초기시의 한 특색인데, 다음의 시도 동일한 경우이다.

방초봉 한나절
고운 암노루

아랫마을 골짝에
홀로 와서

흐르는 냇물에
목을 축이고

흐르는 구름에
눈을 씻고

하얗게 떠가는
달을 보네

「산월」 전문

인용시 역시 시적 주체가 사상되어 있기는 마찬가지이다. 「청노루」
와 똑같은 동일한 상상력과 시적 구성을 갖고 있기 때문이다. 이 시에
서도 시적 주체는 철저하게 배제되어 있다. 수채화같은 풍경이 동화처
럼 그려져 있을 뿐이고, 자연하면 흔히 떠올리려지는 이법이나 질서와
같은 통어적 상상력이 부재한다. 이는 목월을 등단시켰던 정지용의 자
연시들과는 사뭇 다른 영역에 속한다. 가령 정지용의 빼어난 산수시인
「백록담」의 경우와 대비해 보면 그 차이가 명백하게 드러난다. 이 작품
에서 시적 자아는 백록담 정상에 오르면서 자연의 내재적 질서 속에
소멸해가는 모습을 보여준다. 곧 인간의 영역이 자연의 영역에 포섭됨
으로써 인간과 자연이 하나로 되는 통합의 질서를 구현해내고 있는 것
이다. 그러나 「삼월」에서의 시적 자아는 그 실체가 거의 감각되지 않는
다. 자연과 인간의 교감이라든가 상호간의 역동성 등이 철저히 배제되
고 있는 까닭이다. 현실의 복잡한 실타래와 무관한 관념적, 동화적 그
림만이 저 멀리서 약동하고 있는 것이다. 이럴 경우 자연의 묘사라든가
재현이라든가 하는 미학적 장치들은 거의 의미가 없게 된다. 현실과
이반한 관념의 작용이란 재현의 의장보다는 창조의 의장이 더 유효하
기 때문이다.

　　리듬의 단순화와 명사형 종결어, 자연에 대한 시적 주체의 배제, 동
화적 상상력의 추구 등은 박목월이 펼쳐보인 초기 자연시의 특색들이
다. 목월 시의 단순화된 시적 장치들은 시인의 언급처럼, 불안한 시대
에 푸근히 은신할 수 있는 〈어수룩한 천지〉에 대한 그리움 없이는 그
설명이 불가능하다. 시인의 존재론적 고독의 은신처이자 시대의 피난
처인 이 공간은 따라서 복잡하거나 구체적인 장소일 필요가 없었다.
불구화된 정신을 단선화시키는 편안한 공간이면 되는 것이고 일제 치
하의 흔적만 없으면 되는 것이다.

　　그런데 목월의 이러한 동화적 상상의 공간들은 이미 1920년대 소월
을 비롯한 낭만주의자들에 의해 시도된 바 있다. 가령 '강변'이라든 '남

촌'과 같은 단순화된 공간들이 그러한데, 우선 이들이 직조해낸 시 형식 역시 목월의 시처럼 정형에 가까운 리듬과 짧은 시 형식이었다. 다만 이상화된 공간을 구현하는 방식에 있어서는 약간의 차이점을 갖고 있었다. 낭만주의자들은 그러한 공간을 '강변'과 같은 개념화의 방식을 통해서 직조한 반면, 목월은 그러한 공간이 펼쳐지는 상상적 묘사를 통해서 풀어내었다.

3. 상상적 자연과 자아와의 관계

목월이 창조해낸 자연은 이상화된 자연이다. 시인이 관념 속에서 창조해낸 정물화의 세계이다. 이제 목월이 창조해낸 시적 세계가 시인과 어떤 서정적 관계를 맺고 있는가 하는 점을 탐색해 보아야 한다. 앞서 지적한 대로 목월의 자연시에는 자연과 서정적 자아간의 교감 뿐 아니라 정서적 통합 역시 드러나지 않는다. 따라서 자연하면 흔히 연상되는 질서라든가 이법과 같은 형이상학적 사유를 목월 시에서 간취해내는 것이 쉽지 않다. 시인의 시에서 자연은 저 멀리 유리되어 있는 까닭이다.

그럼에도 목월의 시가 자연의 질서를 부정하거나 우주의 이법과 같은 형이상학적 관념들을 모두 와해시키는 일그러진 자연의 모습을 제시하는 것은 아니다. 목월의 자연시에서도 내재적으로 충실히 구동되는 자연의 질서는 얼마든지 확인할 수 있기 때문이다. 가령, 「삼월」을 보면, 상상의 공간인 방초봉에 고운 암노루 한 마리가 살고 있고, 이 노루는 아랫마을 골짝에 와 흐르는 냇물에 목을 축인다. 그런 다음 흐르는 구름에 눈을 씻고, 하얗게 떠가는 달을 보게 된다. 「청노루」에서도 그러하지만 「삼월」에서도 시의 맛을 살리는 것은 노루라는 역동적 실체이다. 고요한 풍경과 노루의 생생한 역동적 동작이야말로 이 시의 시적 긴장을 높이는 효과를 가져오기 때문이다. 그리고 이 동물은 하늘과 땅을 매개하는, 소위 동양적 조화의 매개물이 되기도 한다. 음양오행의 조화와 천지인 삼위법이 가장 안정적인 동양의 조화감이라 할 때, 지상적 존재인 노루는 땅(냇물)과 하늘(구름과 달)을 연결시키는 고리가 되기 때문이다. 이렇듯 목월 시에 있어서의 자연은 하나의 완벽한 실체로 구현된다. 그럼에도 그의 자연은 우주의 이법이라든가 자연의 섭리와 같은 형이상학적 사유를 드러내지 않는다. 시인은 그러한 자연을 그려놓을 뿐 그것을 내재화시키거나 자기화시키지 않는 것이다. 그 단적인 원인이 자연과 자아의 분리에 있음은 앞서 지적한 바 있거니와 실상, 목월의 시에서 시적 자아는 그 동화적 자연의 세계를 마냥 그리워하는 고립자로만 현현된다.

①송화가루 날리는
　외딴 봉우리

　윤사월 해 길다
　꾀꼬리 울면

　산지기 외딴집
　눈먼 처녀사

　문설주에 귀 대이고
　엿듣고 있다

「윤사월」 전문

②내사 애달픈 꿈꾸는 사람/내사 어리석은 꿈꾸는 사람//밤마다 홀로/눈물로 가는 바위가 있기로//기인 한밤을/눈물로 가는 바위가 있기로//어느 날에사/어둡고 아득한 바위에/절로 임과 하늘이 비치리오//

「임」 전문

①의 시가 「청노루」 등의 시세계와 닿아 있음은 새삼 설명할 필요가 없다. 이 시에 구현된 리듬과 내용을 「청노루」의 그것과 비교할 때, 거의 차별되지 않는 까닭이다. 그럼에도 「윤사월」은 앞의 시들과 몇가지 측면에서 확연히 다른 모습을 보여준다. 우선 이 시에는 세속의 국면이랄까 인간의 국면이랄까 하는 것이 어렴풋이 드러나고 있다. '산지기 외딴집'이라든가 '눈먼 처녀'가 바로 그것이다. 이런 세속화된 배경의 등장은 「청노루」나 「삼월」에서 보이는 동화적이고 환상적인 면들을 희석시키는 기능을 한다. 이를 테면 덜 신비화된 공간의 구현이라고나 할까. 그것이 어떠하든 간에 목월 시의 자연에 세속적인 공간이 틈입하면 할수록 그의 시들은 신비적인 자연의 모습을 잃어가게 된다.

그리고 이 시의 또 다른 특징은 '눈먼 처녀'로 표상되는 퍼스나의 등장이다. 이런 가면의 등장 자체가 목월 시의 탈환상성을 말해주는 것인데, 그의 시에서 자아가 보다 분명한 모습을 보일 때, 관념화된 자연의 공간은 일탈하기 시작한다. 그의 자연들은 저멀리 있는 자연이 아니라 지금 여기에 있는 자연, 접근 가능한 자연으로 바뀌게 된다. 이는 목월의 시에서 아주 주목을 요하는 대목이 아닐 수 없다. 목월의 시에 있어서 자연이 시적 자아로부터 얼마나 먼 곳에 떨어져 있는가하는 것은 「청노루」를 보면 금방 알게 된다. '청노루 맑은 눈에 도는 구름'의 세계는 잘 알려진 것처럼 환상적인 공간이다. 그런데 그곳에 이르려면, 곧 우아한 환상적 공간으로 들어가기 위해서는 "느릅나무 속잎 피어가는 열두 구비"를 되돌아가야 한다[10]. 그만큼 목월이 창조해낸 동화적이고 환상적인 공간은 세속의 잣대로 쉽게 잴 수 없는 머나먼 거리에 있었던 것이다. 그러나 그러한 거리들은 환상적인 공간들이 일상으로 틈입하면서 좁혀지게 된다. 따라서 그의 시에서 세속적인 시적 자아는 관념의 심연 속에 그려진 환상적 자연을 일상의 자연으로 바뀌게 하는 매개

---

10) 박목월, 「청록집의 자작시 해설」

역할을 한다고 하겠다. 이제 시적 자아는 환상의 자연을 상상 속에 만들어 놓고 저 멀리서 관조하는 것이 아니라 이를 엿듣는 적극적 주체로 바뀌게 되는 것이다.

시 ②는 목월의 초기 시 가운데 몇 안되는, 1인칭 자기 고백의 시이다. 이 시에 구현된 자연은 이상화된 것이라거나 환상적인 것도 아니고 동화적인 것은 더더욱 아니다. 서정적 자아가 보다 분명한 모습을 띠고 등장함으로써 가상의 자연은 이렇듯 그 본연의 모습을 잃게 된다. 서정적 자아는 가상으로 존재할 듯한 환상적 자연에 대해 "애달픈 꿈꾸는 사람"이나 "어리석은 꿈꾸는 사람"으로 현현된다.

목월의 자연시가 〈어수룩한 천지〉에 대한 그리움으로 생성된 것임은 이미 살펴본 바와 같다. 그는 일제 강점기라는 현실 속에서 그 대항 담론으로 환상적 자연을 만들어내었다. 이는 시인의 말대로 현실에서는 불가능한 초월적 공간이다. 어쩌면 근대의 제반 사유가 미치지 못하는 야생적 사유가 만들어낸 희대의 관념적 공간에 가까운 것이었다. 이성이 탈각된 사회, 몰개성이 휘날리는 원시적 야만의 공간일 수도 있다. 그런데 개성이 개입하면서, 곧 서정적 자아가 틈입하면서 그러한 환상의 공간들은 일상의 공간으로 점점 탈바꿈하게 된다. 목월의 시가 일상의 영역으로 넘어올 때, 관념의 영역은 또 다른 주목을 받게 되는 바, 그것은 곧 그리움이라는 정서이다. 실상 목월의 시에서 동화적 공간에서 어떤 그리움의 정서를 읽어내는 것은 거의 불가능하다. 이미 구현된 자연 자체가 완벽한 질서를 갖춘 동화의 세계라는 점에서도 그러하고, 시적 자아와 세계와의 갈등이 존재하지 않는 점에서도 그러하다. 그러나 그의 시들이 일상의 영역으로 넘어오면서, 곧 시적 자아가 분명한 모습을 띠면서 그의 자연 시들은 새로운 국면을 맞게 된다. 그리움의 정서가 바로 그러한데, 이 정서는 목월의 시들이 식민지라는 외적 현실과 얼마나 깊게 맞물려 있는가를 하는 사실을 아주 잘 보여주는 단적인 근거가 된다. '기인 한밤'이라든가 '어둡고 아득한'이 환기해주는 정서 역시 그러한 시대의 불행과 불가분의 관계에 놓여 있는 기표들이다.

이러한 그리움들은 시대의 고민과 역사의 번뇌에서 오는 것이라는 데에는 재론의 여지가 없다. 그럼에도 목월의 시들이 세속의 낙차 속에 침잠해 들어오는 경우, 그의 시세계는 다시 그 완벽한 자연의 세계에 대한 회귀의지가 가열차게 드러나지 않는 한계를 가지고 있는 것이 사실이다. 가령, "임과 하늘"을 그리워 한 「임」의 경우를 보면, 서정적 자아는 그러한 임과 하늘의 조우를 위해 "밤마다 홀로 눈물로 갈"고 있다. 그런데 그러한 해후가 서정적 자아의 지난한 탐색과 노력보다는 "어느 날에사 절로 비추리라"에서 보듯 다분히 수동적인 입장을 취하고 있다. 이러한 소극적 자세는 「윤사월」의 경우도 동일하다. 이 작품에서 서정적 자아인 눈먼 처녀는 자연이 주는 환상적인 소리를 그저 엿듣고 있는 것으로 만족해하고 있는 것이다. 이를 테면 적극적인 자아라든가 탐색하는 자아의 역동적인 모습을 도출해내기 매우 힘들다는 뜻이다. 그의 대표작 「나그네」도 이와 비슷한 사유구조를 보여준다.

강나루 건너서
밀밭 길을

구름에 달 가듯이
가는 나그네

길은 외줄기
남도 삼백리

술 익은 마을마다
타는 저녁놀

구름에 달 가듯이

가는 나그네

「나그네」 전문

    박목월의 초기 시를 몇 가지 연관관계와 구조적 통일성에 비춰볼 때, 「나그네」는 예외적인 영역에 속하는 작품이다. 우선 '나그네'라는 소재가 그러하다. 나그네를 사전적 의미로 풀이하면, 일정한 주거조건을 갖추지 않고 이리저리 떠돌아다니는 자로 규정할 수 있을 것이다. 이를 작품의 맥락과 연관시켜도 사정은 크게 달라지지 않는다. 무엇인가를 끊임없이 탐색해 들어가는 구도자의 자세나 시적 모색이 주가 되는 경우에 나그네의 이미지는 생생한 실체로 살아 숨쉬게 된다. 그런데 목월 시에서 어떤 역동적인 실체를 감각하거나 탐색해 들어가는 것이 거의 불가능하다. 그의 시들은 잘 알려진 것처럼, 정적인 세계를 다루고 있다. 특히 재현된 자연이 아니라 상상된 자연을 다루고 있다는 점에서 더욱 그러하다. 뿐만 아니라 목월이 생산해낸 자연들은 민화 수준의 영역을 뛰어넘지 못한다. 목월의 자연 시들은 원근이 뚜렷하게 드러나는 풍경화가 아니기에 역동성과는 거리가 멀다. 따라서 그의 시들에서 역동적인 나그네의 이미지를 찾고 그것에 의미를 부여하는 것이 쉬운 일만은 아니다. 그럼에도 「나그네」는 목월의 시 가운데 대표작에 속한다. 이 시가 목월의 우수작이 된 데에는 시대적 배경과는 전혀 관련이 없다. 감칠맛나는 정서와 한국적 체취가 이 시를 명시의 반열에 올려놓았기 때문이다. 우리 근현대 시사를 통틀어서 이 시만큼 그런 정서들을 잘 표방한 시를 찾는 것이 어렵기에 더욱 그러하다.

    「나그네」는 동화적 상상으로 환상적 자연을 창조해낸 목월의 열정과는 약간의 거리를 두고 있는 시이다. 시의 문면에 드러나 있는 것처럼 이 작품에서의 서정적 자아는 어떤 실체를 치열하게 탐색하지 않는다. "구름에 달 가듯이 가는" 유유자적하는 나그네의 모습인 것이다.

이는 「임」의 '절로'와 비슷한 사유 모형으로서 대상에 대한 인식의 깊이라든가 이상화된 세계에 대한 기투의지와는 무관하다. 박목월의 이러한 나그네의식은 청록파로 함께 활동했던 조지훈의 그것과 여러 모로 비교가 된다. 조지훈 시에서 나그네의 의미는 매우 동적으로 나타난다. 이 의식은 그의 시에서 분열된 서정적 자아를 완결시키기 위한 동기 역할을 한다. 조지훈은 나그네로 표방되는 유랑의 과정을 거쳐 자연의 의미를 새롭게 발견한다. 즉 그는 인간의식과 우주의식의 완전 일치의 체험이 시의 구경(究竟)이라는 결론에 도달하는 것이다. 이러한 순일한 조화의 정점에서 그의 나그네의식은 종결되는데, 조지훈의 나그네 의식은 한편으로는 우주와 일체화되는 만남이면서 다른 한편으로는 건강한 현실과 만나는 예비된 의식이었다[11].

박목월의 나그네는 조지훈의 그것과 달리 절대적 대상을 희구하지 않는다. 그는 그러한 현실에 대해 구름에 달 가듯이 비껴간다. 동화적 자연을 창조해 놓고 이에 기투해들어가기 보다는 이를 우회할 따름이다. 박목월의 시에서 자연과 자아가 분리되었다거나 상상속의 자연이라고 부르는 것은 이 때문일 것이다[12].

산이 날 에워싸고
씨나 뿌리며 살아라 한다
밭이나 갈며 살아라 한다

어느 짧은 산자락에 집을 모아
아들 낳고 딸을 낳고
흙담 안팎에 호박 심고
들찔레처럼 살아라 한다

---

11) 송기한, 「조지훈 시의 유랑의식 연구」, 『한중인문학회』, 2008, p. 211.
12) 이희중, 「박목월 시의 변모과정」, 『박목월』(2002), p. 141.

쑥대밭처럼 살아라 한다

산이 날 에워싸고
그믐달처럼 사위어지는 목숨
그믐달처럼 살아라 한다
그믐달처럼 살아라 한다

「산이 날 에워싸고」 전문

산으로 표상되는 자연과 서정적 자아는 원천적으로 분리되어 있다. 서정적 자아로부터 원거리에 있는 절대적 존재인 산은 명령자일 뿐이고, 서정적 자아는 그러한 자연의 준엄한 명령을 여과없이 수용해야만 하는 수동적 존재이다. 이렇듯 목월의 시에서 자아가 자연으로부터 분리되어 있다는 것은 일견 타당한 이야기이긴 하지만 그렇다고 그가 생산해낸 자연의 의미가 희석되는 것은 아니다. 목월은 현실 속에서 동화적 자연을 만들어놓고 이를 희구했다. 그리고 그러한 자연 속에 일상적 자아가 틈입해 들어감으로써 환상 속의 자연이 일그러질 때에도 그 그리움의 정서는 변하지 않았다.

시인에게 자아와 자연의 상호 교융이란 애초부터 존재하지 않는다. 마찬가지로 동화적 자연이 깨지고 일상의 현실이 밀려올 때에도 그리움의 정서는 있을지언정 현실과 자연, 자아와 자연을 융화시키려는 어떠한 노력도 보이지 않았다. 그 명확한 본보기가 그의 나그네의식이다. 시인이 견디어내야 하는 현실이란 그만큼 어떠한 타협의 여지도 없는 난공불락의 성채였던 셈이다.

4. 자연과 현실의 길항관계

『청록집』이 간행된 것은 해방직후이다. 그러나 여기에 수록된 목월의 시들은 거의 일제 강점기에 씌어진 것들이다. 목월 자신의 말을 빌면, 불구화된 현실 속에서 어디에도 기투할 수 없는 정신적 불모감들을 이상적 자연을 직조해냄으로써 이를 초월하려 했다. 그러니까 현실로부터 초월된 자연, 상상의 자연은 현실의 어떤 실타래로도 연결할 수 없는 절대적 거리를 갖고 있었다. 말하자면, "느릅나무 열두고비"를 지나야만 도달할 수 있는 초월적 세계였던 것이다. 일제 강점기라는 열악한 현실에 대한 대항담론으로 제기된 공간이기에 일상의 접근이 거의 불가능한 곳이다. 이곳은 절대적 만족의 세계이기에 어떤 복잡성이나 심오한 형이상학적 사유들을 드러내거나 읽어낼 필요가 없었다. 그리하여 서정적 자아는 철저히 격리될 수밖에 없었고, 서정시가 일인칭 자아의 표현이라는 장르적 특성조차 무화시키는 미적 특성에까지 이르렀다. 서정시의 특성인 주관성의 원리까지 완벽하게 배제시키는 세계였다.

그런데 목월이 창조해낸 동화적 자연 속에 자아가 개입되면 될수록 그 속성은 일그러지고 일상의 요소들이 부각하기 시작한다. 이를테면 그리움의 정서 등이 그 단적인 예이다. 목월의 자연 시에서 서정적 자아의 개입은 그리움의 정서와 불가분의 관계에 놓인다. 그럼에도 목월은 자신의 그려놓은 동화적 세계에 적극적인 개입을 유보한다. 시인은 구름에 달 가듯이 그러한 세계에 대한 가열찬 탐색을 우회내지는 회피하고 있기 때문이다.

그러나 해방이란 목월에게 그러한 정신적 불모성에 대한 근본적 의문이 더 이상 필요치 않는 환경을 제공해준다. 서정적 자아를 강제하던 외적 현실이 비로소 사라지게 된 것이다. 이와 맞물려 상상 속에 창조해낸 동화적 자연도 더 이상 필요치 않게 되었고, 또 그 현실에 대한 그리움의 정서도 더 이상 의미화할 필요가 없게 되었다. 올바른 현실이 온전한 모습으로 자아 앞에 현시되었을 때, 목월이 발견한 것은 적나라한 스스로의 모습이었음은 당연한 것이라 할 수 있다. 현실 속에 노출

된 자아가 바로 그것이다. 따라서 중기 시세계를 대표하는 그의 생활시
들은 이런 맥락으로 이해해야 한다.

지상에는
아홉 켤레의 신발.
아니 현관에는 아니 들깐에는
아니 어느 시인의 가정에는
알전등이 켜질 무렵을
文數가 다른 아홉 켤레의 신발을.

내 신발은 十九文半.
눈과 얼음의 길을 걸어,
그들 옆에 벗으면
六文三의 코가 납작한
귀염둥아 귀염둥아
우리 막내둥아.

미소하는
내 얼굴을 보아라.
얼음과 눈으로 壁을 짜올린
여기는 지상.
연민한 삶의 길이여.
내 신발은 十九文半.

아랫목에 모인
아홉 마리의 강아지야
강아지 같은 것들아.
굴욕과 굶주림과 추운 길을 걸어
내가 왔다.

아버지가 왔다

아니 十九文半의 신발이 왔다.

아니 지상에는

아버지라는 어설픈 것이

존재한다.

미소하는

내 얼굴을 보아라.

「가정」 전문

목월 시의 자연은 현실 초월적인 공간이다. 반면 자아는 그러한 자연과 대항관계에 있다. 뿐만 아니라 이 자아는 현실의 *끈끈한* 힘과 불가분의 관계를 형성한다. 일제 강점기의 객관적 열악성에 동화적 자연이 대응한다면, 해방된 조국의 현실 속에 일상적 자아가 대응된다. 자연과 현실의 길항관계 속에 있는 자아를 발견한 것이다.

그렇기에 목월의 생활시들은 나와 가족과 같은 지극히 협소한 단위에 머무를 수밖에 없게 된다. 사회적 의미망이나 정치적 발언과 같은 소위 참여적 성격의 생활들의 세계와는 거리가 멀다는 뜻이다. 「가정」이라는 작품을 보면, 우선 시의 제목도 그러하지만, 이 시에서 표명하고자 하는 것 역시 시인 자신이나 가족과 같은 지극히 미세한 사회적 단위들뿐이다. 시인의 시선은 절대적 거리에 존재하고 있었던 동화적 세계가 아니라 '지상'에 놓인다. 이곳에는 소시민으로 살아가는 자신뿐 아니라 자기에게 부속된 가족이 존재한다. 이 가족은 철저하게 자신에게 구속된 존재이고 자신을 벗어나서는 의미화되지 않는 존재들이다. 목월의 이러한 시적 전략들은 초기 시의 자연의 의미를 벗어나서는 설명되지 않는다. 일제 강점기라는 열악한 현실에서 출발한 것이 그의 자연시들이다. 그런데 해방이 되면서 그의 자연의 근간이 되었던 불합리한 현실이 사라졌다. 그의 자연시들에서 움츠려들었던 자아들이 비로소 활동할 수 있는 계기가 마련된 셈이다. 이 때, 가장 먼저 압도되어

온 것이 소시민의식이다. 그의 생활시들은 여기에 기반을 두고 탄생한 것이다. 따라서 그의 중기 생활시들이 초기 자연시들과 분리하여 논의하기 어려운 까닭은 여기에 그 원인이 있다고 하겠다.

5. 결론

목월의 자연시들은 기존의 자연시들이 보여주지 못한 특성 때문에 많은 논의의 대상이 되어 왔다. 목월의 시 속에 묘사된 자연이 재현된 자연이 아니라 생성된 자연이라는 측면 때문이다. 목월 자신의 말과 일부 연구자의 지적대로 그가 만들어낸 자연은 현실 속에는 불가능한, 그리하여 상상이 만들어낸 주관적 열정의 표명 정도로 해석되었다. 특히 청노루나 자하산과 같은 비현실적 대상을 소재로 시화했다는 것 때문에, 일제 강점기라는 현실을 회피했다는 지적 역시 받아 온 것이 사실이다. 그러나 목월 스스로가 언급했던 것처럼, 그의 자연시들은 철저하게 현실의식에 입각하여 씌어졌다는 것이 필자의 판단이다.

이는 두가지 관점에서 그러하다. 하나는 목월 자신의 말이다. 물론 일제 강점기를 살았던 대부분이 시인이나 지식인들이 자신들이 살았던 삶들에 대해 어느 정도 자기 합리화를 하는 것은 당연한 일일지도 모른다. 이런 맥락에서 보면『청록집 자작시 해설』에서 보여준 목월의 말들을 전부 수용하는 것은 어불성설일 것이다. 특히 「나그네」같은 시들은 더욱 그러한 혐의를 짙게 만들어준다. 그러나 목월의 자연시들을 꼼꼼하게 살펴보면 목월의 말에 일견 수긍이 가는 측면이 있다. 이는 목월이 탐색해낸 자연이 아주 단순하고 동화적이라는 사실에서 증명된다. 현실과 대항관계에 있는 유토피아가 심오한 형이상학적 함의나 복잡한 시적 장치를 필요로 하지 않기 때문이다. 목월의 자연시들이 정형에 가까운 단순한 리듬, 명사형 종결어, 짧은 형식적 특성이 있는가 하면,

시 속에 구현된 자연이 우주의 이법과 같은 형이상학적 진리가 아니라 천진무구한 동화의 세계에 가깝다는 점이 이를 증거한다.

목월 시의 현실성은 중기 시의 생활시를 통해서도 파악하는 것이 가능하다. 단지 생활을 인식했다해서 현실적이라는 뜻이 아니라 초기 시의 자연시가 주는 함의에서 오는 현실의 의미에서 그러하다. 목월 시의 그러한 특성들은 소시민의식을 통해 이루어지는데, 이 의식은 초기의 자연시의 맥락을 떠나서는 그 설명이 불가능하다. 객관적 열악성에 의해 떠받들어지고 있던 것이 초기의 자연시이다. 그런데 그러한 외적 조건이 무화되면서 목월의 시들은, 그가 창조해낸 상상의 자연을 잃게 된다. 그 빈자리를 뚫고 들어온 것이 자아이다. 목월 시에서 자아의 유동은 매우 중요한데, 가령 절대적 거리에 위치해 있던 자연시도 자아가 개입되면서 '그리움'의 정서가 표출되고 있음을 보아온 터이다. 이 정서는 절대적 거리에 있는 자연의 세계와는 변별되는 일상의 감수성이라 할 수 있다. 어떻든 불리한 현실이 사라지고 이를 대신하는 현실, 해방이라는 현실의 아우라가 서정적 자아를 휘감을 때, 목월은 소시민으로서의 자기를 발견하는 시적 변신을 하게 된다. 그의 생활시들이 모두 소시민으로 일관하고 있는 것은 여기에 그 원인이 있다. 요컨대 목월 시에서 현실은 시의 출발이면서 종점에 해당된다고 할 수 있다.

－박목월론

유랑 의식과 근대적 사유

-조지훈론

1. 정(靜)과 동(動)의 미적 긴장

청록파의 한 사람이자 우리 시단에 뚜렷한 족적을 남긴 조지훈이 사거한지도 벌써 40년의 세월이 흘렀다. 그 오랜 세월만큼이나 그에 대한 연구 역시 많이 축적되어 왔다. 조지훈하면 떠올려지는 것들이 한두 가지가 아니어서 그에 대한 꼬리표는 다양하게 그리고 많이 붙여져 있다. 정지용의 추천을 받은 『문장』파 출신의 시인, 박목월, 박두진 등과 함께 해방직후에 펴낸 『청록집』의 시인, 「승무」의 작가, 그리고 「지조론」으로 대표되는 지사적 풍모 등등이 그를 에두르고 있는 대표적 목록들이라 하겠다. 그는 시인으로서, 학자로서, 지성인으로서 많은 발자취를 남겼지만, 고전의 감각을 현대적 맥락 속에서 되살려낸 「승무」의 시인이라는 사실은 너무 큰 것이어서 다른 어떤 연상적 틀로 대신하기는 어려운 것 또한 사실이다. 실상 조지훈은 해방직후 한국 서정시단을 대표하는 시인이었다. 정치와 사상, 사회를 배제한 순수성이 시의 구경적 형식이라는 그의 논리는, 해방 직후 시를 사상적 도구나 현실의 기계적 반영으로 치환시키려는 리얼리즘 계통의 시단에 맞서는 주요 이론적 거점이 되었다. 비록 그의 순수 시론이 현실을 우회해서 그것을 초월하려는 안일한 도피주의나 현실추수주의라는 비판이 있긴 하지만, 요동치는 해방 공간의 혼돈 속에서 시의 서정성을 지켜낸 중요한 논리적 전거가 되었다는 사실은 부인하기 어려울 것이다.

지금까지 조지훈의 시나 산문을 검토한 대다수의 연구자들이 주목한 부분도 바로 이 지점이다. 사상과 이념이 배제된 조지훈의 순수시와 순수시론에 대한 분석이 있는가 하면, 그가 등단한 『문장』지와, 이 잡지의 구성원인 정지용 등이 보여준 자연시와의 연관성을 검토한 경우도 있다. 뿐만 아니라 시인의 성장 배경과 그 사상적 관련 양상에 주목하여 조지훈 시에서 드러나는 유가적 면모 등을 분석한 글 역시 상당 부분을 차지하고 있다. 조지훈의 시에 은둔적인 포즈와 탈속의 세계가 짙게 배어있다는 측면에서 보면 이러한 연구들은 어느 정도 타당성을 가지고 있다. 특히 그의 시의 궁극적 지향이 자연과 인간의 통합 혹은 조화이기 때문에 더욱 그러하다.

그럼에도 여기에는 몇 가지 문제점이 있다. 우선 이러한 분석들은 조지훈의 시를 지나치게 환경결정론으로 귀결시켜 그의 시에서 드러나는 자생적인 내면구조를 등한시하게끔 하는 결과를 가져왔다. 조지훈의 시들은 그러한 국면들이 덧씌워져 여러 가지 굴곡을 겪어온 것으로 보이는데, 가령 다음과 같은 것들이 그 주요 요인이다. 첫 번째는 그의 등단과정이다. 『문장』지의 추천을 받을 무렵 조지훈은 모더니즘 계통의 시와 소위 전통주의로 분류할 수 있는 계열의 시를 제출한 것으로 되어 있다. 그런데 추천자인 정지용에 의해서 전자 계열의 시들은 배제되고 이후 전통주의 계통의 시들만이 추천의 대상이 되었다는 것이다. 말하자면 조지훈의 시에서 드러나는 전통지향적 성향은 자율적 선택이 아니라 타율적 요인에 의해 만들어졌다는 논리인 것이다[1]. 다음으로는 조지훈의 성장배경이다. 그는 영남 유생의 자제출신으로 신학문보다는 주로 서당교육을 받았다. 그가 받은 재래식 교육은 조지훈으로 하여금 서구 근대적 학문과는 거리를 두게 만들었다. 이러한 이유로 조지훈은

---

1) 김용직, 「시와 선비의 미학」, 『조지훈』(최승호편, 2003), 새미 참조.

근대적 경험에 바탕을 둔 모더니즘 계통의 시보다는 전통지향적인 시를 제작하기에 이르렀다는 것이다. 거의 타율인 선택에 의해서 말이다. 그리고 이후 그의 시를 탐색한 대다수의 연구자들 역시 그러한 영향관계로부터 자유롭지 못했다. 조지훈의 시에서 동양적 사유인 정(靜)이나 선(禪)의 가락을 읽어내거나 자연의 은일한 미덕을 찾아내는 태도들은 모두 조지훈의 전기적 사실에 주목한 연구들이었다. 이를 한마디로 규정한다면 정(靜)의 미학이라 할 수 있다[2].

조지훈의 시가 정(靜)의 미학에 근거를 두고 있는 것은 틀림없는 사실이지만, 그럼에도 그의 시들을 단선적인 틀로 묶어내기에는 몇 가지 한계점이 노정된다. 그의 시에서 은둔이나 정의 미학으로만 설명할 수 없는 어떤 역동적 국면들이 분명 내재되어 있기 때문이다. 이는 다음 두 가지 측면에서 그러하다. 우선 조지훈이 모더니즘 계통의 시를 창작해내었다는 사실을 주목해야 할 것이다. 비록 타율적 요인에 의해 전통지향적 경향의 시로 경도되긴 했지만 그의 사유의 저변은 점증하는 근대의 세례로부터 자유롭지 못했을 것이라는 점이다. 습작기의 그는 서구 여러 시인들의 시와 사상가들의 서적을 탐독[3]했을 뿐만 아니라 등단을 전후해서는 근대식 교육을 받았기 때문이다. 실제로 조지훈은 등단 초기뿐만 아니라 그 이후에도 모더니즘 계통의 시를 꾸준히 창작한 것으로 되어 있다[4]. 물론 한 시인의 시세계가 어느 하나의 국면으로 고착되어서 단일한 경향의 시만을 담아낼 수만은 없을 것이다. 그럼에도 조지훈의 경우, 이 두 가지 상반되는 시세계의 공존이야말로 그의 시세계를 새롭게 탐색해 들어가게 하는 좋은 단서라 할 수 있다. 그것

---

2) 오세영, 「조지훈의 문학사적 위치」, 위의 책.
3) 조지훈, 『시와인생』, 신흥출판사, 1959. 조지훈은 이 글에서 습작기시절 보들레르나 랭보 등 비롯한 프랑스 모더니즘이나 상징주의 계통의 시를 탐독했다고 말하고 있다.
4) 엄성원, 「조지훈의 초기시 연구」, 『한국문학이론과 비평』 35집, 한국문학이론과 비평학회, 2007, 6.

은 그의 시가 정(靜)의 세계에만 머물 수 없는 역동적 측면을 담고 있었다는 점에서 그러하다. 점증하는 근대의 불안과 갈등으로 말미암아 동양적 고요를 뒤흔드는 시적 고뇌가 조지훈의 내면속에서 끊임없이 요동치고 있었던 것이다. 이른바 정의 미학과 대비되는 동(動)의 미학이 조지훈의 시에 자리할 근거가 마련되는 순간이다. 다른 하나는 조지훈의 존재론적 고독이다. 물론 이 고독은 조지훈 혼자만의 고유한 것이라 할 수는 없을 것이다. 그것은 이 세상에 피투된 존재라면 누구나 감내하고 겪어야 하는 것이기 때문이다. 그럼에도 조지훈에게 이러한 고독의 의미는 매우 각별한 것으로 보인다. 동양적 은일이나 침잠의 세계에는 존재에 대한 고독이나 끈끈한 삶의 욕망이 느껴지지 않는 것이 보통이다. 조지훈의 시들이 초기부터 동양적 침잠이나 무위자연과 같은 비욕망적 사유로 폐쇄되어 있었다면, 존재에 대한 내적 물음은 애초부터 없었을 것이다. 그러나 조지훈의 시를 읽어보면 금방 알 수 있는 것처럼, 그의 시들에는 내면에의 고독과 헤매임의 의식들이 촘촘히 박혀 있다. 이는 그의 시들이 지극히 동적이라는 사실과 무관하지 않은 단면들이다.

문학은 상상력을 기반으로 하고 있는 자율적 체계이다. 어느 특정 이념이나 영향에 크게 좌우되지 않는 그 나름의 독특한 내적 구조를 작품 속에 담아내고 있는 것이다. 이런 논리에 설 경우, 조지훈의 시를 보는 시각에 약간의 변화가 필요하다. 그는 처음부터 동양의 정적 세계에 머물러 있지만은 않았다는 사실이다. 그에게는 근대에 대한 모색과 존재에 대한 끊임없는 고민을 자신의 시 속에 담아내고 있었던 것이다. 특히 그의 시에서 그러한 역동성은 어떤 흐름과 움직임의 이미지로 나타나는데, 그것이 곧 '나그네'로 표상되는 유랑의식이다. 이는 조지훈 시를 규정지어 왔던 동양적 완미의 세계라든가 선의 가락과 같은 정적 이미지와는 거리를 두고 있는 경우이다. 그러한 동적 이미지에 대한 문제의식이야말로 조지훈 시의 본질에 새롭게 접근하는 방식이 될 것이다.

2. 자아의 모색과 '나그네' 의식

조지훈의 시를 유랑의식으로 접근하는 것은 매우 낯설어 보인다. 그것은 그의 시가 어떤 정적인 이미지와 너무나도 깊이, 그리고 견고하게 결합되어 있다는 느낌을 주고 있었기 때문이다. 그러나 앞서 언급한대로 조지훈은 초기부터 근대적인 것과 전통적인 것 사이에서 많은 시적 갈등을 느끼고 있었다. 비록 정지용의 타율적 선택에 의해서 전통적인 성향의 시세계로 나아갔어도 조지훈은 근대의 여러 영향으로부터 자유롭지 못했던 것으로 판단된다. 이는 조지훈이 모더니즘의 경향의 시를 끝까지 포기하지 않고 후기까지 계속해서 창작해내었던 사실과도 무관하지 않은 일이다[5]. 조지훈의 그러한 시적 자의식은 근대의 부산물인 자아에 대한 인식에서 쉽게 발견된다. 어느 곳에서도 안주할 수 없었던 자아, 그리하여 실존적 안주를 위해 끊임없이 자기모색을 해야 했던 자아는 결국 시인으로 하여금 한곳에 머물지 못하게 하는 유랑의식을 표출하게끔 만든다.

근대는 자아에 대한 발견을 특징으로 한다. "나는 생각한다 고로 존재한다"라는 데카르트의 코기토는 근대를 상징하는 대표적인 담론이거니와 그러한 자아에 대한 지나친 강조가 역으로 인간 자신을 파멸로 몰아간 하나의 계기가 되었다. 자아의 인식과 자아에 대한 반성적 재인식이라는 이 역설이야말로 근대의 슬픈 자화상이 아닐 수 없었던 것이다. 이렇게 인간을 파탄시킨 자아에 대한 새로운 관계설정이야말로 근대가 제기한 반성적 과제의 하나였다. 자아에 대한 지나친 강조와 그러한 자아를 어떻게 멸각시킬 것인가에 대한 문제는 이렇듯 근대라는 삶의 터전에 뿌리를 내리고 있던 인간들에게 당면한 최대 고민거리였다.

물론 이러한 과제에 직면할 때, 가장 쉬운 모색점은 자아를 멸각시키

---

5) 엄성원, 위의 논문 참조.

거나 자아를 사상시키는 방법을 찾아내서 그에 기투하면 그만일 것이다. 그런데 그 방법과 매개가 무엇일까하는 것에 직면하게 되면 문제는 매우 복잡해진다. 나라마다 시대마다 처해진 상황에 따라 그 방법적 인식들은 얼마든지 달라질 수 있는 것이기 때문이다. 그럼에도 그러한 인식적 여로들은 어떤 공통성을 보여 왔는데, 가령 우리의 경우는 자연이 그 대표적 사례로 사유되어 왔다. 모더니즘의 역사적 전통이 미흡하고 그 인식적 사유가 깊지 않은 우리의 현실에서 아마 자연만큼 적절한 매개도 찾아보기 힘들었을 것이다. 그러나 서구의 경우는 우리와 매우 다른 인식적 사유를 보여주었다. 가령 모더니스트였던 엘리어트가 영국 정교에서 인식의 완결성을 찾은 것에 알 수 있듯이 서구인들은 주로 역사적인 맥락에서 찾아왔다. 그러한 역사적 전통에서 자아모색의 사례를 찾기 힘들었던 우리의 경우는 주로 자연이 그 방법적 대상이 되어 왔던 것이다. 자연은 그만큼 쉽게 대면할 수 있는 대상이었고, 근대적 인식구조에서 자연만큼 완벽한 인식체계를 보지한 경우도 드물었다. 또 자연이라는 거대한 마법 속에서 작동되는 자아야말로 가장 비인간화되고 비개성화된 자아이기에 그러했다. 한편 만물의 질서와 우주의 이법을 표상하는 자연을 어떻게 받아들이느냐에 따라 시적 자의식은 여러 갈래로 분기되어 왔다. 가령 비교적 근대 초기의 작가였던 소월의 사례를 보면, 그는 이러한 자연을 완전히 자기화시키지 못하고 '저만치' 그저 바라만보고 있었다. 소월 시의 특색인 '한'의 미학적 근거도 그러한 거리에서 찾고 있긴 하지만 어떻든 그는 '자연'을 자신의 내적 근거로 받아들이지 못하고 '저만치' 떼어 놓고 있었다.

그런데 소월에 의해 분리된 자연은 이후 다른 면모를 띠고 나타난다. '문장파'에 이르면 그 사정이 매우 달라지기 때문이다. '문장'파는 소월과 달리 자연을 본연 그대로의 모습으로 회복시켜 놓았다[6]. 정지용은

---

6) 최승호, 『서정시와 미메시스』, 역락, 2006, p. 112.

자신의 명편 「백록담」에서 자아멸각의 뛰어난 감수성을 너무도 잘 알려주고 있지 않은가.

그러면, 정지용의 추천으로 등단한 조지훈의 시세계는 어떠한가. 조지훈에 대한 연구는 크게 두 가지 시각으로 진행되어 왔던 바, 고전 혹은 전통에 관한 것이 그 하나라면7), 자연에 관한 것이 다른 하나이다. 후자의 경우 연구자들은 조지훈의 자연이 선적인 것이라거나 관조적인 것이라는 데 대부분 동의하고 있다8). 즉 주관이 배제된 자연을 마치 풍경화처럼 읊고 있다는 것이다. 조지훈 시에서 드러나는 자연의 의미가 시적 정서가 배제된 객관적 포즈를 취하고 있다는 측면에서 보면 이들의 판단이 크게 틀린 것이라고는 할 수 없을 것이다. 조지훈의 시에서 자연은 일차적으로 응시의 대상, 관조의 대상이기 때문이다.

닫힌 사립에
꽃잎이 떨리노니

구름에 싸인 집이
물소리도 스미노라.

단비 맞고 난초잎은
새삼 치운데

볕바른 미닫이를
꿀벌이 스쳐간다.

바위는 제자리에
옴찍 않노니

7) 박호영, 「조지훈의 전통주의」, 앞의 책(최승호 편).
8) 최승호, 『한국 현대시와 동양적 생명사상』, 다운샘, 1995.

푸른 이끼 입음이
자랑스러라.

아스럼 흔들리는
소소리바람

고사리 새순이
도르르 말린다.

「山房」 전문

　인용시는 봄이 오는 산의 변화 모습을 사실적으로 묘사하고 있다. 어떤 규범이나 직관, 통찰에 의해서가 아니라 봄이 다가올 때 변화해가는 산의 모습을 카메라의 눈으로 그리고 있는 것이다. 그런데 주관이 배제된 이러한 자연에 대한 묘사는 우리 시사에서 매우 예외적인 것이라 할 수 있다. 자연묘사의 시들에서 흔히 발견되던 '자아'의 모습을 인용시에서 찾아보기란 쉽지 않기 때문이다. 인용시는 자연을 벗하며 그것과 더불어 유유자적하던 강호가도의 세계나 소월의 경우처럼 비애에 젖은 자연의 모습과는 거리를 두고 있는 것이다[9]. 이를 두고 자연에 대한 관조나 새롭게 창조된 자연이라고 평가하는 것은 당연한 귀결이고, 어느 정도의 정당성 또한 확보하고 있다고 하겠다. 봄에 대한 이러한 인상적 묘사는 박목월이 탐색하고 발견해낸 자연과 상호 불가분의 관계에 놓여 있는 것이기도 하다.

　조지훈의 시에서 자연이 이렇게 거리화되어 있다는 것은 그의 작품 세계를 이해하는 데 몇 가지 시사점을 제공해준다. 우선 자아에 대해서

---

[9] 조지훈 초기시의 자연과 소월의 자연은 거리화라는 측면에서 어느 정도 동질성을 갖고 있다. 그러나 소월의 자연이 다가갈 수 없는 비애의 자연이라면, 조지훈의 자연은 소월처럼 감상성에 젖은, 거리화된 자연이라기보다는 감정이 절제된 관조화된 자연이라는 점에서 차이가 있다.

극명한 자기인식을 하고 있다는 것이 그 하나이다. 이러한 자아 인식 행위는 작품 속에서는 거의 감각되지 않는다. 자연은 저기 있고 나는 여기에 있을 뿐이다. 그러한 자연의 무감각화는 '자연'과의 융합에 의한 소멸도 아니고, '자아'와 '대상' 사이의의 팽팽한 긴장관계를 통해 얻어진 자연스런 합일도 아니다. 가령 「백록담」의 경우처럼, 등산을 하면서 서서히 잃어가는 자아의 모습은 여기서는 찾아 볼 수 없다. 이 작품 속에 자아란 애초부터 존재하지 않는다. 자연을 보는 시선만이 있을 뿐이고 이에 걸맞게 자연의 풍경을 있는 그대로 제시해주고 있을 뿐이다. 따라서 이 작품에서 자연은 원거리화된 대상 이상의 의미를 갖고 있지 못한 셈이다.

다른 하나는 그렇게 타자화된 자연에 자아가 언제든지 틈입할 수 있는 개연성을 열어놓고 있다는 점이다. 자아는 자연과 거리를 둔 채 올곧게 자기 울타리를 치고 있다. 근대화된 인식구조 속에 편입되는 자연이 아니라고 한다면, 자아 역시 그러한 사유의 틀 속에서 운동하지 않을 것이다. 그러나 조지훈은 이미 근대의 세례를 흠뻑 받은 터였다. 서구 모더니스트들의 시를 접해왔고, 또 그 영향 하에서 모더니즘 경향의 시를 제작해낸 바 있다. 그러한 경험성들로부터 그는 자유롭지 못했을 것이다. 근대적 체험을 도외시한 채 문학사적으로 자리매김되는 시의 경우도 자아의 성격적 측면에서는 마찬가지이다. 정(情)과 경(景)의 융합이나 그 교융(交融)으로 귀결되는 조지훈의 '전체시' 역시 자아의 영향은 거의 절대적이라 할 수 있을 것이다.

자연에 대한 거리화는, 어쩌면 조지훈의 시를 역동적 실체로 나아가게 하는 하나의 단초 역할을 했을 것으로 판단된다. 그는 소월처럼 자연을 '저만치' 두면서 감상성에 젖지도 않았고, 정지용의 경우처럼 자연을 관념적 초월의 형상으로 받아들이지 않았다. 정지용의 자아가 '고향', '가톨릭시즘', '자연'과 같은 관념의 단위들로 널찍널찍하게 건너뛰면서 백록담 깊은 곳으로 함몰되어 갔다면, 조지훈의 그것은 좀더 구체적인 경험의 틀 속에서 재구성시키면서 자연을 탐색해 들어갔다. 그것이 시인으로 하여금 유랑의 기나긴 여행길에 오르게 만들었던 것으로 보인다. 그러한 의식들은 조지훈의 시에서 '나그네' 의식으로 표상된다.

①차운산 바위 우에 하늘은 멀어
　산새가 구슬피 울음 운다.

　구름 흘러가는
　물길은 칠백리

　나그네 긴 소매 꽃잎에 젖어
　술 익는 강마을의 저녁노을이여.

　이 밤 자면 저 마을에
　꽃은 지리라.

　다정하고 한 많음도 병인 양하여
　달빛 아래 고요히 흔들리며 가노니---

　　　　　　　　　　　　　　　　　　「완화삼」 전문

②외로이 흘러간 한 송이 구름
　이 밤을 어디메서 쉬리라던고,

　성긴 빗방울
　파초잎에 후두기는 저녁 어스름

　창 열고 푸른 산과
　마주앉아라.

들어도 싫지 않은 물소리기에
날마다 바라도 그리운 산아

온 아침 나의 꿈을 스쳐간 구름
이 밤을 어디메서 쉬리라던고.

「파초우」 전문

①은 박목월과 상호 화답한 시로 유명한 「완화삼」이다. '흘러가는', '물길', '흔들리며', '가노니' 등등의 시어에서 알 수 있듯이 여기에는 동적인 흐름이 나타나고 있다. 이를 대표하는 시어가 '나그네'이다. 이러한 시어들은 조지훈 시하면 흔히 떠올려지는 정적 이미지들과는 무관하다. 이 작품에서도 자연은 비교적 멀리 떨어져 있다. "차운산 바위 우에 하늘은 멀어"에서 보듯 자연은 시적 화자와 근거리에 있지 않은 까닭이다. 그렇다고 「산방」의 경우처럼 완전히 관조된 자연이라고는 할 수 없다. "달빛 아래 고요히 흔들리며" 가는, 어느 정도 자연 가까이에 있는 자아이기 때문이다. 「산방」의 거리화된 자연과는 다른, 인접된 「완화삼」의 자연은 어떤 의미가 있는 것일까.

'나그네' 의식이란 범박하게 말하면 떠돌이 의식이고, 어느 한곳에 정주하지 못할 때 발생하는 의식이다. 자아와 합일할 대상, 인식을 통합할 대상을 만나지 못한 의식이기에 강한 주관성 내지 욕망으로부터 자유롭지 못하다. 그런데 이러한 의식이 성립되기 위해서는 다음 두 가지 전제가 필요하다. 하나는 역동적 힘이 덧붙여져야 한다는 것이고, 그에 걸맞는 목적성이 부가되어야 한다는 것이다. 만약 그러한 목적과 힘이 없는 나그네라면, 단순한 여행자 혹은 무기력한 산책자의 이미지에서 벗어나지 못할 것이다. 즉 쉽고 안온한 감수성만으로는 나그네 의식을 설명하는 것이 불가능하다는 뜻이다. 사실 「완화삼」은 목월과의 교우라는 구체적 사실과 더불어 시 자체에서 드러니는 한가한 감수성 때문에 매우 낭만적으로 받아들여지기 쉬운 시이다. 특히 "술 익는 강마을의 저녁노을"이나 "달빛 아래 고요히 흔들리며 가노니"라는 구절들이 더욱 그러하다. 그저 목적없는 방랑객 정도의 나그네 이미지를 강하게 풍기고 있는 것이 사실이다. 그런데 이 시를 그러한 낭만적 한가함 정도로 해석하고 나면 이 시의 존재의의는 더욱 무력화된다. 이 시가 씌어진 때가 일제 식민지 시기라면 더더욱 그러하다. 압제의 사슬을 하루 속히 벗어나야할 절체절명의 강점기에 한가하게 '술익는 마을'을 배회하거나 '구름에 달 가듯이' 사뿐사뿐이 갈 수는 없기 때문이다. 그러나 이 작품은 그러한 평가로부터 벗어날 수 있는 근거를 작품 속에 내재시키고 있다. 그것은 화자가 "다정하고 한 많은 병"을 가진 자아이기 때문이다. 그러한 한이 직접적인 현실의 질곡에서 오는 것인지, 아니면 '저만치' 떨어진 자연에 다가갈 수 없는 소시민적 비애에서 오는 것인지는 알 수 없지만, 어떻든 이 작품 속에 구현된 자아는 자연을 조용히 완상하는 그러한 자아는 아니다. 이 작품의 자아는 어떤 '한'의 실체를 찾아서 떠도는 자아이다.

이렇게 유동하는 자아는 시 ②에 이르면 좀더 구체적인 모양새를 띠고 나타난다. 이 작품은 「완화삼」의 경우보다 떠돌이 의식이 보다 분명하게 나타나는 경우이다. "외로이 흘러간 한 송이 구름"이나 "이 밤을 어디메서 쉬리라던고"와 같은 담론들에서 보듯 나그네 의식이 강화되어 나타나는 것이다. 특히 그러한 방랑의식들은 객수감과 단절감이라는 하강적 이미지에 덧붙여져서 더욱 비애스러운 것이 된다.

그리고 이 작품은 그의 방랑의 원인이 무엇이고 그 뿌리가 무엇인지에 대해 어떤 실마리를 제공해주고 있다는 점에서 주목을 요하는 시이다. 자아는 왜 유동하면서, 흔히 정적으로 알려진 조지훈의 시세계와는 정반대의 입장에 서 있는 것일까.

우선 작품 속의 자아는 정주할 곳을 발견하지 못하고 어느 산골 마을의 저녁에 잠시 머물면서 휴식을 취한다. 그런 다음 "창 열고 푸른 산과 마주 앉"는다. 자연을 자아의 내면 공간으로 끌어들임으로써 그것과의 합일을 꾀하고 있는 것이다. 자연과의 그러한 마주함은 조지훈에게 있어 매우 소중한 것이라 할 수 있다. 시인 역시 점증하는 근대의 세례로부터 자유롭지 못했고, 또 그에 합당한 자신의 내밀한 인식적 통일을 완성하지 못한 터였다. 여기에다 세계 내에 던져진 피투된 존재들이 가져야 할 근원적인 고독 역시 그의 주변을 맴돌고 있었다. 그러한 자의식적 충동이 시인으로 하여금 유랑으로 유도했거니와 그에게는 그에 대한 대항담론 또한 필연적으로 요구되고 있었던 까닭이다. 인용시에서 자연과의 조우는 그 연장선에 놓여진 것이라 할 수 있다.

이 작품에서 시적 자아는 의도적으로 "창을 열고" 산을 마주한다. 그러한 자연은 언제 들어도 싫지 않은 물소리이며, 날마다 바라보아도 그리운 산으로 표상된다. 그럼에도 이 작품에서 시적 자아의 자연과의 교통은 시도 동기 그 이상의 의미를 갖고 있지 못하다. 그리움과 기대, 희망과 예찬의 대상인 자연은 시인에게 아직도 저멀리 존재하고 있기 때문이다. "이 밤을 어디메서 쉬리라던고"에서 알 수 있듯 시적 자아의 인식적 완결성은 꿈으로 남아있을 뿐이다.

嶺 넘어 가는 길에
임자 없는 무덤 하나
주막이 하나

시름은 무거운데
주머니 비었거다

하늘은 마냥 높고
枯木가지에

서리 까마귀 우지짖는

저녁 노을 속

나그네는 홀로 가고
별이 새로 돋는다

嶺 넘어 가는 길에
산 사람의 무덤 하나
죽은 이의 집

「枯木」 전문

　　「枯木」은 조지훈 시의 나그네 의식이 가장 극렬하게 드러난 작품이
다. 시인의 작품 가운데 유랑의식을 읽어낼 수 있는 단어들이 가장 많
이 발견되기 때문이다. 가령. '嶺'과 '임자없는 무덤'이 그러하고, '주막',
'시름'이 그러하다. 또한 '서리 까마귀'나 '저녁 노을', '나그네' 뿐만 아니
라 '홀로', '별' 등등도 마찬가지이다. 조지훈의 시에서 유랑적 의미나
동적 이미지들이 이 작품만큼 세세하게 그리고 포괄적으로 드러낸 사
례도 없을 것이다.
　　시인의 이러한 '나그네' 의식은 물론 근대적 자아를 소멸하고 그러한
불안을 희석시켜보려는 지난한 자기열망에서 온 것이다. 자아와 세계
가 합입되지 않고 점점 고양되는 자아의 확고한 의식이야말로 근대적
불안의 가장 큰 요인이었을 것이다. 게다가 이 작품에는 시대적 의미도
덧붙여진다. 가령 "산 사람의 무덤"이나 "죽은 이의 집" 등은 시대나
현실을 우회해서는 설명하기 어렵기 때문이다. 게다가 시인의 그러한
나그네 의식은 시인의 전기적 경험에서도 찾아볼 수가 있다. 시인은
두 번에 걸쳐 은거를 한 것으로 알려져 있다. 첫 번째 은거는 1942년
월정사 불교강원에서 이고, 두 번째 은거는 해방직후까지 보냈던 고향
에서이다. 그가 은거한 것은 시대적 불운과 환경에 의한 것이긴 하지만
이러한 육체적, 정신적 방황은 그의 시에 어느 정도 영향을 미친 것으

로 생각된다.

이렇듯 쉽게 정주하지 못하는 시인의 유랑의식은 매우 복합적인 것이어서 어느 하나의 국면만을 문제삼을 수는 없을 것이다. 그 가운데에서도 인식을 완결하고자 하는 시인의 의도를 어렵지 않게 읽어낼 수 있다. 주체를 소멸시키려는 의지, 비인간적인 것을 인간적인 것으로 되돌리려는 노력, 욕망을 희석시키고자 하는 희구, 순간성을 넘어 영원성으로 나아가려는 열망 등등이 근대적 인식 구조 속에서 작동하는 사유라면, 그러한 사유체계 속으로 편입하려는 조지훈의 나그네 의식이야말로 시대에 부합하는 매우 정합적인 것이라 할 수 있을 것이다. 그러나 그러한 도정이 당위적인 것임에도 불구하고 쉽지만은 않다. 그렇기에 그 나그네 길은 고독하고 서러울 수밖에 없다. "흰 수염 바람에 날리며/서러운 나그네 홀로 가야"(「율객」)하고, "바람이 부는 벌판을 가야"(「풀밭에서」) 한다. 비주체화를 위한 길, 인간적인 길, 영원성으로 가는 길이기에 숙명처럼 받아들이고 가야만 하는 것이다.

3. 유동하는 자아와 세계와의 대응

시를 자아와 세계의 갈등이나 화해할 수 없는 모순이라 정의할 경우, 가장 문제시되는 것이 자아의 문제이다. 이때의 자아는 그러한 간극을 좁힐 수 있는 대상이나 매개와 조우하기 위하여 가열찬 탐색을 전개한다. 그러한 길에의 도정을 흔히 시정신의 치열이나 시의식의 투철로 설명한다. 시를 읽거나 감상할 때 느껴지는 팽팽한 긴장감이란 흔히 여기서 기인한다. 자의식적 팽창을 미적 특징으로 하는 모더니즘 계통의 시에서 이러한 감수성이 더욱 강하게 느껴지는 것도 이와 무관하지 않다. 그만큼 대상과의 팽팽한 긴장관계야말로 시의 역동성을 살리는 근본 매개가 아닐 수 없는 것이다.

조지훈 시의 긴장도 그 연장선에 놓인다. 그의 나그네 의식 역시 근대라는 제반 모순 속에서 편입되고 길러진 미적 자의식이기 때문이다. 그럼에도 조지훈의 시에서는 자아와 대상 사이에 일어나는 치열한 갈등 양상을 간취해내기가 쉽지 않다. 그의 시들은 유유자적 하는 강호가도의 자연시나 목가적 상상력에 의한 전원시가 아님에도 불구하고 치열한 시의식이 표출되지 않기 때문이다. 적어도 표면적으로는 그렇다는 뜻이다.

앞의 분석에서처럼, 조지훈 시의 특색은 일차적으로 동적인 것에 있다. 그의 시를 두고 정적이니 고요한 것이니 하는 것은 결과론적인 해석에서 온 것일 따름이다. 조지훈의 시에서 자아와 세계의 갈등이나 현대성에 대한 탐색들은 다른 어떤 시인 못지않게 치열하게 나타난다. 그런데 그러한 모색들이 모두 동적인 흐름으로 뒤엉켜져 있다. '나그네' 의식이 그러하지 않은가. 이렇듯 정신적 긴장들이 모두 행동의 이면에 드리워짐으로써 긴장의 강도가 매우 약화되어 있다. 조지훈의 시에서 어떤 팽팽한 시적 긴장감을 느낄 수 없는 것은 바로 이 때문이다.

조지훈의 시에서 정신의 치열성이 감각되지 않는다고 해서 시인의 방랑이 폄하되어서는 안된다. 시인이 옮기는 발걸음 속에는 역동적 힘이 표출되기 때문이다. 이 힘들은 근대라는 틀 속에 편입된 사유구조에 그 뿌리를 두고 있다. 그래서 조지훈의 시에서는 안온 속에 긴장이 있고, 평화 속에 갈등이 느껴진다. 이러한 미적 긴장의 끝에 자연이 놓여져 있다. 이 자연은 완상의 자연, 저멀리 떨어진 자연이 아니라 근대의 사유 속에 편입된 자연이다. 시인의 길고 긴 여정은 그곳으로 나아가고 있다.

실눈을 뜨고 벽에 기대인다 아무것도 생각할 수가 없다

짧은 여름밤은 촛불 한 자루도 못다 녹인 채 사라지기 때문에 섬돌 우에
문득 석류꽃이 터진다

꽃망울 속에 새로운 우주가 열리는 波動! 아 여기 太古적 바다의 소리 없는 물보래가 꽃잎을 적신다

방안 하나 가득 석류꽃이 물들어온다 내가 석류꽃 속으로 들어가 앉는다 아무것도 생각할 수가 없다

「花體開顯」 전문

인용시는 이미 많은 사람들이 언급한 바대로 조지훈의 명편에 속하는 작품이다. 시인이 행해 온 유랑의 끝이 여기가 아닐까 생각될 정도로 이 작품에서는 근대적 주체로서의 자아의식이 거의 감각되지 않는다. "내가 생각하기에 존재한다"는 근대적 주체관이 허무하게 무화되어 나타나 있다. "아무것도 생각할 수 없기에" 나는 존재하지 않는 것이다. 그러한 자아 소멸은 입몽과 각성, 그리고 다시 입몽의 형식으로 이루어진다. 다시 말하면 무의식→의식→무의식의 과정을 거치고 있는 것이다. "실눈을 뜨고 벽에 기대이는 것"은 가수(假睡) 상태이다. 이는 반쯤 잠든 상태로서 의식과 무의식의 경계에 놓인 상태이다. 그러나 판단이 제거된 것이기에 거의 무의식에 가깝다. 무의식이란 의식이 거세된, 반자아의 상태이다. 근대가 만들어 놓은 자아나 주체, 의식 등이 희석됨으로써 개체적 감각이 사라지게 되는 형상이다. 이러한 정점에서 시적 자아는 자연과 자연스럽게 만나고, 자연과 교융하며, 결국은 자연의 일부로 회귀하게 된다.

이 시의 진행은 이렇게 구성된다. "석류꽃이 섬돌 위에 떨어지는 행위"나 "물보래가 꽃잎을 적시는 행위"는 의식에 가까운 것이지만 그러나 곧 그러한 의식적 장치들은 무의식 속에 묻히고 만다. "방안가득 석류꽃이 들어오고 내가 석류꽃 속에 묻히면서" 다시 "나는 아무것도 생각할 수 없"는 상태가 되기 때문이다. 시인은 그러한 열락의 상태, 황홀경을 "우주가 열리는 파동"과 "태고적 바다"로 인식하고 있다. 곧 모든 사물들이 개체분화를 하지 않은 상태인 원시의 모양으로 되돌아

가는 것이다. 자연과 인간의 이러한 교합, 우주 속의 하나됨, 개체 발생 이전의 태고의 모습으로 환원되는 이러한 서정적 황홀의 정점이야말로 조지훈의 시의 구경적 정점이라 할 수 있다. 이곳에 이르러 비로소 시인의 유랑적 발걸음은 멈추게 된다. 치열한 고민과 방황이 자연이라는 대상 속에 완전히 틈입하면서 완전히 종결되는 것이다.

> 아무리 깨어지고 부서진들 하나 모래알이야 되지 않겠습니까. 석탑을 어루만질 때 손끝에 묻는 그 가루같이 슬프게 보드라운 가루가 되어도 한이 없겠습니다.

> 촛불처럼 불길에 녹은 가슴이 굳어서 바위가 되던 날 우리는 그 차운 비바람에 떨어져나온 분신이올시다. 우주의 한 알 모래 자꾸 작아져도 나는 끝내 그의 모습이올시다.
> (중략)
> 나는 자꾸 작아지옵니다. 커다란 바윗덩이가 꽃잎으로 바람에 날리는 날을 보십시오. 저 푸른 하늘가에 피어있는 꽃잎들도 몇 萬年을 닦아온 조약돌의 화신이올시다. 이렇게 내가 아무렇게나 버려져 있는 것도 스스로 움직이는 생명이 되고자 함이올시다.
> 출렁이는 파도 속에 감기는 바위 내 어머니 품에 안겨 내 태초의 모습을 환상하는 조개가 되겠습니다. 아--나는 조약돌 나는 꽃이팔 그리고 또 나는 꽃조개.

「念願」 부분

인용시 역시 자아의 소멸이라는 방법적 탐색의 측면에서 보면 「花體開顯」과 별반 다를 것이 없다. 이 작품에는 자연과의 자연스러운 합일이 아니라 의식적으로 자아를 소멸시키고자 하는 시인의 강렬한 열망만이 담겨져 있을 뿐이다. 시인은 스스로를 자꾸 낮추고 있다. 자신을 '조약돌', '꽃잎', '꽃조개'로 축소시키는가 하면, '모래알'과 '가루'와 같은 미세한 단위로 치환하기도 한다. 하지만 그 궁극의 목적은 '나를 작게 만드는 것', 그리하여 '인간이라고 하는 계몽적 주체, 이성적 주체'를 비인격적 주체로 환원시키는 데 있다. 가령, "내 태초의 모습을 환상하는 조개"와 같은 것이 바로 그것이다.

조지훈의 시에서 우주와 자아의 완전한 동화는 어머니의 품과도 같은 태초의 상태에서 이루어진다. 「花體開顯」에서의 태고와 동일한 상상력인데, 이러한 정점은 두 가지 시사점을 제공해준다는 점에서 그 의미가 있다. 하나는 미적 긴장의 문제이다[10]. 조지훈의 시는 정적이면서 동적인 특성을 갖고 있다. 그러한 긴장은 나그네 의식이라는 역동적 국면이 자연이라는 정적 국면을 찾아가는 여로에서 생성된 것이다. 이러한 긴장 관계는 우리 시사에서 매우 드문 경우이다. 그것은 어떤 동적 흐름 속에서 정적 상태를 탐색해가는 사례를 문학사에서 찾아보기가 매우 힘들기 때문이다. 그리고 다른 하나는 근원주의에 대한 것이다. 특히 일반 서정시인 뿐 아니라 대다수 모더니스트들이 나아가는 곳이 이 근원주의이다. 그것은 존재론적 고독에의 완성이나 인식론적 통일을 매개해주는 것이 이 인식소이기 때문이다. 따라서 조지훈의 경우도 여기서 예외일 수는 없다. 다만 그 방법적 인식에 있어서 차이가 있을 뿐인데, 조지훈은 그것을 자연 속에 틈입되는 자아의 몰입 속에서 찾고 있다. 시인은 그러한 자연과 인간의 온전한 결합을 시의 궁극적 목적이자 생명으로 파악하고 있다.

생명은 자라려고 하는 힘이다. 생명은 지금에 있을 뿐 아니라 장차 있어야 할 것에 대한 꿈이 있다. 이 힘과 꿈이 하나의 사랑으로 통일되어 우주에 가득 차 있는 것이 우주의 생명이 아니겠는가. 우주의 생명이 분화

---

10) 조지훈의 시를 전반적으로 다루면서 한 장을 미적 긴장으로 분석한 경우로 김재홍을 들 수 있다. 김재홍, 『한국 현대 시인 연구』, 일지사, 1986, pp. 436-441.

된 것이 개개의 생명이요, 이 개개의 생명의 총체가 우주의 생명이라고
볼 것이다. 그러므로, 나는 '시는 자기 이외에서 찾은 저의 생명이요, 자기
에게서 찾은 저 아닌 것의 魂'이라고 한다. 다시 말하면, '대상을 자기화하
고 자기를 대상화하는곳에 생기는 통일체 정신'이 시의 본질이라고 나는
믿는다. '인간의식과 우주의식의 완전 일치의 체험'이 시의 究竟이라고 믿
어진다는 말이다11).

　　인용문은 자연과 인간을 하나의 통일체로 파악하는 조지훈의 문학관
이 잘 드러나 있는 글이다. "대상을 자기화하고 자기를 대상화하는 곳"
에서 생기는 것이 '통일체 정신'이고, 그것이 곧 시의 본질이 된다는
것이다. 그리고 조지훈은 그 구체적인 사례로서 인간과 우주의 완전한
통일을 들고, 그것이 시의 존재 의의라고 인식한다. 곧 "인간의식과 우
주의식의 완전 일치의 체험"이 시의 구경이라는 것이다. 물론 이러한
사유는 「花體開顯」 등의 작품에서 보여준 인식과 동일한 것이다. 자아
를 축소시켜 대자연의 일부로 보는 사고, 그 극점이 태초라는 시원적
사고야말로 조지훈 시가 지향했던 궁극의 형식이었던 것이다.
　　다음으로 조지훈의 시의 다른 한축을 차지하고 있는 참여시의 문제
를 검토해 보아야 한다. 실상 조지훈의 현실비판적인 시도 그의 긴 시
적 여정에서 보면, 외따로 존재하는 것으로 생각되지 않는다. 이러한
시들 역시 그의 나그네 의식의 연장선으로 보아야 하기 때문이다. 조지
훈의 시세계에서 중요한 것 가운데 하나가 모색하는 자아이다. 이 자아
는 근대의 세례로부터 자유롭지 못한 자아이든 보편적 인간들이 공유
하는 존재론적 자아이든 간에 조지훈의 시에 있어서 근간에 해당되는
시도 동기에 해당된다. 그것이 유랑의식으로 표출된 것임은 두말할 필
요도 없는 것이거니와 이 내적 방랑이야말로 외적 동기들과 언제든 합
일할 수 있는 여지 또한 갖고 있었다. 그 하나가 앞에서 살펴 본 것처럼

---

11)『조지훈전집』 3권, 일지사, 1973, p.15.

근원주의였다. 근대적 주체를 사상하고 자연이라는 본원적 주체와 하나되는 것이 바로 근원주의로의 회귀의식이다. 조지훈의 자아는 기본적으로 모색하는 자아이다. 그러한 가열찬 탐색이 인식적 완결체인 자연을 만나고 그것과 합류했다. 조지훈의 표현대로 "인간의식과 우주의식의 완전 일치의 체험"이었다. 그의 참여시들 이런 맥락에서 이해해야 하리라고 본다.

> 너희 그 착하디착한 마음을 짓밟는
> 不義한 권력에 저항하라.
>
> 사슴을 가리켜 말이라 하는 세상에
> 그것을 그런 양하려는
> 너희 그 더러운 마음을 고발하라.
>
> 보리를 콩이라고 짐짓 눈감으려는
> 너희 그 거짓 초연한 마음을 침 뱉으라.
> 모난 돌이 정을 맞는다고?
> 둥근 돌은 굴러서 떨어지느니--
>
> 병든 세월에 포용되지 말고
> 너희 양심을 끝까지
> 小人의 칼날 앞에 겨누라.
>
> 먼저 너 자신의 더러운 마음에 저항하라.
> 사특한 마음을 고발하라.
>
> 그리고 통곡하라.
>
> 　　　　　　　　　　　　　　　　　「箴言」 전문

조지훈은 이승만 정권 말기부터 현실지향적인 의식을 강하게 드러냈다. 「지조론」 등과 같은 산문 형식을 통해서 독재에 맞서 항거했다. 이때부터 그의 글쓰기는 시 양식보다는 산문 양식으로 현저히 경도된다. 현실에 대응하기 위해서는 아마도 율문보다는 산문이 보다 적합한 것으로 판단한 듯싶다.

인용시는 객관적 현실의 열악한 상황을 읊은 시이다. 현상의 혼란을 본질의 순수로 극복하고자 하는 의지를 강렬히 표출한 작품인 것이다. 그런데 이 작품은 참여시 일반에서 흔히 볼 수 있는 작품과 좀 색다른 구석이 있다. 추악한 현상보다는 정의롭지 못한 내밀한 자아에 더 초점이 맞추어져 있기 때문이다. 이는 조지훈이 비참여시 계열에서 보여주었던 갈등하고 모색하는 자아와 분리시켜 논의하기 어렵게 만드는 부분이다. 전일적 자아와 통일시키기 위하여 근대적 자아를 사상시키려 했던 것과 동일한 차원에 놓이는 것이 아닐 수 없다. 고민하고 갈등하는 자아가 우주의식과 일체화되는 상태를 갈망했다면, 「箴言」의 자아는 건강한 현실과의 화해를 희망한다고도 볼 수 있겠다. 요컨대 모색과 갈등으로 점철된 조지훈의 나그네 의식은 한편으로는 우주와 일체화되는 자아로 나아가고, 다른 한편으로는 건강한 현상에의 희구로 나아갔다고 생각된다. 그러한 합일체에의 지향들이 그가 탐색해 온 나그네 의식의 구경이 아니었겠는가.

4. 유랑의 구경적 의미

조지훈의 시는 정적인 것으로 알려져 있다. 그를 이렇게 규정하게 된 배경에는 여러 가지 원인이 있겠으나 무엇보다 그의 시들이 자연을 완상하고 관조했다는 데에서 기인한다. 뿐만 아니라 그의 성장배경이 유교적 전통과 밀접하게 관련이 있는 지역이라는 사실도 한 몫을 했다.

조지훈 시에 대한 이러한 평가나 이해들이 전혀 근거가 없는 것은 아니다. 조지훈을 비롯한 청록파에 이르러 비로소 자연이 근대적 사유 구조 속에 편입되기 시작했기 때문이다. 특히 청록파 시인들의 시가 근대성을 거부하고 철저하게 반근대 지향적인 면모들 드러내고 있다는 데에서 그러한 의미화들은 더욱 공고히 되었다.

그럼에도 조지훈의 시들이 정적 세계에만 머물러 있었던 것은 아니다. 자연에 대한 막연한 관조나 예찬에서 머물지 않고 그것을 끊임없이 자기화하려고 노력했기 때문이다. 그것이 그의 시에서 드러나는 유랑의식이었다. 조지훈에게 있어 이러한 유랑의식은 보편적으로 사유되는 존재론적인 것이기도 하지만, 근대의 세례를 받은 자의 불구화된 의식이기도 하다는 것이다. 조지훈은 자신의 시세계를 확립하는 첫걸음인 습작기뿐만 아니라 후기에 이르러서도 꾸준히 모더니즘 계통의 시를 쓴 것으로 알려져 있다. 이는 단순한 습작의 차원에 머무르는 것이 아니라 시인에게는 방법상의 문제였던 것으로 판단된다.[12] 어떻든 모더니즘 계통의 시를 끊임없이 붙들고 있었다는 사실은 그의 시정신의 여로가 완결지향적인 것이 아니었다는 단적인 증거라 할 수 있다. 그것이 조지훈 시에 있어서의 나그네 의식이다.

조지훈 시에서 나그네가 주는 의미는 여러 가지이다. 우선 이 의식은 그의 시들이 정적인 멋에 머무르지 않았다는 하나의 예가 될 뿐만 아니라 그의 시의 특색 가운데 하나인 정의 시학과 긴장을 불러일으키는 매개 역할도 했다. 그러나 무엇보다 중요한 것은 그러한 유랑의식이 분열된 인식을 완결시키기 위한 동기였다는 사실이다. 조지훈은 그 여로에서 새롭게 사유되는 자연의 의미를 발견한다. 근대의 사유 속에서

---

12) 이런 측면에서 조지훈의 모더니즘 계통의 시 단지 형식상의 방법이 아니라 정신상의 방법이었다는 점이 강조되어야 할 것으로 판단된다. 이숭원은 이를 단지 형식상의 방법으로만 규정했다. 이숭원, 『20세기 한국 시인론』, 국학자료원, 1996 참조.

편입되는 새로운 자연을 자신의 분열된 의식으로 끌어들인다. 그리하여 조지훈은 인간의식과 우주의식의 완전 일치의 체험이 시의 究竟이라는 결론에 도달한다. 이러한 순일한 조화의 정점에서 그의 유랑의식은 종결된다.

조지훈의 참여시 역시 자아와 대상의 완전한 합일이라는 논리로 그 설명이 가능하다. 그것은 모색하는 자아와 건강한 현실의 자연스런 만남이지 어느 한순간에 표출된 자의식의 과잉이 아니었다. 결국 모색과 갈등으로 점철된 조지훈의 나그네 의식은 한편으로는 우주와 일체화되는 만남이면서 다른 한편으로는 건강한 현실과의 만나는 예비된 의식이라 생각된다. 그러한 합일체에의 지향들이 그가 지향해 온 나그네 의식의 구경이라 할 수 있을 것이다

―조지훈론

찾 아 보 기

【ㅇ】

저자 약력

송기한
- 서울대학교 국어국문학과 동대학원 졸업
- 대전대학교 국어국문학과 교수
- 주요저서: 정지용과 그의 세계, 인식과 비평, 서정주연구 등

김윤정
- 서울대학교 국어국문학과 및 동대학원 졸업
- 강릉원주대학교 국어국문학과 교수
- 주요 저서: 한국 현대시와 구원의 담론, 문학비평과 시대정신, 불확정성의 시학 등

한국현대시인론

저　자 / 송기한 · 김윤정

인　쇄 / 2015년 6월30일
발　행 / 2015년 7월 3일

펴낸곳 / 도서출판 청운
등　록 / 제7-849호
편　집 / 최덕임
펴낸이 / 전병욱

주　소 / 서울시 동대문구 한빛로 41-1(용두동 767-1)
전　화 / 02)928-4482
팩　스 / 02)928-4401
E-mail / chung928@hanmail.net
　　　　 chung928@naver.com

값 / 25,000원
ISBN 978-89-92093-47-7